챗GPT 프롬프트의 신세계

논문작성부터 비즈니스 기획까지

공 저 최재용 홍성훈 이신우
감 수 김진선

미디어북

챗GPT 프롬프트의 신세계

초 판 인 쇄	2024년 3월 20일
초 판 발 행	2024년 3월 28일
공 저 자	최재용 홍성훈 이신우
감 수	김진선
발 행 인	정상훈
디 자 인	신아름
펴 낸 곳	미디어북

서울특별시 관악구 봉천로 472
코업레지던스 B1층 102호 고시계사

대 표 02-817-2400   팩 스 02-817-8998
考試界 · 고시계사 · 미디어북 02-817-0419
www.gosi-law.com
E-mail : goshigye@chollian.net

판 매 처	미디어북 · 고시계사
주 문 전 화	817-2400
주 문 팩 스	817-8998

정가 18,000원   ISBN 979-11-89888-78-7   13560
미디어북은 고시계사 자매회사입니다

챗GPT 프롬프트의 신세계

논문작성부터 비즈니스 기획까지

우리는 기술의 진보가 우리의 삶을 어떻게 변화시키는지 목격하는 놀라운 시대에 살고 있다. 그 중에서도 인공지능(AI)은 그 변화의 최전선에 서 있으며, 특히 생성형 AI의 등장은 우리가 정보를 처리하고 지식을 생성하는 방식에 혁명을 일으키고 있다. '챗GPT 프롬프트의 신세계: 논문작성부터 비즈니스까지' 이 책은 그 혁명의 중심에 있는 챗GPT와 프롬프트 엔지니어링의 세계로 여러분을 안내하고 있다.

프롬프트 엔지니어링은 생성형 AI와 상호작용하는 새로운 기술이다. 챗GPT와 같은 AI에게 효과적으로 질문하고 명령을 내리는 방법을 개발하는 것을 목표로 한다. 이 책은 프롬프트 엔지니어링의 기초부터 고급 기법까지, 그리고 이를 논문 작성, 비즈니스 계획서 작성, 카피라이팅 등 다양한 분야에 적용하는 방법까지 광범위하게 다루고 있다.

우리의 여정은 프롬프트 엔지니어링의 개념을 소개하며 시작한다. 챗GPT와의 상호작용을 최적화하는 방법, 프롬프트를 작성하는 기본 원칙과 전략을 탐구한다. 이를 통해, 독자들은 AI를 활용하여 효율적이고 창의적인 작업 수행 방법을 배우게 된다.

다음으로 우리는 실제 사례 연구를 통해 이 이론들이 어떻게 실무에 적용될 수 있는지 탐구한다. 비즈니스, 교육, 예술 등 다양한 분야에서 프롬프트 엔지니어링이 어떻게 창의성과 효율성을 극대화할 수 있는지 보여주고 있다.

이 책은 또한 챗GPT와 같은 AI와의 상호작용에서 발생할 수 있는 도전과 한계를 솔직하게 다루며 이러한 장애물을 극복하기 위한 전략을 제공하고 있다. AI와의 협력적 작업방식을 통해 우리는 AI의 가능성을 극대화하고 동시에 그 한계를 인정하며 이를 우리의 작업에 효과적으로 통합할 수 있다.

마지막으로, 이 책은 챗GPT와의 대화 기술, 카피라이팅과 보고서 작성, 그리고 사업계획서 작성 등 구체적인 응용 분야에 대한 심층적인 지침을 제공하고 있다. 이를 통해 독자들은 AI와의 상호작용을 통해 자신의 목표를 달성하는 구체적인 방법을 배울 수 있다.

'챗GPT 프롬프트의 신세계 : 논문작성부터 비즈니스까지'는 AI가 우리의 지식 작업에 미치는 영향을 이해하려는 모든 이들을 위한 필독서이다. 이 책을 통해 여러분은 생성형 AI의 폭넓은 활용 방법을 배우고, AI를 사용해 자신의 작업을 혁신하는 방법을 발견할 것이다. 챗GPT와 같은 기술이 제공하는 무한한 가능성을 탐색하며 여러분은 어떻게 AI를 파트너로 논문 작성자, 비즈니스 전문가, 창작자, 교육자, 혹은 단순히 새로운 기술에 관심이 있는 사람이든, 이 책은 여러분이 AI와의 상호작용을 통해 더 큰 성과를 달성할 수 있도록 지침을 제공하고 있다.

우리가 다루는 각 주제와 사례 연구는 실제 세계에서의 적용 가능성을 염두에 두고 선별됐다. 이를 통해 여러분은 AI를 활용해 구체적인 문제를 해결하고 새로운 기회를 탐색하는 데 필요한 실질적인 기술과 인사이트를 얻게 될 것이다.

'챗GPT 프롬프트의 신세계: 논문작성부터 비즈니스까지'는 빠르게 변화하는 기술 환경 속에서 AI와의 협업을 최적화하려는 이들을 위한 나침반이 될 것이다. 이 책은 여러분이 AI와의 상호작용을 통해 가능한 한 최고의 결과를 달성할 수 있도록 프롬프트 엔지니어링의 원리와 실제 사례를 통해 여러분을 안내할 것이다.

AI의 발전은 계속될 것이며 우리는 이 기술의 진보를 따라잡고, 그것을 우리의 이점으로 활용하는 방법을 배워야 한다. 이 책을 통해 여러분은 AI와의 협업에서 발생할 수 있는 도전을 극복하고 AI가 제공하는 풍부한 가능성을 최대한 활용하는 방법을 배울 것이다.

이제 여러분의 손에는 AI와의 상호작용을 극대화하고, 여러분의 작업과 생활에 혁신을 가져올 수 있는 지식과 도구가 있다. '챗GPT 프롬프트의 신세계: 논문작성부터 비즈니스까지'와 함께 여러분의 여정을 시작하길 바란다. 이 책이 여러분이 AI와 함께 더 밝은 미래를 만들어 가는 데 있어 영감과 안내가 되기를 소망한다.

끝으로 이 책의 감수를 맡아 수고하신 파이낸스투데이 전문위원, 이사이며 현재 한국메타버스연구원 아카데미 원장이신 김진선 교수님께 감사를 드리며 미디어북 임직원 여러분께도 감사의 말씀을 전한다.

2024년 3월
디지털융합교육원 원장 **최 재 용**

공저자 소개

최 재 용

과학기술정보통신부 인가 사단법인 4차산업혁명연구원 이사장이며 한성대학교 지식서비스&컨설팅대학원 스마트융합컨설팅학과 겸임교수로 챗GPT와 ESG를 강의 하고 있다.

(mdkorea@naver.com)

홍 성 훈

11년차 경영지도사로 챗GPT를 활용한 업무효율성 증대, 생성형 AI를 활용한 사업아이템 발굴 및 사업계획서 작성 등에 대해 컨설팅과 강의 중이다.

(bkrupter@naver.com)

이 신 우

두온교육(주) 교육이사로 활동중이며 AI프롬프트연구소 연구원, 디지털융합교육원 경기지회장 및 지도교수, 한국AI예술협회 수석부회장으로 다양한 인공지능 콘텐츠 활용 강의 및 AI 플랫폼 강의를 전문적으로 진행하고 있다.

(mintorain@gmail.com)

Contents

CHAPTER 1. 프롬프트 엔지니어링

Contents

CHAPTER 2. 생성형 AI 챗 GPT 활용 사업계획서 작성 실무

Prologue ・105

Contents

CHAPTER 4. 생성형 AI 활용 연구논문 초안 작성

1

프롬프트 엔지니어링

이 신 우

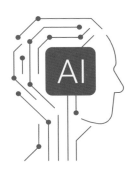

제1장
프롬프트 엔지니어링

Prologue

우리는 기술이 급속도로 발전하는 시대에 살고 있다. 이러한 변화의 중심에는 인공지능 (AI)과 프롬프트 엔지니어링이 자리 잡고 있다. 이 글은 AI와 프롬프트 엔지니어링이 현재 우리 사회에 미치는 영향과 앞으로 가져올 변화에 대한 깊이 있는 탐구이다.

AI의 발전은 단순히 기술적인 진보를 넘어서 우리의 생각 방식, 행동 양식, 전반적인 사회 구조에 광범위한 영향을 미치고 있다. 이 글에서는 AI와 프롬프트 엔지니어링이 어떻게 교육, 예술, 비즈니스, 일상생활 등 다양한 영역에서 혁신을 촉진하고 있는지를 세밀하게 조명한다. 이러한 기술의 활용은 우리에게 새로운 기회를 제공할 뿐만 아니라, 미래 사회를 위한 새로운 도전 과제를 제시한다.

이 글은 기술이 인간 삶의 질을 향상케 하는 방법과 우리가 어떻게 이 기술을 책임감 있게 활용하며 지속 가능한 발전을 도모할 수 있는지에 대한 심도 있는 논의를 담고 있다. AI와 프롬프트 엔지니어링의 미래는 매우 밝지만 이와 함께 인간의 역할과 책임도 중요해지고 있다. 우리는 이 글을 통해 AI의 발전이 가져올 미래를 이해하고, 이를 준비하는 데 필요한 지식과 통찰력을 얻게 될 것이다.

AI와 프롬프트 엔지니어링의 여정은 계속해서 전진하고 있다. 우리는 이 기술의 잠재력을 최대한 활용해 더 나은 미래를 만들어 나가야 한다. 이 글은 그 여정의 시작점이 될 것이며 '기술과 인간의 공존'이라는 더 큰 목표를 향한 중요한 한 걸음이 될 것이다.

[그림1] 프롬프트 엔지니어링(출처 : DALL-E 3)

1. 프롬프트 엔지니어링의 기초

1) 프롬프트 엔지니어링이란?

'프롬프트 엔지니어링'은 생성형 인공지능, 특히 자연어 처리 모델들과의 상호작용을 최적화하기 위한 방법론이다. 이 기술은 특정 키워드나 문장의 입력(프롬프트)을 통해 AI가 원하는 출력물을 생성하도록 유도하는 과정을 포함한다. 프롬프트는 단순한 질문이나 지시뿐만 아니라 복잡한 시나리오나 상황 설명을 포함할 수 있다. 이러한 접근법은 AI의 응답 품질을 향상시키고, 더 정확하고 유용한 정보를 제공하는 데 중요한 역할을 한다.

프롬프트 엔지니어링은 사용자의 요구와 목적을 정확히 이해하고, 이를 AI가 처리할 수 있는 형태로 변환하는 데 중점을 둔다. 이 과정에서는 명확한 의사소통, 창의적인 문제 해결, 기술적 지식이 필수적이다. 사용자의 요구를 AI가 이해할 수 있는 언어로 번역하는 것은 간단해 보일 수 있지만 실제로는 매우 복잡하고 미묘한 작업이다. 이는 AI의 특정한 동작 방식, 언어 모델의 한계, 주어진 문맥에 따른 다양한 해석을 고려해야 하기 때문이다.

프롬프트 엔지니어링의 핵심은 효과적인 커뮤니케이션에 있다. 사용자는 AI가 사용자의 의도를 정확히 파악하고 이를 이해할 수 있도록 명확하고 구체적인 내용으로 지시하는 것이 중요하다. 이를 위해서는 AI의 언어 모델이 어떻게 작동하는지, 어떤 유형의 입력이 가장 효과적인지, 복잡한 요구사항을 어떻게 단순화해 AI에 제시할지에 대한 깊은 이해가 필요하다.

프롬프트 엔지니어링은 단순한 기술적 작업을 넘어서 창의성과 인간의 언어에 대한 깊은 이해를 요구한다. 사용자의 요구를 효과적으로 전달하고, AI가 생성하는 응답을 최적화하기 위해서는 다양한 문화적·사회적 맥락을 고려해야 한다. 또한 AI의 응답을 분석하고 이를 바탕으로 프롬프트를 지속적으로 개선하는 과정도 중요하다. 이는 사용자 경험을 향상시키고 AI의 성능을 지속적으로 개선하는 데 기여한다.

프롬프트 엔지니어링은 또한 AI의 윤리적 사용과 관련된 중요한 고려 사항을 포함한다. AI의 응답이 부정확하거나 편향된 정보를 제공하지 않도록 하는 것은 프롬프트 엔지니어의 중요한 책임이다. 이를 위해서는 AI가 생성할 수 있는 내용의 범위와 한계를 명확히 이해하고, 사용자에게 적절하고 정확한 정보를 제공하기 위한 지속적인 노력이 필요하다.

프롬프트 엔지니어링은 AI와 인간 간의 효과적인 의사소통을 가능하게 하는 복잡하고 다차원적인 작업이다. 이는 기술적 지식·언어에 대한 깊은 이해, 창의성, 윤리적 책임감을 모두 포함하는 분야이며 AI의 발전과 함께 지속적으로 진화하고 있다.

2) 챗GPT와 프롬프트 엔지니어링의 관계

챗GPT는 고도로 발전된 자연어 처리 기술을 기반으로 하는 인공지능이며 이와 프롬프트 엔지니어링의 관계는 매우 밀접하다. 챗GPT는 사용자의 질문이나 요청에 대해 자연스러운 언어로 응답하는 능력을 갖추고 있으며, 이러한 상호작용은 프롬프트 엔지니어링을 통해 최적화될 수 있다.

챗GPT는 대화의 맥락을 이해하고, 이전 대화에서 얻은 정보를 기반으로 응답을 생성하는 능력을 갖추고 있다. 이는 사용자와의 대화가 진행될수록 더 정확하고 관련성 높은 답변을 제공할 수 있음을 의미한다. 그러나 이러한 고도의 상호작용은 사용자의 프롬프트가 명확하고 구체적일 때 최대의 효과를 발휘한다. 이는 프롬프트 엔지니어링의 중요성을 강조한다.

프롬프트 엔지니어링은 챗GPT와 같은 AI에게 효과적으로 정보를 전달하는 방법을 연구한다. 이는 AI가 사용자의 요구를 정확하게 이해하고, 적절한 응답을 생성하는 데 중요하다. 특히 복잡한 질문이나 비표준적인 요청의 경우 AI가 올바르게 반응하도록 유도하는데 프롬프트 엔지니어링이 핵심적인 역할을 한다.

프롬프트 엔지니어링의 고급 기술은 챗GPT와 같은 생성형 AI를 사용하는 데 있어서 더욱 깊은 이해와 세심한 접근을 요구한다. 예를 들어, 사용자가 정보를 검색하거나 특정 주제에 대한 요약을 원할 경우, 챗GPT에게 명확한 지시와 함께 기대하는 결과의 형식을 제시하는 것이 중요하다. 이는 AI가 사용자의 요구에 맞는 정보를 더 정확하고 효율적으로 제공할 수 있게 한다.

또한 챗GPT와의 상호작용에서 프롬프트 엔지니어링은 사용자의 경험을 개선하는 데 중요한 역할을 한다. 사용자가 원하는 정보를 빠르고 정확하게 얻을 수 있도록 하며, 대화의 자연스러움과 유용성을 향상케 한다. 이는 특히 비즈니스, 교육, 연구 등 다양한 분야에서 챗GPT의 활용도를 높이는 데 기여한다.

프롬프트 엔지니어링은 또한 챗GPT의 학습 과정에도 영향을 미친다. 사용자와의 상호작용을 통해 얻은 데이터는 AI가 더 나은 응답을 생성하고, 학습을 통해 성능을 향상하는 데 사용된다. 이러한 과정에서 프롬프트의 질은 AI의 학습 효율성과 직접적으로 연결된다. 따라서 효과적인 프롬프트는 챗GPT의 지속적인 개선과 발전에 중요한 기여를 한다.

챗GPT와 프롬프트 엔지니어링의 관계는 상호 보완적이다. 프롬프트 엔지니어링은 챗GPT와 같은 고도의 AI가 인간의 요구에 더 잘 부응할 수 있도록 돕는 동시에, 사용자 경험을 향상시키고 AI의 학습 과정을 최적화한다. 이러한 상호작용은 AI 기술의 발전과 함께 계속 진화하고 있으며, 미래에는 더욱 복잡하고 다양한 형태의 상호작용이 가능해질 것으로 기대된다.

3) 프롬프트 작성의 기본 원칙

프롬프트 작성은 인공지능과의 효과적인 상호작용을 위한 필수적인 과정이다. 이 과정에서 준수해야 할 기본 원칙들은 프롬프트의 효율성과 정확성을 보장하는 데 중요한 역할을 한다. 다음은 프롬프트 작성의 기본 원칙들을 상세히 설명한다.

(1) 명확성과 구체성

프롬프트는 가능한 한 '명확하고 구체적'이어야 한다. 모호한 지시나 불분명한 질문은 AI의 오해를 초래하거나 비효율적인 결과를 가져올 수 있다. 사용자의 의도를 정확히 반영하고 AI가 쉽게 이해할 수 있는 형태로 작성하는 것이 중요하다.

프롬프트 작성에서 명확성과 구체성은 사용자가 원하는 정보를 정확하게 얻기 위해 필수적이다. 다음은 잘못된 예시와 잘된 예시를 비교해 보겠다.

잘못된 예시) 여행 정보를 줘.
  – 이 프롬프트는 너무 추상적이고 모호하다. 여행에 관한 정보는 매우 광범위할 수 있으며 어떤 특정한 정보나 목적지에 대한 언급이 없다.

잘된 예시) 3월 중순에 제주도로 여행 가려고 하는데, 그때의 날씨와 추천 관광지 정보를 알려줘.

- 이 프롬프트는 구체적이고 명확하다. 특정 시간(3월 중순), 목적지(제주도), 필요한 정보 (날씨와 추천 관광지 정보)에 대한 구체적인 요청이 포함돼 있다.

명확하고 구체적인 프롬프트는 AI가 사용자의 요구에 더 정확하게 반응할 수 있도록 돕는다. 추상적이거나 모호한 프롬프트는 AI가 사용자의 실제 요구를 파악하는 데 어려움을 겪을 수 있으며, 이는 부정확하거나 불충분한 정보로 이어질 수 있다. 따라서 사용자는 자신이 원하는 정보를 명확하고 구체적으로 전달하는 프롬프트를 작성해야 한다. 이러한 방식은 AI와의 효과적인 상호작용을 보장하며 필요한 정보를 빠르고 정확하게 얻는 데 도움이 될 것이다.

(2) 간결성

간결성은 프롬프트 작성에서 매우 중요하다. 명확하고 간결한 프롬프트는 AI에게 분명한 지시를 제공하며 불필요한 오해나 복잡성을 줄인다. 간결성의 원칙을 지키지 않은 잘못된 예시와 이를 바르게 적용한 잘된 예시를 비교해 보자.

잘못된 예시)

- 프롬프트 : 이 문서는 다양한 사람들이 읽을 수 있도록 작성돼야 하며, 그 내용에는 여러 가지 다른 주제들이 포함돼 있어야 하고, 이 주제들은 모두 관련성이 있어야 하며, 독자들이 이해하기 쉽도록 쓰여져야 한다. 그래서 이 문서를 작성할 때는 다양한 사람들이 이해할 수 있도록 쉬운 언어를 사용해야 하고, 내용이 너무 복잡하거나 어렵지 않도록 주의를 기울여야 한다.
- 이 예시는 너무 장황하고 복잡하다. 같은 내용을 반복하고, 불필요한 설명이 많아서 명확하지 않다.

잘된 예시)

- 프롬프트 : 한국사에 대해서 다양한 독자가 이해할 수 있도록 쉽고 명확한 언어로 작성해 줘야 한다. 주제는 관련성 있고 간결하게 작성해 줘.

- 이 예시는 간결하고 명확하다. 필요한 지시 사항이 간단명료하게 전달되며 불필요한 정보가 제거돼 있다.

간결성을 유지하는 것은 프롬프트가 그 목적을 효과적으로 달성할 수 있도록 하는 핵심적인 요소이다. 잘못된 예시와 잘된 예시를 비교함으로써 우리는 간결성이 얼마나 중요한지를 이해할 수 있다.

(3) 맥락의 고려

프롬프트는 주어진 맥락을 고려해 작성돼야 한다. 이전의 대화 내용, 주제의 복잡성, 사용자의 필요 등을 고려하는 것이 중요하다. 이를 통해 AI가 보다 관련성 높고 정확한 응답을 생성할 수 있도록 돕는다.

잘못된 예시)

- 프롬프트 : 나무에 대해 설명해줘.
- 문제점 : 이 프롬프트는 너무 포괄적이며 어떤 종류의 나무에 대한 설명인지, 생태학적 관점인지, 아니면 사용 용도에 대한 것인지 맥락이 불분명하다.

잘된 예시)

- 프롬프트 : 아마존 열대우림의 나무와 그 생태적 중요성에 대해 설명해줘.
- 분석 : 이 프롬프트는 특정 지역(아마존 열대우림)과 관련된 나무에 초점을 맞추고 그 생태적 중요성에 대한 설명을 요구해 맥락이 명확하다.

맥락을 고려한 프롬프트 작성은 AI가 제공하는 정보의 정확도와 유용성을 크게 향상시킬 수 있다.

(4) 창의성과 유연성

프롬프트 작성은 창의적이고 유연한 접근이 필요하다. 다양한 상황과 요구에 맞춰 프롬프트를 조정하고, 필요에 따라 새로운 형태의 질문이나 지시를 시도하는 것이 중요하다. 이는 AI의 반응 범위를 확장하고 더 풍부한 상호작용을 가능하게 한다.

잘못된 예문)

① 비창의적 프롬프트 : 오늘 날씨는 어떤가요?
– 분석 : 이 프롬프트는 기본적이고 일반적이다. 창의성이 부족하다.

② 유연성이 결여 된 프롬프트 : 맨체스터 유나이티드의 다음 경기 일정은?
– 분석: 이 프롬프트는 특정한 요구에만 초점을 맞추고 있다. 다른 상황이나 조건에 적응할 수 있는 유연성이 부족하다.

잘된 예문)

① 창의적인 프롬프트 : 현재 기술 트렌드를 반영한 오늘의 날씨 애니메이션을 생성해 주세요.
– 분석 : 이 프롬프트는 기술 트렌드를 반영한 독특한 요구를 하고 있다. 창의적이다.

② 유연한 프롬프트 : 한국을 기준으로 시간대에 따른 맞춤형 여행 추천을 해주세요.
– 분석 : 이 프롬프트는 사용자의 위치와 시간대를 고려한다. 상황에 따라 조정할 수 있는 유연성을 갖고 있다.

이러한 예문들을 통해 프롬프트 엔지니어링에서 창의성과 유연성이 어떻게 적용되는지 이해할 수 있다.

(5) 사용자 중심 접근

프롬프트는 최종 사용자의 관점에서 작성돼야 한다. 사용자가 무엇을 원하고 어떤 정보가 필요한지를 항상 고려해야 한다. 사용자의 요구와 기대를 정확히 반영하는 프롬프트는 더 만족스러운 AI 사용 경험을 제공한다.

잘못된 예시)

– 프롬프트 : 데이터 분석에 대해 설명해줘.
– 문제점 : 이 프롬프트는 너무 모호하며, 사용자가 어떤 종류의 데이터 분석에 관심이 있는지, 어떤 수준의 설명을 원하는지를 명확히 하지 않다.

잘된 예시)

– 프롬프트 : 초보자를 위한 데이터 분석의 기본 개념에 대해 간단히 설명해줘.

– 장점 : 이 프롬프트는 사용자가 초보자임을 명시하고 데이터 분석의 기본 개념에 초점
을 맞춰 구체적이고 명확한 정보 제공을 요구한다.

사용자 중심 접근은 사용자의 경험 수준, 관심사, 구체적인 요구사항을 고려해 프롬프트
를 설계함으로써, 보다 정확하고 유용한 응답을 이끌어내는 데 기여한다.

(6) 지속적인 개선

프롬프트 작성은 일회성 작업이 아닌 지속적인 과정이다. AI의 응답을 분석하고, 이를 바
탕으로 프롬프트를 지속적으로 개선하는 것이 중요하다. 이 과정을 통해 AI의 성능을 지속
적으로 향상시키고, 사용자 경험을 개선할 수 있다.

프롬프트 엔지니어링의 기본 규칙 중 하나는 지속적인 개선이다. 이는 프롬프트를 반복
적으로 평가하고 수정해 인공지능의 응답 품질을 지속적으로 향상케 하는 과정이다.

잘못된 예시)

– 프롬프트 : 음악에 대해 설명해줘.

– 문제점 : 너무 포괄적이고 모호하다. 인공지능이 어떤 종류의 음악, 어떤 측면을 설명
해야 하는지 명확하지 않다.

잘된 예시)

– 개선된 프롬프트 : 바로크 시대의 클래식 음악의 특징에 대해 설명해줘.

– 개선점 : 구체적인 시대와 음악 장르를 명시한다. 인공지능이 더 명확하고 관련성 있는
정보를 제공할 수 있다.

지속적인 개선은 프롬프트의 명확성과 관련성을 높이는 데 중요한 역할을 한다. 사용자
의 피드백과 인공지능의 응답을 분석해 프롬프트를 지속적으로 조정하고 개선하는 것이 핵
심이다.

이러한 원칙들은 프롬프트 작성의 기본적인 가이드라인을 제공하며 인공지능과의 효율적이고 효과적인 상호작용을 위한 기반을 마련한다. 프롬프트 작성은 단순한 기술적 과정이 아니라 사용자의 요구와 AI의 능력을 연결하는 중요한 역할을 수행한다. 이러한 원칙들을 철저히 이해하고 적용하는 것은 모든 프롬프트 엔지니어와 AI 사용자에게 필수적인 능력이다.

[그림2] 프롬프트 작성 기본 원칙(출처 : DALL-E 3)

4) 프롬프트의 유형과 목적

프롬프트 엔지니어링에서 프롬프트의 유형과 목적을 이해하는 것은 AI와의 효율적인 상호작용을 위해 필수적이다. 다양한 유형의 프롬프트는 각각 특정한 목적을 가지며 이를 이해하는 것이 AI의 반응을 최적화하는 데 중요하다.

(1) 정보 요청 프롬프트

가장 기본적인 유형의 프롬프트로 특정 정보나 데이터에 대한 질문을 포함한다. 이 유형의 프롬프트는 AI에게 구체적인 정보를 요구하며, AI는 직접적인 답변이나 관련 정보를 제공하는 데 중점을 둔다.

프롬프트 예시)

- 오늘 뉴욕의 날씨는 어때요?
- 2023년 노벨 평화상 수상자는 누구인가요?

> **You**
> 오늘 뉴욕의 날씨는 어때요?
>
> **ChatGPT**
> 오늘 뉴욕의 날씨는 맑은 하늘과 함께 비교적 쾌청한 날씨를 보이고 있습니다. 현재 기온은 약 40°F (4°C) 정도이며, 체감 온도는 약 31°F (-1°C)로 추운 편입니다. 바람은 북동쪽에서 시속 14마일(약 22.5km/h)로 불고 있고, 습도는 28%로 상당히 건조합니다. 오늘 밤 기온은 약 29°F (-1.7°C) 정도로 떨어질 예정이며, 북풍이 13-15마일(약 21-24km/h)로 부는 등 추운 날씨가 예상됩니다 [^].
>
> 이어지는 24시간 동안은 대체로 맑은 날씨가 이어지면서 기온은 저녁에는 36°F (약 2°C)에서 새벽에는 28°F (약 -2°C)까지 떨어질 것으로 예상됩니다. 바람은 대체로 7-12마일(약 11-19km/h) 사이로 불 것으로 보입니다 [^].
>
> 다가오는 며칠 동안은 대체로 맑은 날씨가 지속될 것으로 보이며, 목요일과 금요일에는 구름이 조금 끼는 날씨가 예상됩니다. 최고 기온은 목요일에 47°F (약 8°C), 금요일에는 49°F (약 9°C)로 조금씩 상승할 것으로 보이며, 이후 주말에는 기온이 60°F (약 16°C)까지 오를 것으로 예상됩니다 [^].

이러한 프롬프트는 구체적인 정보나 데이터에 대한 직접적인 질문을 포함한다. AI는 이러한 질문에 대해 구체적이고 관련 있는 정보를 제공하도록 설계돼 있다. 이는 AI와의 상호작용에서 명확하고 효율적인 정보 전달을 가능하게 한다.

(2) 명령형 프롬프트

사용자가 AI에게 특정한 행동을 요구하는 프롬프트이다. 예를 들어 문서 작성, 계산 수행, 그래픽 디자인 등 구체적인 작업을 요청하는 경우가 여기에 해당한다. 이 유형의 프롬프트는 AI에게 명확한 작업 지시를 제공한다.

(3) 탐색적 프롬프트

사용자가 개방형 질문이나 창의적인 아이디어를 요청하는 경우 사용된다. 이 유형의 프롬프트는 AI에게 특정한 답변을 제공하기보다는 다양한 가능성을 탐색하고 아이디어를 제안하도록 한다.

(4) 대화형 프롬프트

사용자와 AI 간의 대화를 유도하는 프롬프트이다. 이는 일상적인 대화, 특정 주제에 대한 토론, 감성적 상호작용 등을 포함할 수 있다. 대화형 프롬프트는 AI에게 자연스러운 대화 능력을 발휘하게 하며, 사용자와의 연결성을 강화한다.

문답식 대화를 통한 결과 도출을 위한 예제 프롬프트는 다음과 같습니다:

– 프롬프트 : 인공지능 기술이 의료 분야에서 어떻게 활용될 수 있는지 구체적인 예를 들어 설명해 줄래? 이 기술이 의료 서비스의 질을 어떻게 향상시킬 수 있는지도 함께 이야기해 보자.

이 프롬프트는 인공지능과 의료 분야의 결합에 관한 구체적인 사례를 요청한다. AI는 특정 의료 기술이나 서비스에 대한 예를 제시하고, 이 기술이 의료 서비스의 질을 어떻게 향상시킬 수 있는지에 대해 설명하게 된다. 사용자는 AI의 응답을 바탕으로 추가 질문을 하거나, 논의를 더 깊이 이어갈 수 있다.

You
인공지능 기술이 의료 분야에서 어떻게 활용될 수 있는지 구체적인 예를 들어 설명해줄래? 이 기술이 의료 서비스의 질을 어떻게 향상시킬 수 있는지도 함께 이야기해보자.

ChatGPT
인공지능(AI)은 의료 분야에서 다양한 방식으로 활용되어 의료 서비스의 질을 향상시키고 있습니다. 여기에는 진단 지원, 치료 계획, 환자 관리, 의료 연구 등 여러 분야가 포함됩니다. 구체적인 예를 들어보겠습니다.

1. **질병 진단 및 예측**: AI는 의료 영상 분석, 예를 들어 X-레이, MRI, CT 스캔에서 병변을 탐지하는 데 사용됩니다. 이를 통해 암, 골절, 심장 질환 등의 진단을 도와 의사의 정확성과 효율성을 높일 수 있습니다. 또한, 환자의 의료 기록을 분석하여 특정 질병의 위험을 예측하고 조기에 개입할 수 있도록 합니다.

2. **개인 맞춤형 치료 계획**: AI는 환자의 유전 정보, 생활 습관, 의료 이력을 분석하여 개인에게 가장 적합한 치료 방법을 제안할 수 있습니다. 예를 들어, 암 환자의 경우, AI가 종양의 유전적 특성을 분석하여 가장 효과적인 약물 조합을 제시할 수 있습니다.

3. **로봇 수술 및 자동화된 시술**: AI를 탑재한 로봇은 수술을 더 정밀하고 효율적으로 수행할 수 있도록 돕습니다. 이러한 로봇은 떨림을 최소화하고, 정밀한 움직임으로 복잡한 수술을 수행할 수 있습니다.

4. **환자 모니터링 및 관리**: 웨어러블 기기와 모바일 앱을 통해 환자의 건강 상태를 지속적으로 모니터링하고, 이 데이터를 AI 시스템이 분석하여 건강 위험을 조기에 감지하거나 관리 권장 사항을 제공할 수 있습니다.

5. **의료 연구 및 임상 시험**: AI는 대규모 의료 데이터를 분석하여 새로운 치료법의 개발을 가속화할 수 있습니다. 예를 들어, 다양한 환자 데이터에서 유효한 약물 후보를 신속하게 식별하고 임상 시험을 최적화할 수 있습니다.

6. **행정 및 운영 효율성 개선**: AI는 의료 기관의 운영 효율을 높이는 데에도 기여할 수 있습니다. 예를 들어, 환자 예약 시스템을 최적화하거나, 의료 서류 작업을 자동화하여 의료진이 환자 치료에 더 많은 시간을 할애할 수 있도록 돕습니다.

이러한 방식으로 인공지능은 의료 서비스의 질을 높이고, 진단과 치료의 정확성을 개선하며, 의료 자원의 효율적인 사용을 가능하게 합니다. 그러나 AI의 활용에는 데이터 보안, 프라이버시, 윤리적 고려 사항 등에 대한 주의가 필요합니다.

(5) 교육적 프롬프트

특정 학습 목표나 교육적 내용을 AI에게 제시하는 프롬프트이다. 이 유형은 AI를 활용해 교육 자료를 제작하거나 학습 과정을 안내하는 데 사용된다.

You
피타고라스 정리를 적용하여 직각 삼각형의 빗변 길이를 계산하는 방법을 단계별로 설명해줄래? 또한, 이를 이해하기 쉽게 예제 문제와 함께 제시해줘

ChatGPT
물론이죠, 피타고라스 정리는 직각삼각형에 대해 매우 중요한 원리입니다. 이 정리는 직각삼각형의 빗변 길이를 구하는 데 사용됩니다. 피타고라스 정리는 다음과 같이 표현됩니다:

$$c^2 = a^2 + b^2$$

여기서 c는 빗변(직각을 마주 보는 가장 긴 변)의 길이이고, a와 b는 나머지 두 변의 길이입니다.

빗변의 길이를 구하는 단계는 다음과 같습니다:

1. 먼저 직각삼각형의 두 변의 길이를 알아야 합니다. 이 길이들을 각각 a와 b라고 합시다.
2. 이 두 길이를 피타고라스의 정리에 대입합니다. 즉, a^2와 b^2를 계산합니다.
3. a^2와 b^2를 더합니다.
4. 이 합의 제곱근을 구합니다. 이 값이 c, 즉 빗변의 길이입니다.

예제 문제로 이해를 도와드리겠습니다.

예를 들어, 한 직각삼각형의 두 변의 길이가 각각 3cm와 4cm라고 합시다. 빗변의 길이를 구해봅시다.

1. $a = 3, b = 4$로 설정합니다.
2. 각 변의 제곱을 구합니다: $3^2 = 9, 4^2 = 16$.
3. 이 두 값을 더합니다: $9 + 16 = 25$.
4. 합의 제곱근을 구합니다: $\sqrt{25} = 5$.

따라서, 빗변의 길이는 5cm입니다.

(6) 창작형 프롬프트

창의적인 내용 생성을 목적으로 하는 프롬프트이다. 문학적 작품, 예술적 디자인, 음악 작곡 등 창작 활동과 관련된 요청이 이에 해당한다. AI는 사용자의 지시에 따라 독창적이고 창의적인 작업을 수행한다.

창작형 프롬프트의 예시는 다음과 같다.

– 프롬프트 : 중세 시대를 배경으로 하는 짧은 판타지 이야기를 만들어줘. 주인공은 용감한 기사이며, 마법과 모험이 중심이 돼야 해.

이 프롬프트는 AI에게 특정한 창작 작업, 즉 중세 시대를 배경으로 한 판타지 이야기를 작성하도록 요청한다. 주인공 설정과 주요 테마(마법과 모험)가 명확히 제시돼, AI는 이를 바탕으로 독창적이고 창의적인 내용을 생성할 수 있다. 이처럼 창작형 프롬프트는 AI를 활용해 예술적·문학적 창작물을 만들 때 사용한다.

> **You**
> 중세 시대를 배경으로 하는 짧은 판타지 이야기를 만들어줘. 주인공은 용감한 기사이며, 마법과 모험이 중심이 되어야 해.
>
> **ChatGPT**
> 중세 시대를 배경으로 한 판타지 이야기:
>
> 옛날 옛적, 중세의 한 조그만 왕국에 엘리온이라는 용감한 기사가 살고 있었습니다. 엘리온은 왕국 최고의 전사로, 그의 용기와 정의로운 마음은 왕국 사람들 사이에서 전설처럼 내려오고 있었죠. 하지만 그의 가장 큰 도전은 아직 앞에 있었습니다.
>
> 어느 날, 왕국에 어둠의 마법사가 나타나 사람들을 공포에 떨게 했습니다. 이 마법사는 무시무시한 힘으로 왕국을 위협하며, 왕국의 공주를 납치해 버렸습니다. 왕은 엘리온에게 마법사의 성으로 가서 공주를 구하고, 어둠의 마법사를 물리치라는 임무를 맡겼습니다.
>
> 엘리온은 금빛 갑옷을 입고, 전설의 검을 차고, 충직한 말을 타고 마법사의 성으로 향했습니다. 그의 여정은 쉽지 않았습니다. 그는 숲속의 괴물들, 마법의 함정들, 그리고 어둠의 마법사가 부리는 사악한 생물들과 싸워야 했습니다. 하지만 엘리온은 결코 포기하지 않았습니다. 그의 용기와 지혜, 그리고 전사로서의 능력이 그를 이끌었습니다.
>
> 마침내, 엘리온은 마법사의 성에 도착했습니다. 그곳에서 그는 마법사와 대면했고, 전설의 검으로 그를 물리치는 데 성공했습니다. 공주를 구하고, 왕국에 평화를 되찾은 엘리온은 영웅으로 환영받았습니다. 그의 모험은 오랫동안 왕국 사람들 사이에서 전해져 내려갔고, 그는 정의와 용기의 상징으로 기억되었습니다.
>
> 이야기 끝.

각각의 프롬프트 유형은 AI와의 상호작용을 위한 특정한 목적과 방향성을 가진다. 이러한 유형들을 정확히 이해하고 적절히 활용하는 것은 AI의 반응을 최적화하고 사용자의 목적을 효과적으로 달성하는 데 중요하다. 프롬프트의 선택과 구성은 상황, 목적, AI의 능력 등 다양한 요소를 고려해 이뤄져야 한다. 프롬프트 엔지니어링의 전문가는 이러한 다양한 유형의 프롬프트를 효과적으로 설계하고 적용해 AI와의 상호작용을 극대화하는 데 중요한 역할을 한다.

5) 프롬프트 작성에서의 창의성과 정확성

프롬프트 작성에서 창의성과 정확성은 서로 보완적인 요소로, AI와의 효과적인 상호작용을 위해 매우 중요하다. 이 두 요소는 프롬프트가 사용자의 의도를 정확히 반영하면서도, AI의 반응을 최적화하는 데 필수적이다.

(1) 창의성의 중요성
① 다양한 해석 가능성

창의적인 프롬프트는 AI에게 다양한 해석과 응답의 가능성을 제공한다. 이를 통해 AI는 더욱 풍부하고 다층적인 정보를 생성할 수 있다.

② 비표준적 요구의 충족

창의적인 접근은 표준화되지 않은 요구나 복잡한 문제에 대한 해결책을 제시할 수 있다. 이는 AI의 사용 범위를 확장하고, 사용자에게 맞춤형 솔루션을 제공한다.

③ 유연성과 적응성

창의적인 프롬프트 작성은 상황에 따라 유연하게 변화하고 적응할 수 있는 능력을 필요로 한다. 이를 통해 AI는 예상치 못한 상황이나 새로운 요구에도 효과적으로 대응할 수 있다.

(2) 정확성의 중요성

① 의도와 목적의 명확 전달

정확한 프롬프트는 사용자의 의도와 목적을 AI에게 분명히 전달한다. 이는 AI가 적절하고 관련성 높은 응답을 생성하는 데 필수적이다.

② 오해와 오류 최소화

정확한 프롬프트는 AI의 오해나 잘못된 해석을 최소화한다. 이는 특히 중요한 결정이나 민감한 정보가 관련된 경우 더욱 중요하다.

③ 효율적인 AI 사용

정확한 프롬프트는 AI의 처리 시간과 노력을 최적화한다. 이는 사용자에게 빠른 응답을 제공하고, AI의 작업 효율을 높인다.

창의성과 정확성은 프롬프트 작성의 균형을 잡는 데 중요하다. 창의적인 접근은 AI와의 상호작용을 다채롭고 유연하게 만들지만, 정확성은 이러한 상호작용이 사용자의 실제 요구와 목적을 충족시키는 데 필수적이다. 프롬프트 엔지니어링의 전문가는 이 두 요소를 적절히 조화시켜 AI를 효과적으로 활용하고 사용자 경험을 최적화하는 데 기여한다. 이러한 균형 잡힌 접근은 AI와 인간 간의 상호작용을 보다 풍부하고 만족스러운 경험으로 만들어 준다.

2. 프롬프트 작성의 전략과 기술

1) 프롬프트의 구성 요소

프롬프트 작성은 단순히 정보 요청이나 지시를 제시하는 것 이상의 복잡한 과정이다. 효과적인 프롬프트는 여러 핵심적인 구성 요소들의 조화로 이뤄진다. 이러한 구성 요소들을 이해하고 적절히 활용하는 것은 AI와의 효과적인 상호작용을 위해 필수적이다.

(1) 프롬프트의 목적과 의도

프롬프트는 특정한 목적과 의도를 명확하게 반영해야 한다. 이는 프롬프트가 추구하는 최종 결과나 AI에게 요구하는 특정한 행동을 포함한다. 목적과 의도의 명확성은 AI가 적절하고 관련성 높은 응답을 생성하는 데 중요하다.

(2) 정보의 구체성과 정확성

프롬프트는 필요한 정보를 구체적이고 정확하게 제공해야 한다. 이는 AI가 요구된 작업을 수행하거나 질문에 답하는 데 필요한 특정 사항들을 포함한다. 정보의 정확성은 AI 반응의 정확성을 보장한다.

(3) 맥락과 배경 정보

프롬프트는 관련된 맥락과 배경 정보를 제공해야 한다. 이는 AI가 제공하는 응답이 현재의 상황, 과거의 상호작용, 특정 분야의 지식 등을 고려할 수 있게 한다.

(4) 명령어와 지시어

프롬프트는 AI에게 명확한 명령어나 지시어를 포함해야 한다. 이는 AI가 수행해야 할 구체적인 작업이나 응답 형식을 지시한다. 명령어와 지시어의 명확성은 AI의 반응을 효과적으로 유도한다.

(5) 언어와 표현의 스타일

프롬프트의 언어와 표현 방식도 중요한 역할을 한다. 이는 AI의 응답 스타일과 톤을 유도하며, 사용자의 요구와 선호에 맞춘 상호작용을 가능하게 한다.

(6) 예상 결과와 반응 형식

프롬프트는 AI에게 기대하는 결과의 형식을 명시할 수 있다. 이는 응답이 글, 목록, 요약, 그래픽 등 특정 형태로 제공돼야 하는지를 구체적으로 지시한다.

이러한 구성 요소들은 프롬프트의 효과성을 결정하는 데 중요한 역할을 한다. 효과적인 프롬프트 작성은 이러한 요소들을 적절히 조합하고, 상황에 맞게 적용하는 능력을 필요로 한다. 프롬프트 엔지니어링의 전문가는 이러한 구성 요소들을 이해하고, 사용자의 목적과 AI의 능력을 고려해 최적의 프롬프트를 설계하는 데 중요한 역할을 한다.

2) 효과적인 프롬프트의 예시 분석

효과적인 프롬프트 작성을 위해 구체적인 예시를 분석하는 것은 매우 유익하다. 이를 통해 프롬프트의 구성 요소가 실제 상황에서 어떻게 작용하는지 이해할 수 있다. 다음은 다양한 상황에서 사용된 효과적인 프롬프트의 예시들과 그 분석이다.

예시 1) 정보 검색

- 프롬프트 : 2023년 최신 전기차 모델과 그 특징에 대해 상세하게 설명해 주세요.
- 분석 : 이 프롬프트는 구체적인 연도와 주제를 명시하며, AI에게 상세한 정보를 요구한다. 이러한 명확성과 구체성은 AI가 관련성 높고 정확한 정보를 제공하는 데 도움이 된다.

> **You**
> 2023년 최신 전기차 모델과 그 특징에 대해 상세하게 설명해주세요.
>
> **ChatGPT**
> 2023년에 주목받는 전기차 모델들은 다양한 기능과 특징을 갖추고 있습니다. 여기에는 테슬라의 모델 3과 모델 Y, BMW의 i4와 iX, 현대의 아이오닉 5, 그리고 기아의 EV9 등이 포함됩니다.
>
> - 테슬라 모델 3과 모델 Y는 고성능과 스마트 주행 기능이 특징입니다.
> - BMW의 i4와 iX 모델은 프리미엄 인테리어와 맞춤 옵션을 제공합니다.
> - 현대 아이오닉 5는 친환경적이면서 높은 성능을 자랑합니다. 아이오닉 5는 넓고 다재다능한 캐빈 공간, 뛰어난 인포테인먼트 및 안전 기술, 재미있는 운전 경험을 제공하며, 전기 주행 거리는 약 429~458km에 이릅니다. 기본 가격은 약 5005만 원부터 시작합니다 [11].
> - 기아 EV9는 넓은 공간과 충전 다양성을 강조합니다. EV6 모델은 멋진 인테리어, 뛰어난 제작 품질, 탁월한 인포테인먼트 및 안전 기술을 제공하며, 전기 주행 거리는 구성에 따라 373km에서 최대 498km까지 가능합니다. 기본 가격은 약 42,065만 원부터 시작합니다 [11].
>
> 또한, 아우디 A6 e-tron, 롤스로이스 스펙터, KG 토레스 EVX, 테슬라 사이버 트럭, 벤츠 EQE SUV, 마세라티 그란투리스모 FOLGORE, 쉐보레 블레이저 EV, 캐딜락 셀레스틱, 기아 레이 EV 등이 2023년 출시 예정 또는 출시된 주목할 만한 전기차 모델들입니다 [11].
>
> 이들 차량은 각각 독특한 디자인, 성능, 가격대, 그리고 주행 가능 거리 등에서 차별화된 특징을 가지고 있어, 소비자들의 다양한 요구를 충족시킬 수 있습니다.

예시 2) 창의적 아이디어 생성

– 프롬프트 : 환경 친화적인 도시 설계를 위한 혁신적인 아이디어를 제공해 주세요.

– 분석 : 이 프롬프트는 창의적인 생각을 요구하며, AI에게 다양한 가능성을 탐색할 여지를 준다. 이는 AI가 표준적인 답변을 넘어서 창의적인 제안을 할 수 있게 한다.

예시 3) 명령형 지시

– 프롬프트 : 다음 주제에 대한 500단어 분량의 에세이 초안을 작성해주세요. 기후 변화의 글로벌 영향.

– 분석 : 프롬프트는 명확한 작업 지시와 원하는 결과의 형식을 제공한다. 이는 AI가 특정한 목적을 가진 콘텐츠를 생성하는 데 중점을 둔다.

You
다음 주제에 대한 500단어 분량의 에세이 초안을 작성해주세요: 기후 변화의 글로벌 영향.

ChatGPT
기후 변화는 오늘날 인류가 직면한 가장 심각한 문제 중 하나입니다. 이 에세이에서는 기후 변화의 글로벌 영향에 대해 탐구할 것입니다. 기후 변화는 지구 전체의 기온 상승, 극단적인 기상 현상의 증가, 해수면 상승 등 다양한 형태로 나타나고 있습니다. 이러한 변화들은 지구상의 모든 생명체에 영향을 미치고 있으며, 이는 인류의 생존과 직결된 문제입니다.

첫째, 기후 변화는 기온 상승을 초래합니다. 지난 몇 십 년 동안 지구 평균 기온은 지속적으로 상승했으며, 이는 극지방의 얼음이 녹고, 동식물의 서식지가 변화하는 결과를 낳고 있습니다. 북극과 남극의 얼음이 녹으면서 해수면이 상승하고 있으며, 이는 저지대에 위치한 도시와 섬나라들에게 큰 위협이 되고 있습니다. 또한, 온도 상승은 생태계 균형에도 영향을 미치고 있으며, 특정 동식물 종의 멸종 위험을 증가시키고 있습니다.

둘째, 기후 변화는 극단적인 기상 현상의 빈도와 강도를 증가시킵니다. 지구 온난화는 폭염, 가뭄, 폭우, 태풍, 허리케인 등의 자연 재해를 더 자주 발생시키고 있습니다. 이러한 현상은 인간의 생활에 직접적인 영향을 미치며, 농업 생산성의 감소, 식수 부족, 건강 문제 등을 야기합니다. 특히, 개발도상국은 이러한 변화에 적응할 자원과 기술이 부족하여 더 큰 피해를 입고 있습니다.

셋째, 기후 변화는 경제적, 사회적 문제를 야기합니다. 극단적인 기상 현상과 자연 재해는 경제 활동에 큰 지장을 주며, 특히 농업, 어업, 관광업과 같은 산업에 큰 타격을 줍니다. 또한, 이러한 변화는 인간의 건강에도 영향을 미치며, 열 관련 질병, 호흡기 질환, 감염병의 확산 등을 촉진시킵니다. 이는 의료 비용의 증가와 사회적 자원의 부담을 늘리는 결과를 낳습니다.

마지막으로, 기후 변화는 인간 이주의 증가를 초래합니다. 해수면 상승, 가뭄, 식수 부족 등으로 인해 사람들은 생존을 위해 다른 지역으로 이동하게 됩니다. 이러한 '기후 난민'의

예시 4) 대화형 상호작용

- 프롬프트 : 기술의 미래에 대해 어떻게 생각하나요? 여러분의 의견을 듣고 싶어요.
- 분석 : 이 프롬프트는 개방형 질문으로, AI에게 자신의 '생각'을 표현하도록 한다. 이는 대화형 상호작용을 촉진하며, AI가 사용자와 의견을 공유하도록 유도한다.

> **You**
> 기술의 미래에 대해 어떻게 생각하나요? 여러분의 의견을 듣고 싶어요.
>
> **ChatGPT**
> 기술의 미래에 대한 예측은 매우 흥미롭고 도전적인 주제입니다. 미래의 기술은 인류의 삶을 근본적으로 변화시킬 잠재력을 가지고 있으며, 다음과 같은 여러 측면에서 그 영향을 미칠 것으로 예상됩니다.
>
> 1. **인공지능과 머신러닝의 발전**: 인공지능(AI)과 머신러닝은 이미 우리 삶의 많은 부분에 영향을 미치고 있습니다. 미래에는 이러한 기술이 더욱 진보하여 개인화된 의료, 자율주행 자동차, 지능형 로봇 등 다양한 분야에서 혁신을 가져올 것입니다. AI는 의사결정 과정을 개선하고, 대규모 데이터를 분석하여 인간이 인식하지 못하는 패턴을 발견할 수 있게 될 것입니다.
> 2. **퀀텀 컴퓨팅**: 퀀텀 컴퓨터의 발전은 전통적인 컴퓨팅의 한계를 넘어서는 계산 능력을 제공할 것입니다. 이는 암호 해독, 물질 과학, 날씨 예측, 대규모 시뮬레이션 등에서 혁명적인 변화를 가져올 수 있습니다.
> 3. **생명공학과 유전자 편집**: 유전자 편집 기술인 CRISPR과 같은 혁신은 유전 질환의 치료, 농업의 개선, 심지어 인간 수명 연장에까지 영향을 미칠 수 있습니다. 이러한 기술은 윤리적, 법적 측면에서도 중요한 논의를 필요로 합니다.
> 4. **지속 가능한 기술과 재생 가능 에너지**: 기후 변화에 대응하는 측면에서 재생 가능 에너지 기술의 발전은 필수적입니다. 태양광, 풍력, 해양 에너지와 같은 기술은 더 효율적이고 경제적으로 될 것이며, 이는 지속 가능한 미래로의 전환을 가속화할 것입니다.
> 5. **사이버 보안과 개인 정보 보호**: 디지털 세계의 확장과 함께 사이버 보안의 중요성은 더욱 커질 것입니다. 개인 정보 보호, 데이터 보안, 네트워크 안전은 기술 발전의 핵심 요소가 될 것입니다.
> 6. **가상 현실(VR)과 증강 현실(AR)**: VR과 AR은 교육, 엔터테인먼트, 의료 등 다양한 분야에서 사용될 것입니다. 이러한 기술은 실제와 가상의 경계를 허물고 새로운 형태의 상호작용과 경험을 제공할 것입니다.
>
> 물론, 이러한 기술적 진보는 새로운 윤리적, 사회적 문제를 야기할 수 있습니다. 일자리 변화, 프라이버시 침해, 디지털 불평등 등은 우리가 직면해야 할 도전 과제입니다. 그러나 전반적으로 기술의 미래는 인류에게 많은 긍정적인 가능성을 제공하며,

예시 5) 교육적 질문

– 프롬프트 : 피타고라스 정리를 초등학생이 이해하기 쉽게 설명해 주세요.

– 분석 : 이 프롬프트는 AI에게 특정한 대상(초등학생)과 맞춤형 설명을 요구한다. 이는 AI가 복잡한 개념을 단순화하고 명확하게 전달하는 데 중점을 둔다.

You
피타고라스 정리를 초등학생이 이해하기 쉽게 설명해주세요.

ChatGPT
피타고라스 정리는 직각삼각형에서 사용하는 중요한 수학의 원리예요. 직각삼각형이란, 하나의 각이 90도인 삼각형을 말해요. 이 삼각형에는 '빗변'이라고 불리는 가장 긴 변과, 두 개의 '다리'라고 부르는 짧은 변들이 있어요.

이 정리를 이해하기 쉽게 설명하자면, '직각삼각형의 두 다리의 길이를 각각 제곱한 값의 합은 빗변의 길이를 제곱한 값과 같다'는 거예요. 제곱한다는 것은 같은 숫자를 두 번 곱한다는 뜻이에요. 예를 들어, 한 변이 3cm, 다른 변이 4cm인 직각삼각형이 있다면, 빗변은 5cm가 될 거예요. 왜냐하면, 3의 제곱(3x3=9)과 4의 제곱(4x4=16)을 더하면 25가 되고, 이는 5의 제곱(5x5=25)과 같기 때문이죠.

이 정리는 건물을 지을 때, 탁자를 만들 때, 심지어 운동장에서 축구 골대의 높이를 측정할 때도 사용된답니다. 수학이 실생활에서 얼마나 중요한지 알 수 있는 좋은 예제죠!

이러한 예시들은 효과적인 프롬프트 작성의 다양한 측면을 보여준다. 각 예시는 목적과 의도, 정보의 구체성, 맥락, 명령어와 표현의 스타일, 예상 결과 등 프롬프트의 주요 구성 요소들을 적절히 활용한다. 프롬프트 엔지니어링의 전문가는 이러한 예시들을 분석하고 이를 바탕으로 자신의 상황에 맞는 최적의 프롬프트를 설계할 수 있다.

3) 사용자 의도의 파악과 반영

프롬프트 엔지니어링에서 사용자 의도의 파악과 그것을 프롬프트에 효과적으로 반영하는 것은 AI와의 상호작용을 성공적으로 이끄는 핵심 요소이다. 사용자의 진정한 요구와 목표를 이해하고, 이를 프롬프트에 명확하게 통합하는 과정은 다음과 같이 진행된다.

(1) 의도 파악

사용자가 제공하는 정보와 요구사항을 분석해 그들의 실제 의도를 파악하는 것이 중요하다. 이는 직접적인 표현뿐만 아니라 문맥, 간접적인 힌트, 과거의 상호작용을 고려해 이뤄진다.

(2) 질문의 깊이 이해

사용자의 질문 뒤에 숨겨진 깊은 의미나 필요를 이해하는 것이 중요하다. 때때로 사용자는 자신의 진정한 요구를 명확하게 표현하지 못할 수 있다. 이러한 상황에서는 사용자의 질문을 더 깊이 파고들어 그 의도를 정확히 파악해야 한다.

(3) 명확한 프롬프트 구성

파악된 의도는 프롬프트에 명확하게 반영돼야 한다. 이는 사용자의 요구를 직접적으로 주목하는 프롬프트를 작성함으로써 이뤄진다. 명확한 지시, 구체적인 정보 요구, 맥락의 제시 등이 포함될 수 있다.

(4) 사용자 피드백의 통합

사용자로부터의 피드백은 프롬프트를 개선하는 데 매우 중요한 자원이다. 사용자의 반응과 피드백을 분석해 프롬프트를 지속적으로 조정하고 개선한다.

(5) 지속적인 학습과 적응

사용자 의도의 파악은 지속적인 학습과 적응을 요구한다. 사용자의 요구, 선호, 상황이 변화함에 따라 프롬프트도 이에 맞춰 변화해야 한다.

사용자 의도의 파악과 반영은 AI와의 상호작용을 더 효과적이고 만족스러운 경험으로 만드는 데 중요하다. 이 과정은 사용자와 AI 사이의 소통을 개선하고, AI가 제공하는 결과의 정확성과 관련성을 높인다. 프롬프트 엔지니어링의 전문가는 이러한 과정을 통해 사용자 중심의 효과적인 프롬프트를 설계하고 AI의 성능을 최적화하는 데 기여한다.

4) 프롬프트 최적화 기법

프롬프트 최적화는 AI와의 상호작용을 개선하고 사용자의 목적을 더 효과적으로 달성하기 위해 필수적이다. 최적화된 프롬프트는 AI의 반응을 정확하고 관련성 높게 만들어 사용자 경험을 향상시킨다. 다음은 프롬프트를 최적화하기 위한 몇 가지 핵심 기법들이다.

(1) 분명한 목적 설정

프롬프트는 특정한 목적을 분명히 해야 한다. 이는 AI가 요구된 작업을 이해하고, 적절한 응답을 생성하는 데 중요하다.

(2) 구체적인 정보 제공

프롬프트는 필요한 정보를 구체적으로 제공해야 한다. 이는 AI가 요구된 작업을 수행하기 위해 필요한 모든 필수적인 정보를 갖고 있도록 한다.

(3) 직접적인 언어 사용

명확하고 직접적인 언어를 사용하는 것이 중요하다. 이는 AI가 사용자의 요구를 명확하게 이해하고, 오해의 여지를 최소화하는 데 도움이 된다.

(4) 맥락 고려

프롬프트는 현재의 맥락과 이전의 상호작용을 고려해야 한다. 이는 AI가 보다 관련성 높고 적절한 응답을 생성하는 데 도움이 된다.

(5) 응답 형식 지정

사용자가 원하는 응답의 형식을 명시하는 것은 AI가 기대에 부합하는 결과를 제공하는데 중요하다. 이는 글, 목록, 요약, 그래픽 등이 될 수 있다.

(6) 유연성과 창의성 적용

때때로 프롬프트는 유연하고 창의적인 접근이 필요하다. 이는 AI가 표준적인 답변을 넘어서 다양한 가능성을 탐색하고 창의적인 해결책을 제안하도록 한다.

(7) 피드백 기반 반복

AI의 응답과 사용자의 피드백을 바탕으로 프롬프트를 지속적으로 개선하는 것이 중요하다. 이는 AI와 사용자 간의 상호작용을 지속적으로 개선하는 데 도움이 된다.

프롬프트 최적화 기법을 반영한 예시들은 다음과 같다

분명한 목적 설정 예시)
기존 프롬프트 : 음악에 대해 말해줘.

개선된 프롬프트 : 바로크 시대의 클래식 음악의 주요 특징은 무엇인가?

구체적인 정보 제공 예시)

기존 프롬프트 : 과학 기사 요약해 줘.

개선된 프롬프트 : 최근 발표된 인공지능 관련 과학 논문 중 하나를 요약해 줘.

응답 형식 지정 예시)

존 프롬프트 : 프랑스 혁명에 대해 설명해 줘.

개선된 프롬프트 : 프랑스 혁명의 주요 사건들을 시간 순서대로 목록으로 나열해 줘.

이 예시들은 명확한 목적 설정, 구체적인 정보 제공, 응답 형식 지정 등의 프롬프트 최적화 기법을 통해 AI 응답의 정확성과 관련성을 높임으로써 사용자 경험을 개선하는 방법을 잘 보여준다. 이러한 기법들의 적용은 사용자가 AI와의 상호작용을 보다 효율적이고 만족스러운 경험으로 만들어 주며, AI의 성능을 극대화하고 사용자의 목적 달성에 중요한 역할을 한다. 프롬프트 엔지니어링 전문가는 이러한 기법들을 활용해 사용자에게 최적의 경험을 제공하는 데 기여한다.

5) 다양한 분야에 적용된 프롬프트 사례 연구

프롬프트 엔지니어링은 다양한 분야에 적용되며, 각 분야에서의 사용 사례는 프롬프트의 다양성과 유연성을 보여준다. 다음은 여러 분야에서 프롬프트가 어떻게 사용되고 최적화되는지에 대한 사례 연구이다.

(1) 교육 분야 : 학습 촉진

- 사례 : 프롬프트는 학생들에게 특정 주제에 대해 질문하거나, 주제에 대한 그들의 이해를 평가하는 데 사용된다. 예) 19세기 유럽의 산업혁명이 사회에 미친 영향에 대해 설명해 보세요.
- 결과 : 이러한 프롬프트는 학생들로 해금 복잡한 주제를 분석하고, 자신의 지식을 표현하도록 도와준다.

(2) 비즈니스 및 마케팅 : 데이터 분석 및 인사이트 생성

- 사례 : 기업들은 시장 동향, 고객 행동, 경쟁 분석 등에 대한 프롬프트를 사용해 깊은 인사이트를 얻는다. 예) 최근 5년간의 소셜 미디어 마케팅 전략의 변화를 분석해 주세요.
- 결과 : 이를 통해 기업들은 전략을 조정하고 효과적인 마케팅 계획을 수립할 수 있다.

(3) 창작 및 예술 : 창의적 아이디어 및 디자인 개발

- 사례 : 예술가나 디자이너들은 창작 과정에서 영감을 얻기 위해 프롬프트를 사용한다. 예) 미래 지향적 도시 생활을 나타내는 그래픽 디자인 아이디어를 제시해 주세요.
- 결과 : 이러한 프롬프트는 독창적이고 혁신적인 작품을 창출하는 데 도움을 준다.

(4) 건강 및 웰빙 : 정보 제공 및 건강 개선

- 사례 : 의료 전문가들은 환자 교육 및 건강 행동 권장을 위해 프롬프트를 사용한다. 예) 당뇨병 환자를 위한 건강한 생활 습관에 대해 안내해 주세요.
- 결과 : 이러한 프롬프트는 환자들이 자신의 건강 상태를 더 잘 이해하고 관리할 수 있도록 돕는다.

(5) 기술 및 개발 : 문제 해결 및 혁신적 솔루션

- 사례 : 개발자들은 코딩 문제 해결이나 새로운 기술 개발을 위한 프롬프트를 사용한다. 예) 인공지능을 이용한 자연어 처리에서의 주요 도전 과제와 해결책을 탐색해 주세요.
- 결과 : 이러한 프롬프트는 기술 혁신을 촉진하고, 복잡한 문제에 대한 창의적인 해결책을 찾는 데 도움을 준다.

이러한 사례들은 프롬프트가 어떻게 특정 분야의 요구와 목적에 맞춰 적용되고 최적화될 수 있는지를 보여준다. 각 분야에서의 프롬프트 사용은 해당 분야의 특성과 요구를 반영하며, 이를 통해 보다 효과적이고 목적에 부합하는 결과를 얻을 수 있다. 프롬프트 엔지니어링의 전문가는 이러한 다양한 분야의 요구를 이해하고, 각 상황에 적합한 최적의 프롬프트를 설계하는 데 중요한 역할을 한다.

3. 생성형 AI와 상호작용하는 방법

1) AI의 반응 이해하기

생성형 AI와의 효과적인 상호작용을 위해서는 AI의 반응을 이해하는 것이 필수적이다. AI의 반응을 이해한다는 것은 단순히 AI가 제공하는 정보를 해석하는 것을 넘어, 그 반응이 생성된 배경과 맥락을 파악하는 것을 의미한다. 이 과정은 AI와의 상호작용을 최적화하고, AI를 보다 효과적으로 활용하는 데 중요하다.

(1) AI의 반응 메커니즘 이해

① AI 반응의 기본 원리

인공지능, 특히 자연어 처리(Natural Language Processing, NLP) 기반 AI는 매우 복잡한 알고리즘과 대규모 데이터 세트를 기반으로 응답을 생성한다. 이러한 시스템은 텍스트, 음성, 이미지 등 다양한 형태의 데이터에서 유의미한 정보를 추출하고, 이를 통해 인간의 언어를 이해하고 생성하는 데 사용된다. 기본적으로 이러한 AI 시스템은 대규모의 데이터를 학습해 언어의 구조, 문맥, 의미를 파악한다.

② 데이터 학습 과정

자연어 처리를 위한 AI는 주로 기계 학습(Machine Learning)과 딥 러닝(Deep Learning) 기법을 사용한다. 이러한 기법들은 다양한 언어 데이터로부터 패턴을 학습하고, 이를 바탕으로 새로운 문장을 생성하거나 질문에 답변할 수 있다. 이 과정에서 중요한 것은 '모델 트레이닝'이다. 대량의 텍스트 데이터를 사용해 모델은 단어, 구, 문장 간의 관계를 학습하고, 이를 통해 언어의 '규칙'을 내면화한다.

③ 알고리즘의 역할

AI 응답 생성에 있어 핵심적인 역할을 하는 것은 알고리즘이다. 알고리즘은 데이터를 분석하고, 언어의 패턴을 파악하는 규칙을 정의한다. 이러한 규칙은 문법, 의미론, 문맥 분석 등 다양한 언어적 요소를 포함한다. 예를 들어, '트랜스포머(Transformer)' 모델과 같은 최신 AI 모델들은 문맥을 더 잘 이해하고, 더 자연스러운 응답을 생성할 수 있는 능력을 갖고 있다.

④ 문맥 이해와 반응 생성

AI는 제공된 프롬프트의 문맥을 이해하는 데 중요한 역할을 한다. 프롬프트의 문맥, 즉 사용자가 제공한 정보와 그 상황은 AI가 어떤 방식으로 응답을 생성할지 결정하는 데 결정적인 요소가 된다. AI는 이러한 정보를 바탕으로 가장 적절하고 유용한 응답을 생성하려고 노력한다.

⑤ 응답의 한계와 도전

AI 기반의 자연어 처리 시스템은 매우 강력하지만 완벽하지는 않다. 이러한 시스템은 학습 데이터의 범위와 질에 크게 의존하기 때문에, 데이터에 존재하지 않는 정보나 문맥은 이해하거나 반영하는 데 한계가 있다. 또한 AI는 아직 인간처럼 깊이 있는 추론이나 창의적 사고를 할 수 없으며, 때로는 비논리적이거나 부정확한 응답을 할 수도 있다.

AI의 반응 메커니즘을 이해하는 것은 사용자가 AI의 응답을 올바르게 해석하고 그 한계를 인식하는 데 도움이 된다. 이를 통해 AI와의 상호작용이 보다 효과적이고 생산적으로 이뤄질 수 있다. AI가 제공하는 정보와 서비스의 질을 향상케 하기 위해서는 지속적인 학습과 개선이 필요하며, 사용자의 피드백과 비판적 사고가 중요한 역할을 한다.

(2) 맥락적 해석
① 맥락의 중요성

자연어 처리 기반 AI의 반응은 제공된 프롬프트와 그 맥락에 깊이 영향을 받는다. 맥락이란 AI에 제공된 특정한 정보뿐만 아니라 그 정보가 제시된 상황, 문화적 배경, 의도와 같은 요소를 포함한다. AI는 이러한 맥락적 요소를 분석해 보다 적절하고 정확한 응답을 생성하려고 노력한다.

② 맥락 이해의 메커니즘

AI가 맥락을 이해하는 과정은 데이터와 알고리즘에 크게 의존한다. AI는 학습 데이터에서 문맥적 신호를 추출하고 이를 이용해 새로운 입력의 문맥을 파악한다. 예를 들어 동일한 단어나 문장이라도 다른 문맥에서는 전혀 다른 의미를 가질 수 있다. AI는 이러한 문맥적 차이를 인식하고 적절한 응답을 생성하기 위해 노력한다.

③ 문맥 분석의 한계

그러나 AI의 문맥 분석 능력에는 한계가 있다. AI는 주어진 데이터와 알고리즘의 범위 내에서만 작동할 수 있으며 특히 비정형적이거나 암시적인 문맥을 파악하는 데 어려움을 겪을 수 있다. 예를 들어 은유, 농담, 비유와 같은 언어적 표현은 AI가 제대로 이해하지 못할 수 있다.

④ 문맥적 해석의 중요성

따라서 AI의 응답을 해석할 때는 해당 응답이 생성된 특정한 상황과 맥락을 고려해야 한다. 사용자는 AI의 응답을 그대로 받아들이기보다는 그 응답이 생성된 맥락을 이해하고 필요에 따라 해석을 조정할 수 있어야 한다. 이는 AI가 제공하는 정보의 정확성과 유용성을 높이는 데 중요하다.

⑤ 맥락적 해석의 예시

예를 들어 AI가 '사과'라는 단어에 대해 응답할 때, '사과'가 과일을 의미하는지, 아니면 사과하는 행동을 의미하는지에 대한 문맥이 중요하다. 사용자가 '나는 사과를 좋아한다'라고 말하면 AI는 과일에 대해 이야기하고 있는 것으로 해석할 수 있다. 반면, '나는 그에게 사과해야 한다'라고 말하면, AI는 사과하는 행동에 대해 이야기하고 있는 것으로 해석할 수 있다.

맥락적 해석은 AI와의 상호작용에서 매우 중요한 부분이다. 사용자는 AI의 응답을 단순히 문자 그대로 받아들이기보다는 그 응답이 생성된 상황과 맥락을 고려해 해석해야 한다. 이를 통해 AI의 응답을 보다 정확하고 유용하게 활용할 수 있다. AI의 발전과 함께 앞으로 이러한 맥락적 해석 능력은 더욱 향상될 것으로 기대된다.

(3) AI의 한계 인식
① 인공지능의 한계 이해

AI 기술, 특히 자연어 처리 분야에서 인공지능의 한계를 인식하는 것은 매우 중요하다. AI 시스템은 인간의 언어와 사고 과정을 모방해 설계됐지만 여전히 인간의 창의성, 복잡한 추론, 감정 이해 등 많은 부분에서 한계를 갖고 있다. 이러한 한계를 이해하는 것은 AI의 반응을 올바르게 해석하고 평가하는 데 필수적이다.

② 데이터 기반의 한계

AI 시스템은 학습 데이터에 크게 의존한다. 학습 데이터의 범위와 질이 AI의 성능을 결정하는 주요 요인이다. 따라서 학습 데이터가 불충분하거나 편향된 경우 AI는 오류를 범하거나 불완전한 정보를 제공할 수 있다. 예를 들어 특정 문화나 언어에 관한 데이터가 부족한 경우 AI는 그 문화나 언어에 대해 정확한 정보를 제공하는 데 어려움을 겪을 수 있다.

③ 알고리즘의 한계

AI의 알고리즘 또한 한계를 가진다. 현재의 AI 시스템은 대부분 통계적 방법과 패턴 인식에 기반해 작동한다. 이러한 방식은 효율적이지만, 복잡한 인간의 사고와 감정을 완전히 이해하거나 모방하는 데는 한계가 있다. 예를 들어 의도적인 농담이나 비꼬는 말, 미묘한 감정 표현 등을 AI가 정확하게 해석하는 것은 여전히 도전적인 과제이다.

④ 상황적 한계와 추론 능력

AI는 특정 상황과 문맥에서의 추론 능력에도 한계를 가진다. 인간은 경험과 상식을 바탕으로 복잡한 상황에서 논리적 추론을 할 수 있지만, AI는 주어진 데이터와 알고리즘의 범위 내에서만 작동한다. 따라서 AI는 예상치 못한 상황이나 새로운 문제에 직면했을 때 적절하게 대응하는 데 어려움을 겪을 수 있다.

⑤ 감정과 창의성의 한계

AI는 인간의 감정과 창의성을 완전히 이해하거나 모방하는 데 한계가 있다. 인간의 창의적 사고와 감정은 매우 복잡하고 다양한 요소에 의해 영향을 받는다. AI는 이러한 인간 고유의 특성을 기계적 알고리즘으로 완벽히 재현하는 것이 불가능하다.

⑥ 윤리적·사회적 한계

마지막으로, AI의 윤리적 및 사회적 한계도 중요한 고려 사항이다. AI 시스템은 개인의 프라이버시, 데이터 보안, 편향과 차별 등의 문제에 직면할 수 있다. 이러한 문제들은 기술적인 한계뿐만 아니라 윤리적·법적·사회적 측면에서도 중요한 고려 사항이다.

AI의 한계를 인식하는 것은 AI 시스템의 응답을 평가하고 오해를 방지하는 데 중요하다.

사용자는 AI의 한계를 이해하고 이를 고려해 AI의 정보와 서비스를 활용해야 한다. AI 기술의 지속적인 발전과 함께 이러한 한계를 극복하기 위한 연구와 노력이 계속되고 있다.

(4) 반응의 신뢰도 평가

① AI 응답의 신뢰도 중요성

인공지능, 특히 자연어 처리 기반 AI 시스템에서 응답의 신뢰도를 평가하는 것은 매우 중요하다. AI가 제공하는 정보와 서비스는 다양한 응용 분야에서 사용되며 이에 따른 결과의 정확성과 신뢰성은 큰 영향을 미친다. 따라서 AI의 응답을 평가하고 검증하는 과정은 사용자가 신뢰할 수 있는 정보를 얻기 위해 필수적이다.

② 데이터 소스의 신뢰성

AI의 응답 신뢰도 평가의 첫 단계는 사용된 데이터 소스의 신뢰성을 확인하는 것이다. AI는 학습 과정에서 다양한 데이터 소스를 사용하며 이 데이터의 품질과 정확성은 AI의 응답에 직접적인 영향을 미친다. 예를 들어 오래된 또는 편향된 데이터를 학습한 AI는 현실과 동떨어진 정보를 제공할 수 있다. 따라서 사용된 데이터 소스의 최신성, 정확성, 포괄성을 평가하는 것이 중요하다.

③ 학습 과정과 알고리즘

AI 응답의 신뢰도를 평가할 때 AI의 학습 과정과 사용된 알고리즘을 이해하는 것도 중요하다. AI 모델은 다양한 학습 기법과 알고리즘을 사용해 데이터로부터 패턴을 학습한다. 이 과정에서 사용된 알고리즘의 종류, 학습 데이터의 양과 질, 학습 방식 등이 AI의 성능과 신뢰도에 영향을 미친다. 예를 들어 깊은 신경망을 사용한 모델은 복잡한 패턴을 학습할 수 있지만 과적합(overfitting)의 위험이 있을 수 있다.

④ 응답의 문맥적 적절성

AI 응답의 신뢰도를 평가하는 데 있어 문맥적 적절성도 중요한 요소이다. AI는 제공된 프롬프트의 문맥을 이해하고 이에 기반해 응답을 생성한다. 사용자는 AI가 제공한 응답이 해당 상황과 문맥에 적절한지를 평가해야 한다. 이는 AI가 특정 상황이나 문화적 배경을 제대로 이해하고 반영했는지를 판단하는 데 도움이 된다.

⑤ 오류와 한계 인식

AI 응답의 신뢰도를 평가할 때 AI의 오류와 한계를 인식하는 것도 중요하다. AI는 완벽하지 않으며 때로는 오류를 범하거나 부정확한 정보를 제공할 수 있다. 사용자는 AI의 한계를 이해하고 의심스러운 정보는 추가적인 검증을 통해 확인해야 한다.

⑥ 비판적 사고의 적용

마지막으로, AI 응답의 신뢰도를 평가하는 데 있어 비판적 사고의 적용이 필수적이다. 사용자는 AI가 제공하는 정보를 무 비판적으로 받아들이지 않고 항상 비판적인 시각으로 평가해야 한다. 이는 AI가 제공하는 정보가 사용자의 특정 상황과 요구에 적합한지를 판단하는 데 중요하다.

AI 응답의 신뢰도를 평가하는 것은 AI와의 상호작용에서 매우 중요한 부분이다. 사용자는 AI의 데이터 소스, 학습 과정, 알고리즘, 문맥적 적절성 및 오류와 한계를 고려해 AI의 응답을 평가해야 한다. 이를 통해 AI의 정보와 서비스의 신뢰성을 높이고 보다 정확하고 유용한 정보를 얻을 수 있다. AI 기술의 발전과 함께 응답의 신뢰도 평가 방법도 계속 발전하고 있다.

(5) 비판적 사고의 적용

① 비판적 사고의 정의와 중요성

비판적 사고는 정보를 분석하고 평가하는 능력을 말한다. 이는 정보의 출처를 검토하고 주장의 근거를 평가하며 다양한 관점을 고려하는 과정을 포함한다. AI 시스템, 특히 자연어 처리를 기반으로 한 시스템과 상호작용할 때 비판적 사고를 적용하는 것은 사용자가 보다 정확하고 신뢰할 수 있는 결론에 도달하는 데 도움을 준다.

② AI 응답에 대한 비판적 접근

AI가 제공하는 응답에 대해 비판적으로 접근하는 것은 AI의 정보를 보다 효과적으로 활용하는 데 필수적이다. 이는 AI가 제공하는 정보가 항상 완전하거나 정확하지 않을 수 있기 때문이다. 사용자는 AI의 응답을 단순히 받아들이기보다는 그 정보의 출처, 맥락, 가능한 한계를 고려해 평가해야 한다.

③ 정보 출처의 신뢰성 평가

비판적 사고를 적용할 때, AI가 제공하는 정보의 출처를 평가하는 것이 중요하다. AI는 다양한 데이터 소스에서 정보를 수집하고 학습한다. 사용자는 이러한 데이터 소스의 신뢰성과 정확성을 고려해야 한다. 예를 들어 AI가 인용하는 출처가 신뢰할 수 있는지, 정보가 최신인지, 해당 분야의 전문가에 의해 검증됐는지 등을 고려해야 한다.

④ 다양한 관점의 고려

비판적 사고의 중요한 측면은 다양한 관점을 고려하는 것이다. AI는 특정한 데이터 세트를 기반으로 학습하기 때문에 그 데이터 세트의 한계 또는 편향을 반영할 수 있다. 사용자는 AI의 응답이 모든 관점을 고려하고 있는지, 또는 특정한 시각에 치우쳐 있지 않은지를 평가해야 한다.

⑤ 논리적 근거와 일관성 검토

AI의 응답을 평가할 때 논리적 근거와 일관성도 중요하다. 사용자는 AI가 제시하는 주장이 논리적으로 타당한지, 일관된 근거에 기반하고 있는지를 검토해야 한다. 이는 AI가 때때로 데이터의 특정 패턴에 과도하게 의존하거나, 상관관계와 인과관계를 혼동하는 오류를 범할 수 있기 때문이다.

⑥ AI의 한계 인식

비판적 사고를 적용하는 과정에서 AI의 한계를 인식하는 것도 중요하다. AI는 현재 기술 수준에서는 인간의 창의성, 복잡한 추론, 감정 이해 등을 완벽하게 모방할 수 없다. 사용자는 이러한 한계를 이해하고 AI의 응답을 그에 따라 해석해야 한다.

비판적 사고를 적용하는 것은 AI와의 상호작용에서 매우 중요하다. 이는 AI가 제공하는 정보가 사용자의 특정 상황과 요구에 적합한지를 판단하는 데 필수적이다. AI 기술의 발전과 함께 사용자는 AI의 응답을 보다 신중하고 비판적으로 평가하는 방법을 계속 발전시켜야 한다. 이를 통해 AI의 정보와 서비스를 보다 효과적으로 활용할 수 있다.

(6) 피드백과 반복 학습

① 피드백의 중요성

피드백은 AI, 특히 생성형 AI의 학습과 발전에 필수적인 요소이다. 사용자의 피드백은 AI가 제공하는 응답의 적절성과 정확성을 향상케 하는 데 중요한 역할을 한다. 피드백은 AI가 자신의 성능을 평가하고 필요한 개선 사항을 파악하는 데 사용된다. 이는 AI가 더 나은 응답을 생성하고 사용자의 요구에 보다 잘 부응할 수 있도록 돕는다.

② 반복 학습의 개념

반복 학습은 AI가 계속해서 데이터를 학습하고 이를 통해 성능을 개선하는 과정을 말한다. 이 과정에서 AI는 새로운 데이터와 사용자의 피드백을 반영해 자신의 알고리즘을 조정하고 결과적으로 더 정확하고 적절한 응답을 생성할 수 있게 된다. 반복 학습은 AI가 지속적으로 발전하고 다양한 상황과 요구에 적응할 수 있게 만드는 핵심 요소이다.

③ 사용자 피드백의 활용

사용자 피드백을 활용하는 것은 AI의 학습 과정에 있어 중요한 부분이다. 사용자는 AI의 응답에 대해 긍정적 또는 부정적인 평가를 제공할 수 있으며, 이러한 평가는 AI가 자신의 오류를 인식하고 수정하는 데 도움이 된다. 또한 사용자의 피드백은 AI가 특정 상황이나 문맥을 더 잘 이해하도록 도울 수 있다.

④ 데이터의 다양성과 포괄성

반복 학습 과정에서 데이터의 다양성과 포괄성도 중요하다. AI는 다양한 유형의 데이터와 상황에 노출돼야만 더 넓은 범위의 문제에 대응할 수 있다. 사용자의 다양한 배경과 경험에서 오는 피드백은 AI가 보다 균형 잡힌 학습을 할 수 있게 만든다. 이는 AI가 편향을 줄이고 다양한 사용자의 요구에 부응할 수 있게 돕는다.

⑤ 지속적인 개선과 발전

AI의 반복 학습은 지속적인 개선과 발전을 가능하게 한다. 이 과정을 통해 AI는 새로운 패턴과 관계를 학습하고, 이전에는 해결하지 못했던 문제에 대한 해결책을 찾을 수 있다. 또한 AI는 시간이 지남에 따라 사용자의 변화하는 요구와 기대에 적응하며 이는 AI의 유용성과 효과성을 증가시킨다.

피드백과 반복 학습은 AI, 특히 생성형 AI의 성능을 향상시키는 데 필수적인 요소이다. 사용자의 피드백은 AI가 자신의 오류를 인식하고 개선하는 데 도움이 되며, 반복 학습은 AI가 다양한 상황과 요구에 적응할 수 있게 한다. 이러한 과정을 통해 AI는 지속적으로 발전하고 사용자에게 더 나은 서비스를 제공할 수 있게 된다. AI 기술의 발전과 함께 피드백과 반복 학습의 중요성은 더욱 증가할 것이다.

AI의 반응을 이해하는 것은 AI와의 효과적인 상호작용을 위한 필수적인 기술이다. 사용자는 AI의 반응을 적절히 해석하고 평가함으로써 AI를 보다 효과적으로 활용할 수 있다. 이러한 이해는 AI 기술의 발전과 함께 지속적으로 진화하고 있다.

2) 효과적인 대화 관리

효과적인 대화 관리는 생성형 AI, 특히 자연어 처리를 기반으로 하는 시스템과의 상호작용에서 핵심적인 역할을 한다. 대화 관리의 목적은 AI와의 의사소통을 원활하게 하고, 사용자의 요구에 대한 만족스러운 응답을 얻는 것이다. 다음은 효과적인 대화 관리를 위한 핵심 전략들이다.

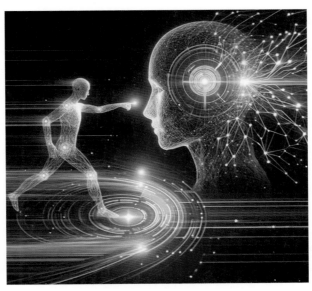

[그림3] AI와의 상호작용(출처 : DALL-E 3)

(1) 대화의 목적 명확화

AI와의 효과적인 상호작용을 위해서는 먼저 대화의 목적을 분명히 해야 한다. 이는 AI가 사용자의 요구를 정확하게 이해하고 목적에 부합하는 응답을 제공하는 데 중요하다. 예를 들어 사용자가 정보 검색을 목적으로 한다면 이를 분명히 밝히는 것이 필요하다. 이후의 단계들 순차적 맥락 유지부터 피드백과 개선에 이르기까지 각각의 전략은 AI와 사용자 간의 원활한 의사소통을 보장하고 대화의 질을 높이는 데 기여한다. 각 전략은 대화의 흐름을 유지하고 사용자의 의도에 맞는 적절한 AI 응답을 유도하는 데 중요한 역할을 한다.

(2) 순차적 맥락 유지

순차적 맥락 유지는 대화의 일관성과 흐름을 유지하는 것이다. 이는 대화가 진행되면서 이전의 대화 내용과 관련된 정보를 기반으로 AI가 응답을 구성하는 것을 의미한다. 예를 들어 대화가 특정 주제에 관해 진행되고 있다면 AI는 이전의 대화 내용을 참조해 그 맥락에 맞는 응답을 제공한다. 이는 대화가 분산되지 않고 사용자의 질문이나 주제에 대한 연속적인 대응이 가능하게 한다. 따라서 순차적 맥락 유지는 대화의 질과 사용자 경험을 향상케 하는 중요한 요소이다.

(3) 명확하고 구체적인 질문 사용

명확하고 구체적인 질문 사용은 AI에게 정확하고 관련성 높은 응답을 유도하는 데 중요하다. 이는 사용자가 자신의 요구사항을 명확하게 표현할 때 AI가 더 정확하게 대답할 수 있도록 돕는다. 예를 들어 '음악에 대해 말해줘'라는 모호한 질문 대신 '바로크 시대 클래식 음악의 특징은 무엇인가?'와 같은 구체적인 질문을 사용하면 AI는 보다 명확한 맥락에서 응답을 제공할 수 있다. 이러한 접근은 대화의 효율성을 높이고 AI가 사용자의 의도를 더 잘 이해하도록 만든다.

(4) 응답 분석 및 적절한 반응

응답 분석 및 적절한 반응은 AI와의 대화에서 매우 중요하다. 이 과정은 AI가 제공한 응답을 분석해 사용자의 질문이나 요구에 적절하게 대응하는 것을 포함한다. 사용자는 AI의 응답을 평가하고 그 내용이 자신의 질문이나 요구에 얼마나 잘 부합하는지 판단한다. 만약 응답이 부족하거나 관련성이 없다면 사용자는 보다 구체적이거나 명확한 정보를 요청해 AI

의 응답을 개선할 수 있다. 이러한 반응은 AI와의 상호작용을 더 효과적이고 만족스러운 경험으로 만드는 데 중요한 역할을 한다.

(5) 비판적 사고 적용

비판적 사고 적용은 프롬프트 엔지니어링에서 AI의 응답을 분석하고 평가하는 데 필수적이다. 사용자는 AI의 응답을 단순히 받아들이는 것이 아니라, 그 내용을 비판적으로 검토해 질문의 의도와 일치하는지, 정보의 정확성과 신뢰성이 있는지를 판단해야 한다. 또한 AI의 응답에서 발생할 수 있는 오류나 편향을 인식하고 필요한 경우 보다 정확하거나 다양한 관점을 요구하는 추가 질문을 할 수 있다. 이러한 비판적 접근은 대화의 질을 향상시키고 AI와의 상호작용을 더욱 유익하게 만든다.

(6) 대화 중단 및 재시작 전략

대화 중단 및 재시작 전략은 AI와의 상호작용에서 중요하다. 때때로 대화가 예상치 못한 방향으로 진행될 수 있으며 이때 대화를 중단하고 원래 목적이나 주제로 돌아가는 전략이 필요하다. 사용자는 현재의 대화 흐름이 목표와 맞지 않다고 판단되면 대화를 중단하고 원하는 주제나 방향으로 대화를 재지향할 수 있다. 이는 대화의 효율성을 높이고 사용자의 목적을 효과적으로 달성하기 위한 필수적인 접근 방식이다.

(7) 피드백과 개선

프롬프트에 대한 피드백과 개선은 생성형 AI 프롬프트 엔지니어링에서 중요하다. 사용자는 AI의 응답을 평가하고 그것이 자신의 요구와 얼마나 일치하는지를 판단한다. 이를 통해 더 나은 질문을 구성하거나 프롬프트를 수정할 수 있다. 피드백을 바탕으로 한 이러한 개선 과정은 AI가 사용자의 의도와 더 잘 부합하는 응답을 제공하도록 돕는다. 지속적인 피드백과 개선은 AI와의 상호작용을 더욱 효과적이고 만족스러운 경험으로 만드는 데 기여한다.

효과적인 프롬프트 작성 및 관리는 AI와의 상호작용을 최적화하고 사용자 경험을 향상케 하는 데 중요한 역할을 한다. 프롬프트 관리의 전략을 적절히 적용함으로써 AI는 사용자의 요구에 보다 정확하고 유용하게 응답할 수 있다. 이러한 전략은 사용자와 AI 간의 원활하고 효율적인 의사소통을 보장한다.

3) AI의 한계와 오류 대응

생성형 AI, 특히 자연어 처리를 사용하는 AI 시스템은 매우 강력하지만 여전히 한계와 오류가 존재한다. 이러한 한계와 오류에 대처하는 방법을 이해하는 것은 AI를 효과적으로 사용하고 잘못된 정보나 결과로 인한 문제를 최소화하는 데 중요하다. AI의 한계와 오류에 대응하는 전략은 다음과 같다.

(1) 한계 인식

AI는 특정 데이터 세트를 바탕으로 학습하며 그 데이터의 범위와 품질에 의존한다. 이는 AI가 모든 질문에 대한 답을 갖고 있지 않거나, 특정 상황이나 문맥을 완벽하게 이해하지 못할 수 있음을 의미한다. 따라서 AI의 한계를 인식하고 이를 고려하는 것이 필수적이다. 이러한 인식은 사용자가 AI의 응답에 대한 기대를 현실적으로 설정하고 AI의 답변을 보다 효과적으로 활용할 수 있게 한다.

(2) 오류 감지

사용자는 AI의 응답을 주의 깊게 분석해 오류나 부정확한 정보를 감지해야 한다. 이 과정은 비판적 사고와 전문 지식을 바탕으로 수행된다. 사용자가 AI의 응답을 정확히 평가하고 오류를 식별함으로써 AI와의 대화의 질을 향상시키고 더 신뢰할 수 있는 정보를 얻을 수 있게 된다.

(3) 정보의 검증

AI가 제공하는 정보는 다른 출처를 통해 가능한 한 검증돼야 한다. 특히 중요한 결정을 내리거나 민감한 정보를 다룰 때 추가적인 검증 과정은 필수적이다. 이러한 검증 과정은 AI가 제공하는 정보의 정확성과 신뢰성을 확보하는 데 기여하며 잘못된 정보로 인한 오류나 오해를 방지하는 데 중요한 역할을 한다.

(4) 적절한 사용 범위 설정

적절한 사용 범위 설정은 생성형 AI 프롬프트 엔지니어링에서 중대한 부분이다. AI가 효과적으로 활용될 수 있는 범위를 명확히 설정하는 것은 필수적이다. 이는 AI를 사용해 해결할 수 있는 문제와 인간의 판단이 필요한 문제를 구별하는 데 중요하다. AI의 사용 범위를 올바르게 설정함으로써 AI의 능력을 최대한 활용하면서도 그 한계를 인정하고 적절히 관리할 수 있다. 이러한 접근은 AI를 효과적이고 책임감 있는 방식으로 사용하는 데 기여한다.

(5) 피드백 제공

피드백 제공은 생성형 AI 프롬프트 엔지니어링에서 AI 시스템의 지속적인 개선에 중요한 역할을 한다. AI가 제공한 오류나 부적절한 반응에 대한 피드백은 시스템의 정확도와 효율성을 높이는 데 기여한다. 사용자와 개발자 간의 효과적인 의사소통을 통해 구체적인 사례를 바탕으로 한 피드백은 AI의 성능 개선에 중요한 정보를 제공한다. 이러한 접근은 AI의 발전에 중요한 기여를 하며 사용자 경험을 지속적으로 향상케 한다.

(6) 대응 전략 개발

AI의 한계나 오류를 발견했을 때 적절하게 대응할 수 있는 전략을 개발하는 것은 중요하다. 이는 AI가 예상치 못한 응답을 할 때나 오류를 일으켰을 때 즉각적으로 실행할 수 있는 지침이나 절차를 포함한다. 효과적인 대응 전략은 AI의 한계를 극복하고, 사용자 경험을 개선하는 데 중요한 역할을 한다.

(7) 사용자 교육

사용자들은 AI의 한계와 오류 가능성을 이해하고 AI의 응답을 비판적으로 평가할 필요가 있다. 이는 사용자들이 잘못된 정보에 의존하지 않고 AI를 보다 효과적으로 활용할 수 있도록 하는 데 기여한다. 따라서 AI의 작동 원리와 한계에 대한 충분한 교육과 정보 제공은 필수적이다.

AI의 한계와 오류에 대한 이해와 적절한 대응 전략은 AI를 사용하는 모든 이들에게 중요하다. 이를 통해 AI와의 상호작용을 보다 안전하고 효과적으로 만들 수 있으며 잘못된 정보로 인한 부정적인 결과를 최소화할 수 있다.

4) 사용자 경험 향상을 위한 팁

생성형 AI와의 상호작용은 사용자 경험(UX)에 큰 영향을 미친다. 사용자가 AI와의 상호 작용을 긍정적으로 경험하도록 하기 위해서는 다음과 같은 팁을 고려할 수 있다.

(1) 사용자 중심의 접근

이는 사용자의 필요와 선호를 우선시하는 것을 의미한다. 프롬프트 작성 및 대화 관리 시 사용자가 원하는 정보의 종류와 그 정보를 받고자 하는 방식을 고려하는 것이 중요하다. 예를 들어 사용자가 빠른 정보 요약을 선호한다면 프롬프트는 이러한 요구를 충족시키는 방향으로 구성돼야 한다. 사용자 중심의 접근은 AI와의 상호작용을 개인화하고 사용자 경험을 개선하는 핵심 요소이다.

(2) 간결하고 명확한 커뮤니케이션

프롬프트와 응답은 간결하고 명확해야 한다. 이는 사용자가 필요한 정보를 쉽게 이해하고 찾을 수 있도록 오해를 줄이는 데 중요하다. 효과적인 커뮤니케이션은 AI의 응답을 사용자가 빠르게 파악하고 활용할 수 있도록 돕는다. 따라서 프롬프트는 필요한 정보를 직접적이고 간단한 언어로 표현해야 하며 AI 응답도 이러한 방식으로 구성돼야 한다.

(3) 개인화된 경험 제공

개인화는 사용자 경험을 향상케 하는 핵심 요소이다. AI는 사용자의 과거 상호작용, 관심사 및 요구사항을 기반으로 맞춤형 응답을 제공한다. 이를 통해 사용자는 자신의 선호와 필요에 더 잘 부합하는 개인적으로 맞춤화된 정보를 받을 수 있다. 예를 들어 사용자가 이전에 특정 주제에 대해 질문했다면 AI는 그 주제와 관련된 추가 정보나 관련 권장 사항을 제공할 수 있다.

(4) 응답 시간 최적화

사용자가 AI와의 상호작용에서 빠른 응답을 기대한다면 응답 시간의 최적화는 매우 중요하다. 이는 사용자가 긴 대기 시간 없이 필요한 정보를 즉시 얻을 수 있도록 한다. 빠른 응답은 사용자의 만족도를 높이고 AI와의 상호작용을 더 효율적이고 생산적으로 만든다. AI

시스템은 복잡한 쿼리(Query)에 대해 빠르고 정확한 응답을 제공하기 위해 최적화돼야 하며 이를 위해 지속적인 기술적 개선이 필요하다. 응답 시간 최적화는 특히 정보 검색이나 긴급한 질문에 대한 신속한 해결이 중요한 상황에서 사용자 경험을 크게 향상케 한다.

(5) 사용자 피드백 수집 및 적용

사용자로부터의 피드백을 정기적으로 수집하고 AI 시스템의 개선에 반영하는 것은 매우 중요하다. 이 과정은 사용자의 경험을 지속적으로 개선하는 데 필수적이다. 피드백은 AI가 제공하는 정보의 정확성과 유용성을 평가하는 데 도움을 주며 시스템의 오류나 개선 필요 사항을 파악하는 데 사용된다. 사용자의 의견과 제안을 중시하고 그것을 시스템 개선에 적극적으로 반영함으로써 AI는 보다 정확하고 사용자에게 맞춤화된 서비스를 제공할 수 있다.

(6) 사용자 교육 및 지원

사용자가 AI 시스템을 효과적으로 사용할 수 있도록 교육과 지원을 제공하는 것은 중요하다. 이는 사용자가 AI의 기능과 한계를 이해하고 시스템을 최대한 활용할 수 있도록 돕는다. 교육 자료와 지원은 사용자가 AI와의 상호작용에서 더 나은 결정을 내릴 수 있도록 정보를 제공한다. 예를 들어 AI의 작동 원리, 주요 기능, 사용 팁, 잠재적인 오류나 한계점에 대한 설명을 포함할 수 있다. 사용자가 이러한 정보를 알고 있으면 그들은 AI를 더 적절하고 효과적으로 활용할 수 있다.

(7) 시각적 요소와 상호작용의 통합

사용자 경험을 향상케 하기 위해 텍스트 기반 대화 외에도 시각적 요소를 통합하는 것이 중요하다. 시각적 정보는 복잡한 데이터를 이해하는 데 도움이 되며 사용자에게 보다 명확하고 직관적인 정보 제공 방식을 가능하게 한다. 예를 들어 통계 데이터에 대한 질문에는 그래프나 차트를 통해 응답하는 것이 이해를 돕는다. 이러한 시각적 통합은 사용자가 정보를 더 빠르고 효과적으로 처리하도록 하며 전반적인 사용자 경험을 개선한다.

(8) 대화의 유연성 유지

AI와의 상호작용에서 유연성은 사용자가 다양한 상황과 요구에 따라 대화의 방향을 쉽게 바꿀 수 있게 해준다. 사용자의 요구나 상황이 변할 때 AI는 이에 유연하게 대응할 수 있어야 한다. 예를 들어 사용자가 대화 중 주제를 변경하거나 새로운 질문을 제시할 때 AI는 이에 적절히 반응해 새로운 맥락에 맞는 정보를 제공할 수 있어야 한다. 이러한 유연성은 사용자가 AI와의 상호작용을 더 효율적이고 만족스러운 방식으로 이끌 수 있게 해준다.

사용자 경험을 향상케 하는 것은 AI와의 상호작용을 더욱 효과적이고 만족스러운 것으로 만든다. 사용자 중심의 접근 방식과 지속적인 개선을 통해 AI는 사용자에게 더 가치 있는 도구가 될 수 있다.

5) AI와의 협력적 작업 방식

AI와 협력적으로 작업하는 것은 사용자와 AI가 서로의 강점을 보완하며 공동의 목표를 효과적으로 달성하는 데 중요하다. AI를 동료나 도구로 여기고 그와의 협력을 최적화하는 방법을 이해하는 것은 다음과 같은 점들을 포함한다.

(1) 역할과 기대치 설정

AI와의 협력에서 각자의 역할과 기대치를 명확히 설정한다. AI는 데이터 처리, 정보 분석, 패턴 인식 등 특정 작업에 강점을 갖고 있으며 사용자는 이러한 정보를 해석하고 의사 결정에 적용하는 역할을 한다.

(2) 보완적 접근

사용자는 AI의 한계를 인식하고 이를 자신의 지식과 경험으로 보완한다. 반대로 AI는 대량의 데이터 처리나 복잡한 계산에서 인간의 능력을 보완한다.

(3) 지속적인 커뮤니케이션

효과적인 협력을 위해서는 사용자와 AI 간의 지속적인 커뮤니케이션이 필요하다. 이는 정확한 프롬프트 제공, AI의 응답 해석, 필요한 조정을 포함한다.

(4) 결정 과정에서의 AI 활용

사용자는 AI의 분석과 제안을 의사결정 과정에 활용할 수 있다. 이는 데이터 기반의 의사결정을 가능하게 하며 보다 근거 있는 결론에 도달하는 데 도움을 준다.

(5) 혁신적인 사용

AI를 단순한 작업 수행 도구로만 사용하지 않고 창의적이고 혁신적인 방식으로 활용한다. 예를 들어 새로운 문제 해결 방법을 탐색하거나 창의적 아이디어를 개발하는 데 AI를 활용할 수 있다.

(6) 학습과 적응

사용자는 AI와의 상호작용을 통해 학습하고 AI도 사용자의 피드백과 데이터를 바탕으로 지속적으로 학습한다. 이러한 상호 학습 과정은 협력을 강화하고 공동의 작업 효율을 높인다.

(7) 윤리적 고려

AI와의 협력 과정에서 윤리적 고려는 매우 중요하다. 이는 AI가 사용되는 방식이 윤리적 기준과 법적 규정을 준수하는지 확인하는 것을 포함한다.

(8) 결과 평가 및 개선

협력을 통해 달성한 결과를 주기적으로 평가하고 필요한 개선 사항을 식별한다. 이는 AI와의 협력 방식을 지속적으로 발전시키고 최적화하는 데 기여한다.

AI와의 협력적 작업 방식은 사용자와 AI가 서로의 능력을 최대한 활용하며 공동의 목표를 효과적으로 달성하는 데 중요하다. 상호 보완적인 접근과 지속적인 학습 및 적응을 통해 AI는 더욱 가치 있는 협력자가 될 수 있다.

[그림4] 학습을 통한 상호작용(출처 : DALL-E 3)

4. 프롬프트 엔지니어링의 고급 기법

1) 복잡한 명령어 구성하기

프롬프트 엔지니어링에서 복잡한 명령어를 구성하는 것은 AI와의 상호작용을 더욱 효과적으로 만들며 복잡한 문제를 해결하는 데 도움이 된다. 복잡한 명령어를 효과적으로 구성하기 위한 고급 기법은 다음과 같다.

(1) 분할 및 정복

분할 및 정복 전략은 복잡한 프롬프트 엔지니어링 작업을 더 작고 관리하기 쉬운 부분으로 나누는 것이다. 이 방법은 각 부분이 특정 하위 목표를 달성하도록 설계돼 전체적인 목표 달성에 기여한다. 예를 들어 복잡한 데이터 분석 작업을 수행하는 프롬프트를 작성할 때 데이터 수집, 처리, 분석, 결과 해석 등의 단계로 나눌 수 있다. 각 단계는 명확하게 정의되고 독립적으로 수행될 수 있으며 이를 통해 전체 작업의 복잡성을 줄이고 효율성을 높일 수 있다.

분할 전과 분할 후의 프롬프트 예시는 다음과 같다.

분할 전 프롬프트)

최근 5년간 전 세계 스마트폰 시장의 추세를 분석하고, 주요 제조사들의 시장 점유율 변화, 소비자 선호도 및 기술 발전에 대한 포괄적인 보고서를 작성해 줘.

분할 후 프롬프트)

- 데이터 수집 : 최근 5년 간 전 세계 스마트폰 시장의 판매 데이터와 주요 제조사들의 시장 점유율을 수집해 줘.
- 소비자 분석 : 동일 기간 동안 소비자 선호도와 구매 패턴에 대한 데이터를 분석해 줘.
- 기술 추세 분석 : 스마트폰 관련 최신 기술 발전과 혁신에 대해 요약해 줘.
- 보고서 작성 : 위의 데이터와 분석을 바탕으로 각 부문별 상세 분석을 포함한 보고서를 작성해 줘.

분할 후 프롬프트는 전체 작업을 더 관리하기 쉬운 명확한 단계로 나눔으로써 AI가 각 부분에 집중해 보다 정확하고 구체적인 결과를 도출할 수 있게 한다.

(2) 조건과 맥락 포함

조건과 맥락을 포함하는 것은 프롬프트 엔지니어링에서 상황에 따른 정확한 응답을 얻기 위해 필수적이다. 이는 프롬프트가 특정 조건이나 상황에 맞춰져야 함을 의미한다. 예를 들어 시간이나 장소와 같은 특정 조건을 명확히 하거나 특정 상황에 대한 맥락을 제공하는 것이다.

예시)

- 조건이 포함되지 않은 프롬프트 : 내일 날씨 어때?
- 조건과 맥락이 포함된 프롬프트 : 내일 오전 10시에 서울에서 야외 활동을 할 때 날씨와 온도는 어떨까?

이 예시에서 조건과 맥락을 포함함으로써 AI는 더 정확하고 상황에 맞는 정보를 제공할 수 있다.

(3) 단계별 접근

단계별 접근은 복잡한 작업을 여러 개별 단계로 나누어 해결하는 방법이다. 이 방식은 각 단계를 순차적으로 진행하며 한 단계의 결과가 다음 단계의 시작점이 된다. 이를 통해 복잡한 문제를 보다 쉽게 관리하고 해결할 수 있다.

예시)

– 단계별 접근을 적용하지 않은 프롬프트 : 인공지능이 사회에 미치는 영향에 대한 전반적인 분석을 제공해 줘.

– 단계별 접근을 적용한 프롬프트 :

① 단계 1 : 인공지능의 주요 발전 사항과 혁신을 나열해 줘.

② 단계 2 : 이러한 발전이 경제, 고용, 교육 분야에 미친 영향에 대해 설명해 줘.

③ 단계 3 : 인공지능의 사회적 영향에 대한 종합적인 분석을 제공해 줘.

단계별 접근을 사용함으로써 각 단계는 특정 목표에 집중하며, 전체 분석은 보다 체계적이고 깊이 있는 이해를 제공한다.

(4) 논리적 연결 사용

논리적 연결 사용은 프롬프트에서 복잡한 논리 구조를 만들고, AI가 의도를 더 잘 이해하도록 돕는 중요한 방법이다. 논리적 연결어(예: '만약', '그러면', '따라서')를 사용함으로써 프롬프트는 조건과 결과, 원인과 영향 등을 명확하게 표현할 수 있다.

예시)

– 논리적 연결이 없는 프롬프트 : 기후 변화가 경제에 미치는 영향에 대해 말해줘.

– 논리적 연결을 사용한 프롬프트 : 만약 지구 온도가 2도 상승한다면, 이것이 세계 경제에 미칠 영향에 대해 설명해 줘.

논리적 연결을 사용하는 프롬프트는 AI에게 더 명확한 지침을 제공하며 AI가 보다 구체적이고 목적에 부합하는 응답을 생성하도록 한다.

(5) 명확한 목표 설정

명확한 목표 설정은 프롬프트 엔지니어링에서 AI의 작업 방향과 결과의 질을 결정하는 중요한 요소이다. 프롬프트는 구체적이고 명확한 최종 목표를 가져야 하며 이 목표는 모든 하위 작업과 연결돼야 한다. 이를 통해 AI는 사용자의 의도에 부합하는 정확한 응답을 생성할 수 있다.

예시)

- 명확한 목표가 설정되지 않은 프롬프트 : 환경 보호에 대해 설명해 줘.
- 명확한 목표를 설정한 프롬프트 : 2025년까지 실현 가능한 환경 보호를 위한 구체적인 행동 계획을 제시해 줘.

명확한 목표를 설정한 프롬프트는 AI에게 특정한 작업 방향을 제공하며 결과적으로 더 유용하고 목적에 부합하는 응답을 얻을 수 있게 한다.

(6) 중간 결과 검증

중간 결과 검증은 프롬프트 엔지니어링에서 복잡한 작업을 진행할 때 중요한 단계이다. 이 과정은 AI가 수행하는 작업의 각 단계에서 결과를 확인하고 필요한 경우 조정하는 것을 포함한다. 이를 통해 오류를 조기에 발견하고 최종 결과의 정확성과 관련성을 보장할 수 있다.

예시)

- 중간 결과 검증이 포함되지 않은 프롬프트 : 세계 경제의 현재 동향에 대한 전체 보고서를 작성해 줘.
- 중간 결과 검증을 포함한 프롬프트 : 세계 경제의 현재 동향에 대해 분석하고, 주요 발견 사항을 각 단계별로 요약해서 보여줘. 최종 보고서를 작성하기 전에 각 부분의 정확성을 검토할 거야.

중간 결과 검증을 포함한 프롬프트는 AI가 각 단계에서 정확하게 작업을 수행하고 있는지 확인하는 데 도움을 준다.

(7) 유연성과 수정 가능성

유연성과 수정 가능성은 프롬프트 엔지니어링에서 상황 변화나 새로운 정보에 대응하는 능력을 의미한다. 이는 프롬프트가 주어진 상황의 변화에 따라 수정될 수 있어야 한다는 것을 의미한다. 예를 들어 프로젝트의 방향이나 사용자의 요구사항이 변경됐을 때 프롬프트는 이러한 변화에 유연하게 대응해 수정될 수 있다.

예시)

- 유연성과 수정 가능성이 고려되지 않은 프롬프트 : 현재의 경제 상황에 대한 분석을 제공해 줘.
- 유연성과 수정 가능성이 고려된 프롬프트 : 현재의 경제 상황에 대한 분석을 제공해 줘. 만약 새로운 경제 데이터가 발표된다면, 분석을 업데이트해 최신 상황을 반영해 줘.

이와 같은 프롬프트는 AI가 새로운 정보나 변경된 상황에 빠르게 반응하고 적절하게 수정할 수 있도록 해준다.

복잡한 명령어 구성은 AI의 능력을 극대화하고 복잡한 문제 해결에 필수적이다. 이러한 고급 기법을 활용함으로써 사용자는 AI를 더욱 효과적으로 활용하고, 더 복잡하고 다양한 작업을 수행할 수 있다.

2) 다중 목적 프롬프트 설계

다중 목적 프롬프트는 한 번의 요청으로 여러 가지 목표를 동시에 달성하려고 할 때 사용된다. 이러한 프롬프트는 효율적인 작업 수행과 복잡한 정보 요구 사항을 충족시키는 데 중요하다. 다중 목적 프롬프트를 효과적으로 설계하기 위한 전략은 다음과 같다.

(1) 분명한 목표 정의

다중 목적 프롬프트 설계에서 핵심적이다. 이는 프롬프트가 달성하려는 각각의 목표를 명확하게 설정하고 이들을 효과적으로 통합하는 것을 의미한다. 각 목표는 서로 연관돼 있으면서도 독립적인 결과를 제공할 수 있어야 한다.

예시)

  – 분명한 목표가 정의된 프롬프트 : 오늘 발표된 경제 보고서를 분석해 주요 경제 지표의 변화를 요약하고 이러한 변화가 향후 금융 시장에 미칠 영향을 예측해 줘.

이 프롬프트는 경제 보고서 분석이라는 첫 번째 목표와 금융 시장에 대한 영향 예측이라는 두 번째 목표를 명확하게 설정하고 있어, AI가 두 가지 목적을 효과적으로 달성할 수 있도록 돕는다.

(2) 우선순위 설정

우선순위 설정은 다중 목적 프롬프트에서 각 목표의 중요도를 결정하는 과정이다. 이는 프롬프트가 여러 목표를 효과적으로 달성하도록 하며 가장 중요한 목표에 더 많은 자원을 할당하는 데 도움이 된다. 우선순위가 높은 목표는 먼저 처리돼야 하며 이는 AI가 각 목표를 적절한 순서로 진행할 수 있도록 한다.

예시)

  – 우선 순위 설정을 고려한 프롬프트 : 오늘 발표된 경제 보고서를 분석해 주요 경제 지표의 변화를 먼저 요약하고, 그다음으로 이러한 변화가 향후 금융 시장에 미칠 영향을 예측해 줘.

이 프롬프트는 경제 지표 분석이라는 우선순위가 높은 목표를 먼저 설정하고 그다음으로 금융 시장 영향 예측을 진행하도록 구성돼 있다.

(3) 논리적 흐름 유지

논리적 흐름 유지는 다중 목적 프롬프트에서 중요하다. 각 목적 사이의 논리적인 연결고리를 유지함으로써 AI는 효과적으로 작업을 수행할 수 있다. 논리적 순서를 따르는 것은 AI가 각 단계를 체계적으로 처리하고 관련된 결과를 생성하는 데 도움이 된다.

예시)

　－ 논리적 흐름을 유지한 프롬프트 : 전 세계 기후 변화의 현재 상태를 분석하고, 이러한 변화가 농업에 미칠 영향을 예측한 다음, 농업 정책에 대한 권장 사항을 제시해 줘.

이 프롬프트는 논리적 순서를 따라 기후 변화 분석에서 시작해 농업에의 영향 예측, 정책 권장 사항으로 이어지며 각 단계가 서로 연관돼 있다.

(4) 상호 의존성 고려

상호 의존성 고려는 다중 목적 프롬프트 설계에서 한 목적의 달성이 다른 목적에 어떠한 영향을 미칠지 이해하는 것이 중요하다. 이는 프롬프트의 각 부분이 서로를 보완하고, 최종 결과가 모든 목적을 효과적으로 충족시키도록 하는 데 도움이 된다.

예시)

　－ 상호 의존성을 고려한 프롬프트 기업의 최근 재무 성과를 분석하고, 이를 바탕으로 향후 투자 전략을 개발해 줘.

이 프롬프트는 재무 성과 분석이 투자 전략 개발에 직접적인 영향을 미침을 고려해 구성 돼 있다.

(5) 명확한 지시 제공

명확한 지시 제공은 다중 목적 프롬프트에서 각 목적에 대해 AI가 명확하게 구분하고 적절하게 대응할 수 있도록 하는 데 중요하다. 이는 AI가 각 목적을 정확하게 인식하고, 각각에 대한 특정한 작업을 효과적으로 수행할 수 있도록 한다.

예시)

　－ 명확한 지시를 포함한 프롬프트 : 늘 발표된 기술 혁신 보고서를 분석하고 주요 내용을 요약해줘. 그리고 해당 혁신이 제품 개발에 미칠 영향을 구체적으로 설명해 줘.

이 프롬프트는 기술 혁신 보고서 분석과 제품 개발에의 영향 설명이라는 두 가지 명확한 지시를 포함하고 있어 AI가 각 부분에 대해 구체적으로 대응할 수 있게 한다.

(6) 통합적 접근

명확한 지시 제공은 다중 목적 프롬프트에서 AI가 각 목적을 정확히 이해하고 적절하게 대응할 수 있도록 하는 데 중요하다. 각 목적에 대한 분명한 지시가 있으면 AI는 각 요구사항을 구분하고 필요한 정보를 제공하는 데 더 효과적이다.

예시)

– 명확한 지시가 포함된 프롬프트 : 현재 기술동향을 분석한 후 그 영향을 기반으로 다가오는 5년간의 산업 발전 예측을 제공해 줘.

이 프롬프트는 첫 번째로 기술 동향 분석을 요청하고 그 결과를 바탕으로 산업 발전 예측을 하는 것으로 각 단계에 대한 명확한 지시를 제공한다.

(7) 결과의 검증 및 조정

결과의 검증 및 조정은 다중 목적 프롬프트에 대한 AI 응답이 각 목적을 적절하게 충족했는지 확인하는 데 중요하다. 이 과정을 통해 각 목적에 대한 응답의 정확성과 적합성을 평가하고, 필요한 경우 수정해 최종 결과의 품질을 보장한다.

예시)

– 결과 검증 및 조정이 포함된 프롬프트 : 최근 5년간의 글로벌 에너지 소비 트렌드를 분석하고, 이를 바탕으로 재생 가능 에너지의 미래 전망을 제시해 줘. 분석 결과를 검토한 후 재생 에너지 예측에 반영해 줘.

이 프롬프트는 에너지 소비 트렌드 분석 후 재생 가능 에너지 전망에 반영하는 과정에서 결과를 검증하고 조정하는 단계를 포함한다.

다중 목적 프롬프트 설계는 AI를 활용한 고도의 작업 수행과 복잡한 문제 해결에 매우 유용하다. 이러한 프롬프트를 통해 사용자는 AI의 능력을 최대한 활용하며, 여러 작업을 동시에 효과적으로 수행할 수 있다.

3) 상황에 따른 프롬프트 조정

상황에 따라 프롬프트를 조정하는 것은 AI와의 상호작용에서 매우 중요하다. 이는 AI가 제공하는 응답이 현재 상황, 사용자의 필요, 특정 목적에 최적화되도록 보장한다. 상황에 따른 프롬프트 조정에는 다음과 같은 전략이 포함된다.

(1) 맥락 인식

맥락 인식은 프롬프트에서 현재 상황과 관련된 모든 맥락적 요소를 반영하는 것이 중요하다. 이를 통해 AI는 주어진 상황을 보다 정확하게 이해하고 그에 맞는 적절한 응답을 제공할 수 있다.

예시)

– 맥락 인식이 포함된 프롬프트 : 최근 COVID-19 팬데믹이 유통 산업에 미친 영향을 분석하고, 이에 따른 소비자 구매 행태의 변화를 설명해 줘.

이 프롬프트는 COVID-19 팬데믹이라는 현재 상황의 맥락을 반영해 AI가 이를 고려한 분석과 설명을 제공하도록 한다.

(2) 유연한 접근

유연한 접근은 상황 변화에 따라 프롬프트를 조정하는 것이 필요한 이유는 이를 통해 AI의 응답이 항상 최신 상황과 관련성을 유지할 수 있기 때문이다. 즉, 변화하는 환경에 따라 AI가 적절하고 유용한 정보를 계속 제공할 수 있도록 한다.

예시)

– 유연한 접근이 적용된 프롬프트 : 최근 발표된 정부의 경제 정책 변화를 고려해 현재 주식 시장의 동향을 분석해 줘.

이 프롬프트는 최근의 경제 정책 변화라는 새로운 정보를 반영해 AI가 현재 상황에 맞는 주식 시장 동향 분석을 제공하도록 한다.

(3) 사용자 요구에 대한 민감성

사용자 요구에 대한 민감성은 프롬프트가 사용자의 변화하는 요구와 선호에 유연하게 대응해야 하는 이유를 제공한다. 사용자의 요구가 시간이나 상황에 따라 변할 수 있으므로 프롬프트는 이러한 변화를 신속하게 감지하고 적절하게 반응해 사용자에게 가장 관련성 높고 유용한 정보를 제공해야 한다.

예시)

– 사용자 요구에 민감한 프롬프트 : 최근에 당신이 관심을 보인 스마트 홈 기술의 발전에 대해 최신 정보를 제공해 줘.

이 프롬프트는 사용자가 이전에 표현한 관심사에 기반해 최신 스마트 홈 기술 발전에 대한 정보를 제공하도록 설계됐다.

(4) 특정 상황에 맞는 언어 사용

특정 상황에 맞는 언어 사용은 프롬프트가 상황의 맥락과 적절히 일치하는 표현을 사용함으로써 보다 효과적인 의사소통을 가능하게 한다. 예를 들어 전문적인 비즈니스 상황에서는 전문 용어를 사용하고 일상적인 대화에서는 더 친근하고 비공식적인 어휘를 사용해 대화의 목적과 상황에 부합하게 한다.

예시)

– 비즈니스 환경 : 최근 분기별 매출 분석 결과를 제공하고, 주요 성장 동력에 대해 설명해 줘.
– 일상적 대화 : 이번 주 가장 인기 있는 영화 뭐야? 그리고 재미있는 줄거리도 간단히 알려줘.

(5) 결과의 예측 및 조정

결과의 예측 및 조정은 AI의 예상 응답을 고려해 프롬프트를 조정함으로써 원하는 결과를 얻기 위해 필요하다. 이 과정은 AI의 응답이 사용자의 목적과 요구에 정확하게 부합하도록 보장하며 필요한 경우 프롬프트를 수정해 결과의 품질을 높인다.

예시)

– 결과 예측 및 조정을 고려한 프롬프트 : 오늘 발표된 경제 보고서의 주요 내용을 요약하고, 그중에서 투자자들에게 가장 중요한 부분을 강조해 줘.

이 프롬프트는 AI가 경제 보고서의 주요 내용을 요약하면서 특히 투자자들에게 중요한 정보에 초점을 맞추도록 한다.

(6) 주제 변경에 대응

주제 변경에 대응하는 것은 대화 중에 주제가 바뀔 경우 프롬프트를 즉각적으로 조정해 AI가 새로운 주제에 맞는 응답을 할 수 있도록 하는 것이 중요하다. 이는 대화의 흐름을 자연스럽게 유지하고 사용자의 변경된 요구사항에 신속하게 대응하는 데 도움이 된다.

예시)

– 주제 변경에 대응하는 프롬프트 : 최근 기술 동향에 관해 설명해 줘. 아, 이 기술들이 환경에 미치는 영향도 알려줘.

이 프롬프트는 처음에는 기술 동향에 관한 설명을 요청하지만, 환경 영향에 대한 정보로 주제를 변경해 AI가 새로운 요구에 맞는 응답을 할 수 있도록 한다.

(7) 시간적 요소 고려

시간적 요소를 고려하는 것은 프롬프트가 시간에 민감한 정보를 적절한 시기에 제공할 수 있도록 하는 데 중요하다. 예를 들어, 최신 뉴스나 긴급한 정보 요청은 신속하게 처리돼야 하며 시간에 따라 변할 수 있는 정보는 최신 상태로 제공돼야 한다.

예시)

– 시간적 요소를 고려한 프롬프트 : 오늘 오전에 발표된 중요한 경제 뉴스를 요약해 줘.

이 프롬프트는 오전에 발표된 최신 경제 뉴스에 대한 정보를 요구하며, AI는 시간적 맥락을 고려해 가장 최근의 정보를 제공해야 한다.

상황에 따른 프롬프트 조정은 AI와의 상호작용을 더욱 효과적이고 관련성 높게 만든다. 이를 통해 사용자는 AI를 보다 유연하고 목적에 부합하게 활용할 수 있으며 AI의 응답은 사용자의 현재 상황과 요구에 최적화될 수 있다.

4) 기술적 한계 극복을 위한 전략

생성형 AI, 특히 자연어 처리 기반 AI의 기술적 한계를 극복하기 위한 전략은 AI와의 상호작용에서 효율성과 정확성을 크게 향상시킬 수 있다. 다음은 AI의 기술적 한계를 극복하기 위한 몇 가지 전략이다.

(1) 사용자 교육 강화

사용자가 AI의 기능과 한계를 정확히 이해하도록 교육하는 것이 중요하다. 이는 사용자가 AI의 능력을 과대평가하거나 잘못된 기대를 하는 것을 방지한다.

(2) 대안적 접근 방법 모색

AI가 해결할 수 없는 문제에 대해서는 대안적인 해결책을 모색한다. 예를 들어 특정 분석이 AI로 처리하기 어려운 경우 전문가의 도움을 받거나 다른 소프트웨어 도구를 활용할 수 있다.

(3) 피드백 메커니즘 구축

AI의 오류나 부족한 점을 신속하게 식별하고 개선할 수 있는 피드백 시스템을 구축한다. 사용자의 피드백은 AI 시스템의 지속적인 개선에 중요한 자원이 될 수 있다.

(4) 데이터 품질 관리

AI의 성능은 사용되는 데이터의 품질에 크게 의존한다. 데이터의 정확성, 다양성 및 대표성을 지속적으로 개선함으로써 AI의 한계를 극복할 수 있다.

(5) 분석적 접근 적용

AI의 응답을 비판적으로 분석하고, 필요한 경우 전문가의 의견을 구해 검증한다. 이는 AI가 제공하는 정보의 신뢰성을 높이는 데 도움이 된다.

(6) 기술 업데이트 및 업그레이드

AI 기술은 지속적으로 발전하고 있다. 최신 기술과 알고리즘을 적용해 AI 시스템을 정기적으로 업데이트하고 업그레이드하는 것이 중요하다.

(7) 협업 및 팀워크 강화

때때로 AI의 한계는 팀 내 다른 구성원들과의 협업을 통해 극복될 수 있다. 다양한 전문 지식과 경험을 가진 팀원들과의 협력은 AI의 한계를 보완할 수 있다.

AI의 기술적 한계를 극복하는 전략은 AI를 더 효과적이고 신뢰할 수 있는 도구로 만드는데 중요하다. 이러한 전략을 통해 사용자는 AI의 능력을 최대한 활용하며 동시에 그 한계를인식하고 적절히 대응할 수 있다.

5. 챗GPT와의 대화 기술

1) 대화형 프롬프트의 구성

챗GPT와 같은 AI와의 대화는 상호작용의 품질을 높이기 위해 특별한 접근 방식을 요구한다. 대화형 프롬프트 구성의 핵심은 사용자와 AI 간의 자연스러운 대화 흐름을 생성하는것이다. 다음은 대화형 프롬프트를 구성하는 데 있어 중요한 요소들이다.

(1) 개방형 질문 사용

대화를 촉진하기 위해 개방형 질문을 사용한다. 이는 AI에게 더 넓은 범위의 응답을 제공할 기회를 준다.

(2) 자연스러운 언어 사용

대화가 자연스럽게 느껴지도록 일상적인 언어와 표현을 사용한다. 이는 사용자와 AI 간의 상호작용을 더 인간적이고 친근하게 만든다.

(3) 맥락 유지

대화 중에 이전 대화의 맥락을 유지하는 것이 중요하다. 이는 AI가 대화의 흐름을 이해하고 적절한 응답을 할 수 있도록 한다.

(4) 피드백과 질문의 통합

대화 중에 사용자의 피드백을 요청하고 AI의 응답에 대한 추가 질문을 통합한다. 이는 대화가 더 상호적이고 역동적이 되도록 만든다.

(5) 인격화 및 개성 표현

가능한 경우, AI의 인격화 또는 특정한 개성을 표현하는 방식으로 대화를 진행한다. 이는 사용자와의 대화에 더 많은 즐거움과 참여를 가져다 준다.

(6) 주제 전환의 유연성

사용자의 관심사나 대화의 흐름에 따라 주제를 유연하게 전환할 수 있어야 한다. 이는 대화가 더 자연스럽고 생동감 있게 만든다.

(7) 대화 종료 전략

대화의 종료 방법도 중요하다. 대화를 자연스럽고 만족스럽게 마무리할 수 있는 방법을 고려한다.

대화형 프롬프트 구성은 챗GPT와 같은 AI와의 상호작용을 최대한 활용하는 데 중요하다. 이를 통해 사용자는 AI와 더 깊이 있는 대화를 나누고, 보다 풍부한 정보와 인사이트를 얻을 수 있다.

2) 유연한 대화 흐름 유지

챗GPT와 같은 AI와의 대화에서 유연한 대화 흐름을 유지하는 것은 사용자 경험을 크게 향상시킬 수 있다. 이는 대화가 자연스럽고, 적응적이며, 사용자의 요구에 부응하도록 하는 것을 목표로 한다. 유연한 대화 흐름을 유지하기 위한 전략은 다음과 같다.

(1) 사용자의 의도 파악

대화 중 사용자의 의도와 관심사를 파악하고 이에 기반해 대화를 이끈다. 사용자가 무엇을 원하고, 어떤 정보를 찾고 있는지 이해하는 것이 중요하다.

(2) 대화 주제의 적응성

사용자가 대화 주제를 변경하면 AI도 유연하게 주제를 전환할 수 있어야 한다. 이는 대화가 사용자의 관심과 요구에 적절히 반응하는 것을 의미한다.

(3) 응답의 다양성

AI는 다양한 유형의 응답을 제공해 대화를 더 풍부하고 다층적으로 만들 수 있다. 이는 사용자의 질문이나 의견에 대한 다양한 관점이나 대안을 제시하는 것을 포함한다.

(4) 대화의 자연스러운 흐름 유지

대화가 강제적이거나 인위적으로 느껴지지 않도록 한다. 자연스러운 대화 흐름을 유지하는 것은 사용자가 대화에 더욱 몰입하고 편안하게 느끼도록 한다.

(5) 맥락에 기반한 응답

AI는 이전의 대화 맥락을 고려해 응답해야 한다. 이는 대화가 연속성을 갖고 맥락적으로 일관성 있게 진행되도록 한다.

(6) 사용자 피드백 수용

대화 중 사용자의 피드백을 적극적으로 수용하고 이를 대화에 반영한다. 사용자의 반응이나 제안을 대화 방향 설정에 활용하는 것이 중요하다.

(7) 문제 발생 시 적절한 대처

대화 중 문제가 발생하거나 오해가 생길 경우 AI는 이를 신속하게 인지하고 적절하게 대처해야 한다. 이는 대화의 흐름을 방해하는 요소를 최소화하고 사용자의 만족도를 유지하는 데 도움이 된다.

유연한 대화 흐름의 유지는 사용자와 AI 간의 효과적인 소통을 촉진하고, 대화의 품질을 높인다. 이를 통해 사용자는 AI와의 상호작용에서 더 만족스러운 경험을 할 수 있으며 AI는 사용자의 요구에 더욱 잘 부응할 수 있다.

[그림5] AI와의 유연한 대화(출처 : DALL-E 3)

3) 감정적 요소를 포함한 대화법

챗GPT와 같은 AI와의 대화에서 감정적 요소를 포함하는 것은 사용자와의 깊은 연결을 형성하고, 대화를 더욱 인간적이고 관련성 있게 만든다. 감정적 요소를 효과적으로 통합하는 방법은 사용자의 감정을 이해하고 적절한 반응을 제공하는 것이다. 이를 위한 전략은 다음과 같다.

(1) 공감적인 응답

사용자의 감정 상태를 파악하고, 공감을 표현하는 응답을 제공한다. 이는 사용자가 자신의 감정이 이해되고 존중받는다고 느끼도록 도와준다.

(2) 적절한 감정 톤 사용

대화의 톤이 사용자의 감정 상태에 맞게 조절된다. 예를 들어, 사용자가 슬픔을 표현할 때는 위로의 말을 사용하고 행복을 표현할 때는 긍정적이고 밝은 톤을 사용한다.

(3) 개인화된 경험 제공

사용자의 이전 대화 내용과 선호를 고려해 개인화된 감정적 반응을 제공한다. 이는 사용자가 더 개인적인 관심과 맞춤형 대화를 경험하게 한다.

(4) 감정적 상황 인식

대화 중 감정적인 상황이나 민감한 주제를 인식하고 이에 대해 적절히 반응한다. 이는 감정적인 문제에 대한 민감성과 이해력을 보여준다.

(5) 응답의 진정성 유지

AI의 응답은 진정성 있고 자연스러워야 한다. 강제적이거나 기계적인 반응은 피하고 사용자의 감정에 진심으로 반응하는 것처럼 보이도록 한다.

(6) 긍정적인 강화

사용자가 긍정적인 감정을 표현할 때 이를 강화하는 응답을 제공한다. 이는 사용자가 긍정적인 경험을 더 많이 느끼도록 도와준다.

(7) 감정적 지원 제공

필요한 경우 감정적 지원이나 조언을 제공한다. 단, AI의 한계를 고려하고 전문적인 지원이 필요한 경우 이를 권장한다.

감정적 요소를 포함한 대화법은 사용자와 AI 간의 관계를 강화하고 대화를 더욱 의미 있고 만족스러운 것으로 만든다. 이를 통해 사용자는 AI와의 상호작용에서 더 깊은 연결감과 만족감을 느낄 수 있다.

4) 대화 상황별 맞춤형 프롬프트

대화 상황별 맞춤형 프롬프트는 챗GPT와의 상호작용에서 특히 중요하다. 다양한 상황과 맥락에 적합한 프롬프트를 제공함으로써 대화는 더욱 효과적이고 개인적인 경험이 될 수 있다. 맞춤형 프롬프트를 구성하는 데 있어 고려해야 할 요소는 다음과 같다.

(1) 대화 목적 파악

대화의 목적을 정확히 파악하고 이에 맞는 프롬프트를 제공한다. 예를 들어 정보를 제공하는 대화, 의견을 묻는 대화, 지시를 내리는 대화 등 각각의 목적에 따라 프롬프트의 형태가 달라야 한다.

(2) 사용자의 상태 고려

사용자의 감정 상태, 관심사, 선호도 등을 고려해 맞춤형 프롬프트를 제공한다. 사용자가 어떤 상태에 있는지 이해하고 그에 맞는 응답을 구성한다.

(3) 맥락적 요소 통합

대화의 맥락에 기반해 프롬프트를 조정한다. 이는 과거의 대화 내용, 현재 상황, 특정 주제 등 맥락적 요소를 모두 고려한다.

(4) 유연성 유지

대화의 흐름에 따라 프롬프트를 유연하게 조정한다. 사용자가 대화의 방향을 바꾸거나 새로운 주제를 제시할 경우 이에 적절히 대응하는 프롬프트를 제공한다.

(5) 사용자의 피드백 반영

사용자로부터 받은 피드백을 대화 프롬프트에 반영한다. 사용자의 의견과 반응을 통해 프롬프트를 지속적으로 개선한다.

(6) 문화적 및 개인적 요소 고려

사용자의 문화적 배경, 개인적 선호 및 가치관을 고려해 맞춤형 프롬프트를 제공한다. 이는 대화가 사용자에게 더욱 의미 있고 관련성 높게 만든다.

(7) 적절한 언어와 표현 사용

대화의 성격과 사용자의 스타일에 맞는 언어와 표현을 사용한다. 이는 대화가 자연스럽고 사용자에게 친숙하게 느껴지도록 한다.

대화 상황별 맞춤형 프롬프트는 사용자와 AI 간의 상호작용을 더욱 풍부하고 만족스럽게 만든다. 사용자의 필요와 상황에 맞추어진 프롬프트는 대화의 질을 향상시키고, 사용자 경험을 개선한다.

[그림6] AI와의 소통(출처 : 미드저니)

5) 대화 분석과 개선 방법

챗GPT와 같은 AI와의 대화를 분석하고 개선하는 것은 사용자 경험을 지속적으로 향상케 하는 데 중요하다. 대화 분석을 통해 얻은 인사이트는 대화의 효과성을 높이고 사용자와 AI 간의 상호작용을 보다 원활하게 만든다. 대화 분석과 개선 방법은 다음과 같다.

(1) 대화의 목적 및 결과 평가

각 대화 세션의 목적과 결과를 평가한다. 이는 대화가 사용자의 기대와 목적을 충족시켰는지, 어떤 부분이 잘 수행됐고 개선이 필요한지를 판단하는 데 도움이 된다.

(2) 사용자 피드백 수집

대화 후 사용자로부터 피드백을 수집한다. 사용자의 의견, 제안, 불만 등은 대화 프로세스와 프롬프트를 개선하는 데 중요한 정보를 제공한다.

(3) 대화의 맥락적 분석

대화의 맥락, 즉 대화가 진행된 상황, 주제의 전환, 감정적 요소 등을 분석한다. 이는 대화의 흐름과 맥락을 이해하고 관련성을 높이는 데 중요하다.

(4) 응답의 적절성 검토

AI의 응답을 검토해 그 적절성을 평가한다. AI가 제공한 정보의 정확성, 관련성, 사용자의 요구에 대한 적합성을 분석한다.

(5) 대화 패턴 인식

대화 내에서 반복되는 패턴이나 문제점을 식별한다. 이는 대화 프로세스의 일관성과 효율성을 높이는 데 도움이 된다.

(6) 개선 방안 도출

분석을 통해 도출된 인사이트를 바탕으로 개선 방안을 마련한다. 이는 프롬프트의 조정, 대화 전략의 변경, 사용자 교육의 강화 등을 포함할 수 있다.

(7) 지속적인 모니터링 및 개선

대화 프로세스는 지속적으로 모니터링하고 필요에 따라 개선한다. 이는 대화의 품질을 꾸준히 높이는 데 중요하다.

대화 분석과 개선은 챗GPT와의 상호작용을 더욱 효과적이고 만족스럽게 만들며 사용자의 요구에 보다 잘 부응하는 대화를 가능하게 한다. 지속적인 분석과 개선을 통해, AI와의 대화는 사용자에게 더욱 가치 있는 경험이 될 수 있다.

6. 카피라이팅과 보고서 작성

1) 효과적인 카피라이팅을 위한 프롬프트

효과적인 카피라이팅을 위한 프롬프트는 창의적이고 명확한 메시지 전달이 핵심이다. 이러한 프롬프트는 타깃 오디언스의 관심을 끌고, 명확한 메시지를 전달하며, 독자의 행동을 유도한다. 사용자가 원하는 정보, 제품, 또는 서비스의 주요 이점과 특징을 강조하며, 이를 바탕으로 관심을 불러일으키는 내용을 작성한다.

효과적인 카피라이팅 프롬프트는 짧고 강렬한 헤드라인 생성을 위한 지시가 포함되어 있다. 헤드라인은 관심을 끌고 호기심을 유발하는 것이 중요하며, 독자가 나머지 내용을 읽도록 유도한다. 또한, 간결하고 쉽게 이해할 수 있는 언어를 사용하여 복잡한 아이디어나 개념을 단순화한다.

이러한 프롬프트는 타깃 오디언스의 감정에 호소하는 요소를 포함한다. 감정적 호소는 독자의 관심을 유지하고, 제품이나 서비스에 대한 개인적인 연결감을 형성한다. 사용자의 요구와 기대를 반영하여, 독자가 관심을 가질만한 내용을 제시한다.

효과적인 카피라이팅 프롬프트는 명확한 행동 촉구를 포함한다. 이는 독자에게 특정한 행동을 취하도록 유도하며, 그 행동이 어떤 이점을 가져다줄지를 명확히 한다. 이러한 방식은 카피라이팅의 목표를 달성하는 데 필수적이며, 독자에게 구체적인 지침을 제공한다.

2) 보고서 작성의 기술과 프롬프트 활용

보고서 작성은 정보를 정리하고, 분석하며, 중요한 결론을 제시하는 과정이다. AI 기술, 특히 생성형 AI를 활용한 프롬프트는 보고서 작성을 더 효율적이고 효과적으로 만들 수 있다. 효과적인 보고서 작성과 프롬프트 활용에는 다음과 같은 전략이 필요하다.

(1) 보고서의 목적 및 대상자 정의

보고서 작성의 첫걸음은 목적과 대상자를 명확히 정의하는 것이다. 이는 보고서의 내용과 스타일이 대상자에게 적합하게 조정돼야 함을 의미한다. 프롬프트는 이러한 목적과 대상자를 반영해 구성된다.

(2) 주요 정보 및 데이터 수집

보고서에 포함될 주요 정보, 데이터, 통계 등을 수집하고 정리한다. 프롬프트는 AI에게 이러한 정보를 효과적으로 분석하고 요약하도록 지시한다.

(3) 논리적 구조 및 흐름 개발

보고서는 논리적인 구조와 명확한 흐름을 가져야 한다. 프롬프트는 AI에게 이러한 구조를 개발하고 유지하도록 도와주며 핵심 아이디어를 연결하고 전개하는 데 중요하다.

(4) 분석 및 해석 제공

단순한 데이터 제시를 넘어, 그 데이터가 의미하는 바와 그에 대한 해석을 제공한다. 프롬프트는 AI에게 데이터의 의미와 관련된 분석을 수행하도록 요청한다.

(5) 결론 및 권장 사항 도출

보고서의 결론 부분은 정보와 분석에 기반한 명확한 결론과 권장 사항을 제시해야 한다. 프롬프트는 AI가 데이터 분석 결과를 바탕으로 실질적이고 실행 가능한 권장 사항을 도출하도록 한다.

(6) 명료성과 간결성 유지

보고서는 읽기 쉽고 이해하기 쉬워야 한다. 프롬프트는 AI에게 복잡한 개념을 간단하고 명료하게 전달하도록 요청한다.

(7) 시각적 요소 통합

표, 그래프, 차트 등의 시각적 요소는 보고서의 이해를 돕는다. 프롬프트는 AI에게 적절한 시각적 요소를 생성하고 통합하도록 지시한다.

(8) 피드백 반영 및 개선

초안 작성 후, 관련 전문가나 대상자의 피드백을 받고 이를 반영해 보고서를 개선한다. 프롬프트는 AI에게 이러한 피드백을 반영한 수정 작업을 수행하도록 한다.

(9) 문서의 전문성 및 정확성 검증

보고서의 내용은 전문성과 정확성을 가져야 한다. 프롬프트는 AI에게 전문가의 지식을 반영하고, 정보의 정확성을 검증하도록 요청한다.

(10) 지속적인 검토 및 개선

보고서 작성은 반복적인 과정이다. 프롬프트를 사용해 AI가 계속해서 보고서를 검토하고 개선할 수 있도록 한다.

효과적인 보고서 작성과 프롬프트 활용은 정보의 정확한 전달, 분석적 깊이, 전문성 있는 결론 도출에 중점을 둔다. AI를 활용해 이러한 과정을 효율적으로 수행함으로써 보고서의 질을 높이고, 작성 과정을 간소화할 수 있다.

3) 명확한 메시지 전달을 위한 팁

명확한 메시지 전달은 커뮤니케이션의 핵심이며 이는 카피라이팅, 보고서 작성, 비즈니스 커뮤니케이션 등 다양한 영역에서 중요하다. 명확하고 효과적인 메시지를 전달하기 위한 전략은 다음과 같다.

(1) 주요 메시지를 먼저 정의

모든 커뮤니케이션은 명확한 주요 메시지로 시작해야 한다. 이 메시지는 간결하고, 이해하기 쉽게, 명확하게 정의돼야 한다.

(2) 중요한 정보 강조

전달하고자 하는 가장 중요한 정보를 강조하고 부수적인 정보는 이를 뒷받침하는 역할로 사용한다. 이를 통해 청중이 핵심 메시지를 쉽게 파악하고 기억할 수 있도록 한다.

(3) 단순하고 명료한 언어 사용

복잡하거나 전문적인 용어의 사용을 최소화하고 일반적으로 이해하기 쉬운 언어를 사용한다. 이는 메시지가 더 넓은 청중에게 도달하고 오해의 소지를 줄인다.

(4) 구조화된 접근

모든 커뮤니케이션은 논리적인 구조를 가져야 한다. 서론, 본론, 결론의 형태로 구성하며 각 부분은 명확하게 구분돼야 한다.

(5) 시각적 요소 활용

텍스트만으로는 전달하기 어려운 복잡한 개념이나 데이터는 차트, 그래프, 이미지 등의 시각적 요소를 통해 전달한다. 이는 메시지의 이해를 증진시키고 흥미를 유발한다.

(6) 반복을 통한 강조

핵심 메시지는 문서나 대화 전반에 걸쳐 적절히 반복해 강조한다. 이는 메시지의 중요성을 강화하고 기억에 남도록 한다.

[그림7] AI와의 메시지 소통(출처 : 미드저니)

(7) 직접적인 커뮤니케이션

의사소통 시 직접적이고 명확한 방식을 선택한다. 간접적이거나 암시적인 방식은 메시지의 명확성을 저하시킬 수 있다.

(8) 청중의 이해도 고려

메시지는 청중의 지식 수준, 관심사, 기대치를 고려해 맞춤화한다. 이는 청중이 메시지를 더 잘 이해하고 수용하도록 돕는다.

(9) 피드백의 수용

청중으로부터의 피드백을 적극적으로 수용하고 이를 바탕으로 메시지를 조정하거나 개선한다. 이는 커뮤니케이션의 효과를 지속적으로 높일 수 있다.

(10) 정확성과 일관성 유지

전달하는 정보의 정확성을 확인하고, 메시지의 일관성을 유지한다. 이는 신뢰성을 구축하고 혼란을 방지하는 데 중요하다.

명확한 메시지 전달은 커뮤니케이션의 성공을 위한 핵심 요소이다. 위의 전략들을 통해 메시지는 더욱 명료하고 이해하기 쉬워지며 이는 청중과의 효과적인 커뮤니케이션을 가능하게 한다.

4) 창의적 아이디어와 혁신적 접근

창의적 아이디어와 혁신적 접근은 비즈니스, 예술, 교육 등 다양한 분야에서 경쟁력을 강화하고 새로운 가능성을 탐색하는 데 필수적이다. 특히 AI와 같은 첨단 기술을 활용하는 현대 사회에서 창의성과 혁신은 더욱 중요해졌다. 창의적 아이디어와 혁신적 접근을 촉진하기 위한 전략은 다음과 같다.

(1) 문제 재정의

혁신적인 해결책을 찾기 위해 주어진 문제를 새로운 관점에서 바라보는 과정이다. 이는 기존의 사고방식을 넘어서 다양한 각도에서 문제를 해석하고 창의적인 아이디어를 도출하는 데 중요하다. 예를 들어 생성형 AI 프롬프트 디자인에서 문제 재정의는 전통적인 데이터 처리 방식을 넘어서 AI가 새롭고 혁신적인 방식으로 정보를 해석하고 제공하도록 하는 것을 의미할 수 있다. 이러한 접근은 비즈니스, 예술, 교육 등 다양한 분야에서 새로운 가능성을 탐색하고 경쟁력을 강화하는 데 기여한다.

프롬프트 예시)

전통적인 교육 시스템이 학생들의 창의력 발달에 미치는 영향을 분석하고, 이를 개선하기 위한 혁신적인 교육 모델을 제안해 줘.

이 프롬프트는 교육 문제를 재정의하고 기존의 제한을 벗어난 새로운 해결책을 찾는 것을 목표로 한다.

(2) 다양성과 포용성 추구

창의적인 프롬프트 설계에 중요하다. 다양한 배경과 경험을 가진 사람들이 상호작용하면서 새로운 아이디어가 발생하는 경우가 많다. 다양한 의견과 관점을 포용하는 것은 창의적인 해결책을 도출하는 데 기여한다.

예시 프롬프트)

다양한 문화적 배경을 가진 사람들이 환경 문제를 해결하기 위해 어떻게 협력할 수 있는지에 대한 아이디어를 제안해 줘.

이 프롬프트는 다양한 문화적 배경을 가진 사람들이 환경 문제 해결을 위해 어떻게 협력할 수 있는지를 탐색하도록 한다. 이를 통해 AI는 다양한 관점과 아이디어를 제시해 창의적인 해결책을 제공할 수 있다.

(3) 자유로운 사고 촉진

자유로운 사고 촉진은 창의적 아이디어의 발전에 중요하다. 이는 비판적인 판단을 유보하고 모든 가능성을 탐색하는 태도에서 비롯된다. 창의적인 프롬프트 디자인은 이러한 사고방식을 장려해 사용자가 기존의 사고 범위를 넘어 새롭고 독창적인 아이디어를 탐색하게 한다.

예시 프롬프트)

미래의 도시를 상상해 보고, 그곳에서 사람들의 생활이 어떻게 변화할지 설명해 줘.

이 프롬프트는 사용자가 전통적인 제약에서 벗어나 미래의 도시와 그 생활 방식에 대해 자유롭게 상상하고 탐색하도록 유도한다. 이를 통해 창의적 사고가 촉진되며 AI는 이러한 사고를 바탕으로 독창적인 아이디어와 시나리오를 생성할 수 있다.

(4) 실험적 접근

실험적 접근은 생성형 AI 프롬프트 디자인에서 중요한 방법이다. 이 접근 방식은 다양한 프롬프트를 실험해 AI의 반응을 관찰하고 그 결과를 기반으로 프롬프트를 최적화한다. 예를 들어사용자가 원하는 정보의 종류나 형식에 따라 여러 가지 프롬프트를 시도하고 AI가 제공하는 응답의 효과성을 평가한다. 이 과정에서 얻은 피드백은 더 정확하고 유용한 프롬프트를 만드는 데 사용된다. 실험적 접근은 AI의 성능을 최대한 활용하고 사용자 경험을 향상케 하는 데 중요한 역할을 한다.

예시 프롬프트)

최근의 기술 혁신이 기업 운영에 미치는 영향에 대해 설명해 줘. 다양한 산업 분야의 사례를 포함시켜줘.

이 프롬프트는 AI에게 기술 혁신과 기업 운영의 관계를 설명하도록 하며 다양한 산업 분야의 실제 사례를 포함하도록 요청한다. 이러한 방식으로, AI의 반응을 평가하고 프롬프트를 더 효과적으로 만들 수 있는 방법을 탐색할 수 있다.

(5) 기술과의 융합

창의적 아이디어의 잠재력을 크게 확장하는 방법이다. AI와의 융합은 새로운 창작물을 만들거나 기존 작업 방식을 혁신하는 데 사용된다. 기술을 활용해 창의성을 발휘하는 것은 현대 디지털 시대의 주요 추세이다.

예시 프롬프트)

AI 기술을 이용해 전통적인 음악 장르와 현대적 요소를 결합한 새로운 형태의 음악 작품을 생성해 줘.

이 프롬프트는 AI가 전통적인 음악 장르와 현대적 요소를 결합해 독창적인 음악 작품을 만들도록 요청한다. 기술과의 융합을 통해 새로운 창작 가능성을 탐색하는 것은 AI의 창의적 활용을 극대화한다.

(6) 오픈 마인드 유지

오픈 마인드 유지는 AI와 사용자 간의 대화에서 다양한 관점과 아이디어를 포용하는 것이다. 이는 AI가 유연하게 다양한 의견과 시나리오를 고려하고 이를 대화에 반영할 수 있도록 한다.

예시 프롬프트)

최근 환경 문제에 대한 다양한 해결책들을 검토하고, 각각의 장단점을 비교 분석해 줘.

이 프롬프트는 AI에게 환경 문제와 관련된 여러 해결책을 탐색하도록 요청한다. AI는 각 해결책의 장단점을 분석해 균형 잡힌 시각을 제공한다. 이러한 접근은 다양한 관점을 고려하며 사용자가 보다 폭넓은 이해를 할 수 있도록 돕는다.

(7) 협업과 브레인스토밍

협업과 브레인스토밍을 위한 프롬프트는 창의적인 아이디어와 해결책을 생성하는 데 초점을 맞춘다. 이러한 프롬프트는 팀원들 간의 상호작용과 아이디어 교환을 촉진하며 다양한 관점과 전문 지식을 통합하는 데 도움이 된다. 효과적인 협업 프롬프트는 참여자들이 자유롭게 생각을 공유하고 서로의 아이디어를 발전시킬 수 있는 환경을 조성한다.

예시 프롬프트)

우리 팀(주제 작성)의 다음 프로젝트에 대해 창의적인 아이디어를 모아보자. 각자의 전문 분야에서 영감을 얻어 혁신적인 제안을 해보자.

이 프롬프트는 팀원들에게 자신의 전문 분야를 바탕으로 혁신적인 아이디어를 제시하도록 권장한다. 이는 다양한 분야의 전문 지식을 통합하고 팀원들이 자신의 강점을 활용해 프로젝트에 기여할 수 있는 기회를 제공한다.

(8) 피드백과 반복

프롬프트 엔지니어링에서 피드백과 반복은 AI의 응답을 지속적으로 개선하는 핵심 과정이다. 이 과정은 사용자로부터의 피드백을 받아 AI의 응답을 조정하고 이를 통해 더 정확하고 유용한 정보를 제공하는 데 중요하다. 반복적인 피드백과 조정은 AI가 사용자의 요구에 더 잘 부응하도록 도와주며 대화의 질을 높인다. 예를 들어 사용자가 제공한 피드백에 따라 프롬프트의 구체성이나 방향을 조정하는 것이 포함된다.

예시 프롬프트)

AI의 최신 발전 동향을 분석하고 이를 바탕으로 향후 5년간의 AI 기술 발전 예측을 제공해 줘.

이 프롬프트는 AI 기술의 현재 상태와 미래 발전 예측을 요구한다. 사용자는 AI의 응답을 기반으로 피드백을 제공할 수 있으며 이를 통해 AI는 미래 예측에 대한 보다 정확한 정보나 분석을 제공할 수 있다. 예를 들어 사용자가 더 구체적인 예측이나 특정 분야에 대한 추가 정보를 원할 경우 이러한 요구에 맞게 프롬프트를 조정해 더 적절한 응답을 얻을 수 있다.

(9) 통합적 사고

통합적 사고는 프롬프트 디자인에서 다양한 정보와 관점을 통합해 깊이 있는 분석을 제공하는 것이다. 이는 AI에게 종합적인 사고를 요구하며 복잡한 문제 해결에 중요하다.

예시 프롬프트)

기후 변화, 경제 발전, 사회적 혁신이 서로 어떻게 연관돼 있는지 분석하고, 이러한 연결이 미래의 지속 가능한 발전에 어떠한 영향을 미칠지 설명해 줘.

이 프롬프트는 AI에게 기후 변화, 경제 발전, 사회적 혁신이라는 서로 다른 영역의 정보를 통합적으로 분석하도록 요청한다. AI는 이러한 영역들이 서로 어떻게 상호작용하고 있는지를 파악하고 이 연결이 미래의 지속 가능한 발전에 어떤 영향을 미칠 수 있는지를 분석한다. 이와 같은 통합적 사고를 통해 AI는 보다 포괄적이고 깊이 있는 인사이트를 제공할 수 있다.

(10) 지속적인 학습과 적응

프롬프트 디자인에서 지속적인 학습과 적응은 필수적인 요소이다. AI는 사용자의 행동,

선호, 상호작용의 패턴을 지속적으로 학습하고 적응함으로써 보다 개인화되고 효과적인 응답을 제공할 수 있다. 이 과정은 AI가 시간이 지남에 따라 사용자의 요구와 선호에 대해 더 깊이 이해하고 더 나은 대화 경험을 제공할 수 있게 한다.

예시 프롬프트)

최근 몇 주 동안 나의 검색 기록과 상호작용을 바탕으로 내 관심사에 맞는 새로운 취미 활동을 추천해 줘.

이 프롬프트는 AI에게 사용자의 최근 행동과 상호작용을 분석하고 이를 바탕으로 개인화된 취미 활동을 추천하도록 요청한다. 이러한 접근은 AI가 지속적으로 사용자의 데이터를 학습하고 적응해 사용자의 현재 관심사와 선호에 맞는 맞춤형 추천을 제공할 수 있게 한다.

창의적 아이디어와 혁신적 접근은 지속적인 노력과 개방된 태도에서 비롯된다. 이러한 전략을 통해 개인과 조직은 지속 가능한 혁신을 추구하고 경쟁력을 강화할 수 있다. AI와 같은 기술을 창의적으로 활용함으로써 새로운 가능성을 탐색하고 기존의 한계를 넘어설 수 있다.

5) 결과물의 품질을 높이는 검토 프로세스

어떤 문서든, 그것이 카피라이팅이든, 보고서이든, 혹은 창의적인 글이든, 그 품질을 높이기 위한 검토 프로세스는 매우 중요하다. 효과적인 검토 프로세스는 결과물의 질을 향상시키고 오류를 최소화하며 전달하고자 하는 메시지의 명확성을 보장한다. 이러한 검토 프로세스를 구축하고 실시하기 위한 전략은 다음과 같다.

(1) 초안 작성 후 즉시 검토하지 않기

작성 직후의 검토는 작가의 편견을 가져올 수 있다. 일정 시간이 지난 후에 검토하는 것이 좋다. 이는 새로운 관점에서 문서를 볼 수 있게 해준다.

(2) 다양한 검토 단계 설정

문서 검토는 여러 단계를 거치는 것이 좋다. 첫 번째 단계에서는 대체적인 흐름과 구조를 검토하고 이후 단계에서는 세부적인 언어 사용, 문법, 정확성 등을 집중적으로 검토한다.

(3) 외부 검토자 활용

외부 검토자는 작가의 편견에서 벗어나 객관적인 평가를 할 수 있다. 다른 사람의 관점에서 피드백을 받는 것은 문서의 객관성과 전문성을 높이는 데 도움이 된다.

(4) 검토 체크리스트 개발

문서 검토를 위한 체크리스트를 만들고 이를 검토 과정에 활용한다. 체크리스트는 문서의 목적, 대상 독자, 구조, 스타일, 문법, 정확성 등을 포함할 수 있다.

(5) 명확한 수정 지침 마련

검토 과정에서 발견된 문제에 대한 명확한 수정 지침을 제공한다. 이는 작가가 피드백을 효과적으로 이해하고 적용할 수 있도록 돕는다.

(6) 반복적인 검토 및 개선

문서의 품질은 반복적인 검토와 개선 과정을 통해 향상된다. 각 검토 후 수정 사항을 적용하고 필요한 경우 다시 검토한다.

(7) 스타일 가이드 준수

기업이나 기관의 스타일 가이드 또는 일반적인 작성 가이드를 준수해 일관성을 유지한다. 이는 문서의 전문성을 강화한다.

(8) 최종 검토의 중요성 인식

마지막 단계의 검토는 특히 중요하다. 이 단계에서는 모든 수정이 반영됐는지, 문서가 전체적으로 완성도가 높은지를 확인한다.

(9) 검토 결과의 문서화

검토 과정과 결과를 문서화 해서 향후 유사한 문서 작성 시 참고 자료로 활용한다. 이는 지속적인 학습과 개선에 도움이 된다.

(10) 피드백을 반영한 지속적인 개선

받은 피드백을 기반으로 문서를 지속적으로 개선한다. 이 과정은 문서의 품질뿐만 아니라 작가의 글쓰기 능력을 향상시킨다.

효과적인 검토 프로세스는 문서의 품질을 높이고 목표하는 청중에게 메시지를 효과적으로 전달하는 데 필수적이다. 이 과정을 통해 문서는 더욱 정교하고 전문적이며 목적에 부합하는 완성도 높은 결과물로 탄생한다.

[그림8] 품질을 높이는 검토(출처 : 미드저니)

7. 실전 적용과 사례 연구

1) 실제 비즈니스 적용 사례

프롬프트 디자인과 AI 기술의 비즈니스 적용은 기업의 운영 효율성을 높이고 혁신을 촉진하는 데 중요한 역할을 한다. 다음은 실제 비즈니스 환경에서 프롬프트 디자인과 AI 기술이 어떻게 적용되고 있는지에 대한 사례 연구이다.

(1) 고객 서비스 자동화

많은 기업들이 AI 기반 챗봇을 사용해 고객 문의에 대응하고 있다. 이러한 챗봇은 고객의 질문에 대해 신속하고 정확한 답변을 제공하며 고객 서비스의 효율성을 크게 향상케 한다.

예를 들어 은행 업계에서는 챗봇을 통해 계좌 조회, 거래 내역 확인, 금융 상품 안내 등의 서비스를 자동화하고 있다.

(2) 마케팅 콘텐츠 생성

AI는 마케팅 콘텐츠 생성에도 활용되고 있다. 기업들은 AI를 사용해 타깃 청중에 맞는 맞춤형 광고 복사본을 생성하거나 SNS 콘텐츠를 자동으로 작성한다. 이는 마케팅 팀의 작업 부담을 줄이면서도 창의적이고 다양한 콘텐츠를 지속적으로 생성할 수 있게 해준다.

(3) 시장 분석 및 예측

AI는 빅 데이터 분석에 있어 중요한 도구이다. 기업들은 AI를 사용해 시장 동향을 분석하고 소비자 행동을 예측하며 경쟁사 분석을 수행한다. 이를 통해 보다 전략적인 비즈니스 결정을 내릴 수 있다.

(4) 인사 관리 자동화

인사 부서에서는 AI를 활용해 이력서 검토, 채용 프로세스 관리, 직원 성과 평가 등을 자동화하고 있다. AI의 분석 능력은 인사 관리의 효율성을 높이고 객관적인 결정을 돕는다.

(5) 생산 과정 최적화

제조업에서 AI는 생산 과정의 최적화에 사용된다. AI는 생산라인의 효율성을 분석하고 공정의 개선점을 제시하며 장비의 유지 보수 시기를 예측한다.

(6) 재고 관리 및 물류 최적화

AI는 재고 수준을 실시간으로 분석하고 수요 예측을 통해 재고 관리를 최적화한다. 또한 물류 및 배송 경로 최적화에도 AI가 활용되며 이는 비용 절감과 효율성 증대로 이어진다.

이러한 사례들은 AI와 프롬프트 디자인이 실제 비즈니스 환경에서 어떻게 적용되고 있는지를 보여준다. AI 기술은 기업의 다양한 부문에서 운영의 효율성을 높이고 혁신적인 접근을 가능하게 하며 경쟁력을 강화하는 역할을 한다. 지속적인 기술 발전과 함께 AI의 적용 범위는 더욱 확대될 것으로 예상된다.

2) 교육 분야에서의 활용

교육 분야에서 AI와 프롬프트 디자인의 활용은 학습 경험을 혁신하고 교육의 효율성과 효과성을 향상케 하는 데 중요한 역할을 한다. 교육 기술의 진보는 맞춤형 학습, 인터랙티브 콘텐츠, 학습 분석 등 다양한 방법으로 교육 과정을 변화시키고 있다. 이러한 변화는 학생들에게 더 많은 학습 기회를 제공하고 교육자의 부담을 줄이며 교육의 질을 높인다. 다음은 교육 분야에서 AI와 프롬프트 디자인의 실제 적용 사례이다.

(1) 맞춤형 학습 경로 개발

AI는 학생들의 학습 스타일과 성취도를 분석해 맞춤형 학습 경로를 제안한다. 이는 학습의 효율성을 높이고 개별 학생의 요구에 더 잘 부응한다.

(2) 인터랙티브 학습 콘텐츠 생성

AI는 다양한 학습 콘텐츠를 생성하고 학생들과의 상호작용을 통해 이를 개선한다. 예를 들어 언어 학습을 위한 대화형 챗봇, 과학 실험을 위한 시뮬레이션 등이 있다.

(3) 학습 분석 및 피드백 제공

AI는 학생들의 학습 진행 상황을 지속적으로 분석하고 필요한 피드백을 제공한다. 이를 통해 학습의 진행도를 모니터링하고 적시에 지원을 제공할 수 있다.

(4) 교육 자료의 자동화된 생성

교육 자료 생성에 AI를 활용함으로써 교육자는 개별화된 학습 자료를 신속하게 준비할 수 있다. 이는 교육자의 부담을 줄이고 학생들에게 더 다양한 학습 자료를 제공한다.

(5) 언어 학습 지원

AI는 언어 학습을 지원하는 데 널리 사용된다. 발음 교정, 언어 교환, 대화 연습 등 다양한 기능을 통해 언어 학습을 효과적으로 돕는다.

(6) 온라인 학습 플랫폼의 개선

AI는 온라인 학습 플랫폼의 사용자 경험을 개선하는 데 기여한다. 사용자 인터페이스의 최적화, 학습 콘텐츠의 추천, 학습 진행 상황의 추적 등이 이에 해당한다.

(7) 성취도 평가 및 진단

AI를 활용한 성취도 평가는 객관적이고 정확한 학생 평가를 가능하게 한다. AI는 학생의 답변을 분석하고 이해도와 지식수준을 정확히 평가한다.

(8) 특수 교육 지원

AI는 특수 교육 필요가 있는 학생들에게 맞춤형 학습 지원을 제공한다. 이는 각 학생의 특별한 요구와 능력에 맞춘 교육을 가능하게 한다.

이러한 사례들은 AI와 프롬프트 디자인이 교육 분야에서 어떻게 혁신적인 변화를 가져오고 있는지를 보여준다. AI의 활용은 학습 경험을 개인화하고, 교육 과정을 효율적으로 만들며, 교육의 질을 높이는 데 기여한다. 지속적인 기술 발전과 함께 AI는 교육 분야에서 더욱 중요한 역할을 수행할 것으로 예상된다.

[그림9] 프롬프트 엔지니어링 교육 분야 활용(출처 : 미드저니)

3) 창작 및 예술 분야에서의 프롬프트 사용

창작과 예술 분야에서의 프롬프트 사용은 창의력과 혁신을 촉진하는 데 중요한 역할을 한다. AI와 프롬프트 디자인의 진보는 예술가들에게 새로운 창작 방법을 제공하고 창의적 과정을 지원하며 예술 작품의 다양성과 깊이를 더한다. 이 분야에서 프롬프트와 AI의 활용은 다음과 같은 혁신적인 사례로 나타난다.

(1) AI 기반 예술 창작

예술가들은 AI를 사용해 독창적인 예술 작품을 생성한다. 이는 회화, 조각, 음악 작곡 등 다양한 분야에서 나타난다. 프롬프트는 AI에게 특정 스타일, 테마, 색상 등에 대한 지시를 제공하며, AI는 이를 기반으로 창작물을 만든다.

(2) 창의적 글쓰기

작가들은 AI를 활용해 창의적인 글쓰기를 수행한다. 프롬프트를 통해 주제, 장르, 톤, 캐릭터 설정 등을 지시하고 AI는 이를 바탕으로 스토리 라인이나 대본을 생성한다.

(3) 디자인과 아키텍처

디자이너와 건축가들은 AI를 활용해 혁신적인 디자인과 건축안을 제작한다. 프롬프트는 특정 디자인 개념, 공간 구조, 재료 사용 등에 관한 지시를 포함하며 AI는 이를 바탕으로 창의적인 디자인을 생성한다.

(4) 음악 창작 및 편곡

음악가들은 AI를 사용해 새로운 음악을 작곡하거나 기존 음악의 편곡을 수행한다. 프롬프트는 특정 장르, 리듬, 멜로디 등에 대한 지시를 제공하고 AI는 이를 통해 독특한 음악 작품을 만든다.

(5) 영화 및 애니메이션 제작

영화 및 애니메이션 제작자들은 AI를 사용해 캐릭터 디자인, 시나리오 작성, 시각 효과 생성 등을 수행한다. 프롬프트는 특정 스토리 라인, 캐릭터 특성, 시각적 스타일 등에 대한 지시를 포함한다.

(6) 사진 및 비디오 편집

사진가와 비디오 제작자들은 AI를 활용해 이미지와 영상을 편집하고 개선한다. 프롬프트는 색상 조정, 특정 효과 적용, 이미지 합성 등에 관한 지시를 제공한다.

(7) 공연 예술과 VR/AR

공연 예술가들은 AI를 사용해 가상 현실(VR)이나 증강 현실(AR) 경험을 창출한다. 프롬프트는 상호작용적 요소, 가상 환경 디자인, 사용자 경험 등에 대한 지시를 포함한다.

(8) 인터랙티브 아트

인터랙티브 아트는 관객의 참여를 통해 예술 작품이 변화한다. AI와 프롬프트는 관객의 반응에 따라 예술 작품이 어떻게 변화할지를 결정하는 데 사용된다.

이러한 사례들은 창작과 예술 분야에서 프롬프트와 AI가 어떻게 혁신적인 변화를 가져오고 있는지를 보여준다. AI의 활용은 예술가들에게 무한한 창의적 가능성을 열어주며 전통적인 예술 형태를 넘어서 새로운 형태의 예술을 탐색하게 한다. 지속적인 기술 발전과 함께 AI는 예술 분야에서 더욱 중요한 역할을 수행할 것으로 예상된다.

4) 고객 서비스 개선을 위한 전략

고객 서비스의 질은 기업의 성공에 직접적인 영향을 미친다. 최신 AI 기술과 프롬프트 디자인을 활용해 고객 서비스 프로세스를 개선하는 것은 고객 만족도를 높이고 브랜드 충성도를 강화하는 데 중요하다. 고객 서비스를 개선하기 위한 전략은 다음과 같다.

(1) 고객 피드백의 적극적 수집 및 분석

고객의 의견과 피드백은 서비스 개선의 기초가 된다. AI를 활용해 고객 피드백을 수집·분석하고 이를 바탕으로 서비스 개선점을 도출한다.

(2) 개인화된 고객 경험 제공

AI를 이용해 고객의 선호와 이력을 분석하고 개인화된 서비스를 제공한다. 이는 고객에게 더 관련성 높고 만족스러운 경험을 제공한다.

(3) AI 기반 챗봇의 활용

챗봇을 사용해 고객 문의에 신속하고 효율적으로 대응한다. 챗봇은 단순한 질문에 대한 빠른 대응은 물론 복잡한 문의를 전문가에게 연결하는 등의 역할을 수행한다.

(4) 자주 묻는 질문(FAQ)의 최적화

AI를 활용해 자주 묻는 질문과 답변을 정리하고 이를 웹사이트나 앱에 통합한다. 이는 고객이 필요한 정보를 쉽게 찾을 수 있게 해주며 고객 서비스 팀의 부담을 줄인다.

(5) 고객 서비스 팀의 교육 및 지원

AI를 사용해 고객 서비스 팀에 대한 교육 자료를 제공하고 실시간 지원을 통해 그들의 역량을 강화한다.

(6) 서비스 프로세스의 자동화 및 효율화

AI와 프롬프트 디자인을 사용해 고객 서비스 프로세스를 자동화하고 작업 흐름을 최적화한다. 이는 서비스의 신속성과 정확성을 높인다.

(7) 프로액티브 서비스 접근법 채택

고객의 필요를 미리 예측하고 적극적으로 서비스를 제공한다. AI를 사용해 고객의 행동 패턴을 분석하고 잠재적인 문제를 미리 해결한다.

(8) 멀티채널 고객 서비스 제공

소셜 미디어, 이메일, 전화, 채팅 등 다양한 채널을 통한 일관된 고객 서비스를 제공한다. AI는 이러한 다양한 채널에서의 데이터를 통합하고 분석한다.

(9) 비용 효율성 및 ROI 분석

AI를 사용해 서비스 운영의 비용 효율성을 분석하고 투자 대비 수익률(ROI)을 계산한다. 이는 서비스 개선이 경제적 가치를 제공하고 있는지를 평가하는 데 도움이 된다.

(10) 지속적인 모니터링 및 개선

AI를 활용한 지속적인 서비스 모니터링과 개선은 고객 서비스 품질을 지속적으로 높인다. 이는 고객의 니즈 변화에 신속하게 대응하고 서비스 품질을 꾸준히 개선한다.

고객 서비스 개선을 위한 이러한 전략은 기업이 고객의 요구에 더 잘 부응하고 경쟁력을 강화하며 고객 만족도를 높이는 데 기여한다. AI와 프롬프트 디자인의 활용은 이러한 전략을 실행하는 데 있어 핵심적인 역할을 한다.

5) 미래 지향적 프롬프트 디자인의 방향성

미래 지향적 프롬프트 디자인은 기술의 발전, 사회적 변화, 산업의 요구에 맞춰 지속적으로 진화해야 한다. AI와 프롬프트 디자인의 발전은 더욱 스마트하고 통합적인 시스템을 향해 나아가고 있으며 이는 다양한 분야에서 혁신적인 변화를 가져올 것으로 기대된다. 미래 지향적 프롬프트 디자인의 방향성은 다음과 같이 설정될 수 있다.

(1) 강화된 맥락 인식 능력

미래의 AI 시스템은 사용자의 맥락과 상황을 더욱 정확하게 인식하고 이해할 수 있어야 한다. 이를 위해 시스템은 사용자의 행동, 선호도, 과거의 상호작용 데이터를 분석해 더욱 맞춤화된 응답과 서비스를 제공해야 한다.

(2) 통합적인 데이터 분석

AI 시스템은 다양한 데이터 소스에서 수집된 정보를 통합적으로 분석할 수 있어야 한다. 이는 사물인터넷(IoT) 기기, 소셜 미디어, 클라우드 기반 데이터 등 다양한 출처의 데이터를 결합해 더 깊이 있는 인사이트를 제공하는 데 기여할 것이다.

(3) 보다 자연스러운 인간-기계 상호작용

미래의 프롬프트 디자인은 인간과 기계 간의 상호작용을 더 자연스럽고 효과적으로 만들어야 한다. 이를 위해 AI 시스템은 인간의 언어와 감정을 더 잘 이해하고 이에 적절하게 반응할 수 있는 능력을 개발해야 한다.

(4) 지속적인 학습과 적응

AI 시스템은 지속적인 학습과 적응 능력을 가져야 한다. 이는 사용자의 행동 변화, 새로운 데이터, 기술의 발전에 따라 시스템이 자동으로 업데이트되고 개선되는 것을 의미한다.

(5) 윤리적 및 사회적 책임 강화

AI의 발전은 윤리적·사회적 책임과 밀접하게 연결돼 있다. 프롬프트 디자인은 사용자의 프라이버시 보호, 공정성, 투명성 등의 원칙을 준수해야 하며 이러한 원칙은 시스템 설계와 운영의 핵심적인 부분이 돼야 한다.

(6) 인간 중심의 설계 원칙 적용

미래의 프롬프트 디자인은 인간 중심의 설계 원칙에 기반을 둬야 한다. 이는 기술이 인간의 요구와 경험을 중심으로 개발되고 적용돼야 함을 의미한다.

(7) 교차 분야 협력 강화

미래의 프롬프트 디자인은 다양한 분야와의 협력을 통해 발전해야 한다. 이는 공학, 심리학, 디자인, 인문학 등 다양한 분야의 전문가들과의 협력을 통해 더욱 풍부하고 다면적인 AI 시스템을 구축하는 것을 포함한다.

(8) 지속 가능성과 환경적 책임

AI 시스템의 개발과 운영은 지속 가능하고 환경에 책임 있는 방식으로 이뤄져야 한다. 이는 에너지 효율적인 알고리즘의 개발, 재활용 가능한 자원의 사용 등을 포함한다.

미래 지향적 프롬프트 디자인은 지속적인 기술 발전, 인간 중심의 접근, 윤리적, 사회적 책임을 기반으로 해야 한다. 이러한 원칙을 바탕으로 AI와 프롬프트 디자인은 다양한 분야에서 혁신을 촉진하고 사회에 긍정적인 영향을 미칠 것으로 기대된다.

[그림10] 미래지향적인 디자인(출처 : 미드저니)

Epilogue

우리는 지금 인공지능과 프롬프트 디자인이라는 혁신적인 기술의 전성기를 맞이하고 있다. 이 기술은 비단 비즈니스와 과학의 영역에만 국한되지 않고 일상의 모든 면에서 우리의 삶을 변화시키고 있다. 창작에서부터 교육, 고객 서비스에 이르기까지 AI는 더욱 스마트하고 개인화된 경험을 제공하며 우리가 상상조차 하지 못했던 방법으로 새로운 가능성의 문을 열고 있다.

이 변화의 중심에는 프롬프트 디자인이 있다. 이는 단순한 기술적 도구를 넘어 우리가 정보를 처리하고 지식을 창출하며 서로를 이해하는 방식을 재정의하고 있다. 프롬프트 디자인은 AI가 우리의 요구와 맥락을 더욱 정확하게 이해하도록 돕고 보다 인간적이고 자연스러운 상호작용을 가능하게 만든다.

그러나 이 모든 진보는 끊임없는 노력과 지속적인 연구가 필요하다. AI와 프롬프트 디자인의 발전은 윤리적·사회적 책임감을 바탕으로 이뤄져야 하며 기술이 인간의 삶을 풍요롭게 하고 사회에 긍정적인 영향을 미치도록 해야 한다. 우리는 이 새로운 도전을 받아들이고 미래를 향한 새로운 여정에 대비해야 한다.

이 글은 인공지능과 프롬프트 디자인의 현재와 미래에 대한 탐색의 여정이었다. 이 여정은 여기서 끝나지 않고 계속해서 발전하고 변화할 것이다. 우리는 이 기술이 가져올 미래를 기대하며 그 속에서 우리 자신의 역할을 찾고 새로운 가능성을 모색해야 한다. 인공지능의 미래는 바로 우리의 미래이며 그 길을 함께 걸어가야 할 때이다.

[그림11] 프롬프트 디자인(출처 : 미드저니)

2

생성형 AI 챗 GPT 활용 사업계획서 작성 실무

홍 성 훈

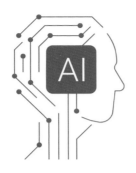

제2장
생성형 AI 챗 GPT 활용
사업계획서 작성 실무

2022년 11월 챗GPT 3.5버전이 나온 이후, 생성형 AI가 생활 속으로 실무 업무를 지원하는 도구로 부상하고 있다. 특히 2023년 10월 우리나라에서도 '네이버 생성형 AI를 활용한 새로운 글쓰기 경험!'이라는 주제로 네이버 블로그 AI 글쓰기 베타테스터 활동이 있었는데 "이게 된다!"라는 탄성이 나왔다.

그리고 신년을 맞아 창업가들을 중심으로 'AI로 사업계획서 쓰기'가 가능할까? 하는 물음과 사업계획서 쓰기 시도가 늘고 있다. 특히 정부 지원사업에서 요구하는 'P-S-S-T' 방식의 사업계획서를 작성하려는 시도가 늘고 있다.

1. 사업계획과 사업계획서

1) 사업계획서의 정의

'사업계획'은 기업가가 자신의 꿈이나 비전을 실현하기 위해 고객(시장)을 대상으로 자신의 역량을 조직화해 '제품 또는 서비스의 상업화를 추진하는 과정'이다. 따라서 사업계획이란 Plan(계획), Do(실행), See(평가 및 피드백)의 기업 경영 순환과정으로 보았을 때, Plan에 해당하며, 이는 기업 경영의 출발점이라 할 수 있다.

한편, 사업계획서는 간단히 풀면 사업계획의 서류인데 '사업+계획+서'라는 단어로 풀어보면 그 목적을 쉽게 이해할 수 있다. 따라서 사업계획서는 사업을 시작하려는 창업자, 혹은 기존에 사업을 영위하고 있지만 새로운 아이템, 새로운 시장에 진출하려는 사업자가 추진해야 할 구체적인 사업 내용과 세부 일정계획 등을 정리하고 기록해 놓은 서류를 말한다.

사업(事業)	계획(季和)	서(書)
• 영리 목적을 달성하고자 하는 경제활동 • 수익을 벌어들이기 위한 활동 • 수익을 벌어들이기 위한 비즈니스모델	• 앞으로 할 일에 대한 절차, 방법, 규모를 헤아려 작성 • 일정한 기간 내에 목적을 효과적으로 달성하기 위한 구체적인 절차와 방법	• 서류, 문서

[표1] 사업+계획+서 (출처 : 이형곤, 유진혁, 기업가정신과 창업실무, 양성원, 2018.1.15.)

2) 사업계획서의 발전단계

사업을 구상하는 단계는 새로운 고객 수요를 발견하는 아이디어 단계에서 시작된다. 고객이 느끼는 '불편(Pains)'이나 충족되지 못한 '수요(unmet needs)'를 확인하면 새로운 아이디어가 생긴다. 기가 막힌 아이디어가 있다고 생각한다. 그런데 이런 아이디어만으로 사업을 추진하거나 사업계획을 세우기엔 부족함이 많다.

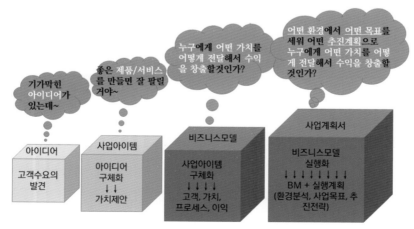

[그림1] 사업 아이디어에서 사업계획서로 확장

그래서 아이디어를 구체화하는 과정이 필요하고, 이렇게 제품이나 서비스 형태로 가치제안이 명확해지면 비로써 사업 아이템을 찾은 것이다, 이렇게 좋은 제품·서비스를 만들면 잘 팔릴 거라는 기대가 커진다.

그런데 사업아이템단계에서도 사업계획을 수립하려면 쉽지 않다. 적어도 사업계획을 세우려면 누구에게 어떤 제품·서비스를 어떻게 팔아서 얼마를 벌 것인지 구체적인 비즈니스모델을 만들어야 구체적인 사업계획에 시작할 수 있다. 즉, 사업 아이템이 구체화 돼 고객, 가치제안, 프로세스, 이익구조를 구체화해 비즈니스모델을 만들어야 성공에 다가갈 수 있다.

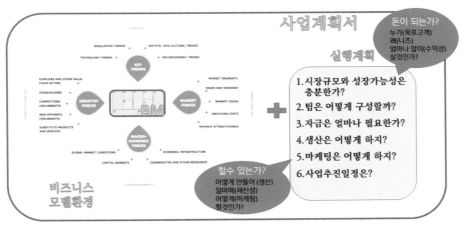

[그림2] 비즈니스모델과 사업계획서

그리고 이런 비즈니스모델을 실행하기 위해 비즈니스모델에 실행계획(환경분석, 사업 목표, 추진 전략 등)을 추가하면 사업계획서의 틀을 갖추는 것이다.

3) 사업계획서의 독자

사업계획서는 '사업계획 서류'라 간단히 정의할 수 있는데 그 용도는 크게 외부용(대외 보고용)과 내부용(내부 관리용)으로 구분할 수 있다.

외부 용도는 외부인을 위한 투자유치, 자금 유치 목적으로 작성되며 보통 투자자용 사업계획서, 은행 대출용 사업계획서, 정부지원 금융 사업계획서 등이다. 이런 외부 용도 사업계획서는 목차와 형식이 정해지는 경우가 대부분이며, 작성 방향은 사업의 성장 가능성과 창업자의 장점을 강조하는 '보여주기'식 사업계획서가 된다.

반면에 내부 용도는 창업자 본인 및 내부 동료들을 위한 자기 점검, 대안 제시를 위한 목적이며, 자신의 Vision 및 철학, 열정과 사업의 성공에 대해 자신에 대한 확고한 약속(commitment), 자신의 핵심역량(core competence), 자신의 경험, 인적, 물적 자원, 특허, 기술, 네트워킹을 할 수 있는 상대 등의 관리를 위한 '들여다보기'식 사업계획서인 것이다.

4) 사업계획서의 목차 구성

사업계획서는 크게 현황분석, 추진 전략, 기대효과의 3단계로 구분되는데 이를 보다 상세하게 구분하면 일반적인 목차를 구성할 수 있다.

① **표지 및 목차**
② **사업개요**(Executive Summary)
③ **회사 개요** : 연혁, 조직, 제품 및 서비스, 주주구성, 관계 회사, 지적재산권 등
④ **사업의 목표 및 환경분석** : 미션, 비전, 사업 목표, 환경분석, 핵심역량
⑤ **산업 및 시장** : 산업 개요, 산업매력도 분석, 시장 및 고객, 사업 및 마케팅 전략
⑥ **제품 및 서비스** : 제품(기술)개요, 제품 특성, 신제품 개발계획, 품질개선계획
⑦ **실행계획** : 인적자원관리, 생산계획, 시설투자계획, 판매계획
⑧ **재무계획** : 추정재무상태표, 추정손익계산서, 추정현금흐름표, 자금수지계획표, 자금조달계획
⑨ **위험 대비계획**
⑩ **추진 일정표**
⑪ **부속서류**

단, 사업계획서는 그 독자가 되는 주요 이해관계자의 관심 사항에 따라 제공하는 주요 정보가 세분화 되고 제공 자료도 구체화 된다.

주요 이용자	주요 관심 정보	사업계획서 제공 내용
경영자, 조직 구성원 등 내부 이해관계자	사업 목표, 전략, 사업성과, 보상 계획	사업계획서 전반, 사업 목표, 사업 전략, 인건비 예산
엔젤 투자가	창업자 개인의 능력 및 신뢰성, 수익성, 성장성, 회수 가능성	손익계산서, 내부수익률 계산표, 조직 구성원, 장기사업계획서
벤처투자자	미래 성장성, 수익성, 현금흐름, 기업가치	손익계산서, 현금흐름표, 중장기 사업계획서, 사업타당성 분석표, 경제성분석
M&A 고려 기업	장기성장성, 기술적 특이성, 시너지, 비즈니스모델	장기사업계획서, R&D 계획, 보유 특허, 인적자원 수급 계획, 신제품 개발계획
금융기관(자금대여)	안전성(담보 능력), 대여금 회수 가능성, 현금흐름	현금흐름표, 손익계산서, 재무상태표, 이자보상비율

[표2] 사업계획의 주요 이용자와 관심사항 (출처 : (사)한국창업보육협회, 기술창업실무)

　　우선 내부용 사업계획서는 내부 목적에 따라 목차를 달리 구성할 수 있고 다음의 일반 사업계획서 작성 항목 중에서 관리 목적에 따라 일부로 구성할 수 있다.

---

1. 사업소개

1.1 사업개요 : ①사업목적 ②사업내용

1.2 사업 배경 : ①문제 해결 ②사업 배경/동기 ③사업 필요성

1.3 사업 목표 : ①미션/비전 ②사업목표 ③사업영역

2. 제품/기술 소개

2.1 사업제품 : ①제품개요 ②제품특징

2.2 제품 기술 : ①보유 기술 ②기술 역량

3. 창업자/회사소개

3.1 회사 개요 : ①회사 개요 ②회사조직

3.2 창업자 개요 : ①창업자현황 ②참여인원현황

4. 시장 분석

4.1 시장현황 : ①목표시장현황 ②시장규모분석

4.2 경쟁분석 : ①경쟁제품분석 ②경쟁력제고방안

4.3 고객분석 : ①목표고객분석 ②차별화방안

4.4 SWOT 분석 : ①SWOT 분석/전략

5. 입지 분석

5.1 입지분석 : ①입지분석

5.2 플랫폼분석 : ①플랫폼분석

6. 사업모델 수립

6.1 비즈니스모델 : ①비즈니스모델 ②수익모델

6.2 사업전략 : ①사업방향수립 ②사업화전략

7. 운영계획수립

7.1 개발계획 : ①개발계획 ②개발로드맵

7.2 생산계획 : ①생산계획 ②구매계획

7.3 마케팅 계획 : ①채널계획 ②홍보계획

7.4 시설/인원 계획 : ①시설계획 ②인원계획

7.5 일정계획 : ①사업일정계획

8. 재무계획수립

8.1 자금계획 : ①투자계획 ②자금조달계획

8.2 이익계획 : ①매출계획 ②원가/비용계획

9. 재무제표작성

9.1 추정재무제표 : ①손익계산서 ②재무상태표

9.2 수익분석 : ①수익성분석 ②손익분기점분석

[표3] 일반 사업계획서 작성항목 (출처 : 정극재, 창업사업계획서 작성 요령)

한편, 외부용 사업계획서는 제출받는 곳에서 목차를 지정해 주는 경우가 대부분이며 같은 기업이라 하더라도 정부 지원사업 사업계획서를 작성할 때와 투자자용 사업계획서를 작성할 때 그 이해관계자의 관심 사항에 따라 강조 포인트를 달리 작성한다.

정부 지원사업 사업계획서에는 한글 문서(hwp)를 사용해 대체로 다음과 같은 내용을 담는다.

---

1. 현재의 기술·제품·서비스의 문제(Problem)는 무엇인가?

시장에서의 문제점을 파악 후 해결을 위한 창업·기술 개발의 필요성 제시하는 것이 핵심이다.

2. 이 해결책(Solution)이 유일한가?

시장에서 선택받을 수 있는 유일한 아이템인가? 아니면 여러 개 중에 하나 인가?

3. 이 아이템은 지금이 적기(timing)인가?

지나치게 선제적인 아이템이나 철 지난 아이템들은 시장에서 자리매김하기 어렵다.

4. 우리의 고객·시장의 특징은 이렇다!

왜 정부지원금(세금)을 무상으로 지원받아야 하는 지 논리적인 설득이 필요하다.

5. 왜 우리 나·회사만이 이 해결책을 잘할 수 있는가?

회사 내의 연혁, 개발 인력 그리고 기술력이 기술개발(R&D)을 할 수 있는 환경인가?

6. 어떻게 만들 것인가?

Outsourcing인가? In-house인가? 그리고 개발 과정에 대한 어려운 점 및 대안 등 자세하게 파악돼 있는가?

7. 어떻게 팔 것인가?

판매할 수 있다는 객관적인 근거를 제시할 수 있는가?

[표4] 정부지원사업계획서의 주요 내용

특히 창업진흥원에서 주관하는 창업패키지 지원사업의 경우, P(문제 인식, Problem)-S(실현 가능성, Solution)-S(성장전략, Scale-up)-T(팀 구성, Team)의 일관된 목차로 구성된다.

예비창업패키지	초기창업패키지
1. 문제 인식(Problem) 1-1. 창업 아이템 배경 및 필요성 1-2. 창업 아이템 목표 시장(고객) 현황분석	1. 문제 인식(Problem) 1-1. 창업 아이템 배경 및 필요성 1-2. 창업 아이템 목표 시장(고객) 현황분석
2. 실현 가능성(Solution) 2-1. 창업 아이템 현황(준비 정도) 2-2. 창업 아이템 실현 및 구체화 방안	2. 실현 가능성(Solution) 2-1. 창업 아이템 현황(준비 정도) 2-2. 창업 아이템의 실현 및 구체화 방안

3. 성장전략(Scale-up) 3-1. 창업 아이템 비즈니스모델 3-2. 창업 아이템 사업화 추진 전략 3-3. 사업추진 일정 및 자금 운용 계획	3. 성장전략(Scale-up) 3-1. 창업 아이템의 비즈니스모델 및 사업화 추진성과 3-2. 창업 아이템 사업화 추진 전략 3-3. 사업추진 일정 및 자금 운용 계획
4. 팀 구성(Team) 4-1. 대표자(팀) 구성 및 보유 역량 4-2. 중장기 사회적 가치 도입계획	4. 기업 구성(Team) 4-1. 기업구성 및 보유 역량 4-2. 중장기 ESG 경영 도입계획

[표5] 창업진흥원 주관하는 창업패키지 지원사업계획서의 목차구성

한편, 투자자용 사업계획서는 발표 형식으로 많이 이뤄지며 파워포인트(PPT) 문서를 이용해 다음 내용을 각각 슬라이드 한 장씩으로 구성한다.

1. 회사소개
2. 무슨 문제를 해결하고자 하는지
3. 어떻게 해결하려는지
4. 진출하려는 시장의 특징은 어떤지
5. 비즈니스모델은 무엇인지
6. 경쟁우위는 무엇인지
7. 팀 구성은 어떻게 되는지
8. 얼마를 투자 받으려 하는지
9. 투자금의 사용처는 어떻게 되는지
10. 투자금으로 사업의 어느 지점까지 보여줄 것인지
11. 지분은 얼마나 주려는 지
12. 투자자들의 exit 계획

*단, 투자자용 사업계획서도 투자 실무단계에서는 구체적인 세부 내용의 자료를 추가해 구체적인 내용으로 제공한다.

[표6] 투자자용사업계획서의 주요 내용

2. 챗GPT와 사업계획서

챗GPT를 통해 사업계획서 작성이 가능할까? 많은 창업자가 큰 관심을 갖는 것은 틀림없다. 필자가 2월 초 원주 소재 대학교 창업보육센터 입주기업을 대상으로 '챗GPT를 통한 사업계획서 다듬기' 강의를 진행했는데 평소 교육 대비 더 많은 수강 신청자가 참석했다.

[그림3] 챗GPT를 통한 사업계획서 다듬기 교육(2024. 02. 02.(금))

1) 챗GPT야, 너는 사업계획서를 작성할 수 있나?

많은 분이 관심을 갖는 질문이다. 필자가 챗GPT에게 위와 같이 질문했을 때 다음과 같은 답변을 받았다.

 You

챗GPT야, 너는 사업계획서를 작성할 수 있나?

 ChatGPT

네, 사업계획서를 작성하는 데 도움을 드릴 수 있습니다. 사업계획서는 비즈니스를 시작하거나 확장하기 위해 필요한 중요한 문서 중 하나입니다. 어떤 종류의 사업을 시작하려는 지와 관련된 정보를 제공하고 싶다면, 다음과 같은 내용을 제공해 주세요:

1. 사업개요: 어떤 종류의 사업을 시작하려는지, 사업목적 및 비전을 간략하게 설명해 주세요.
2. 시장 조사: 타겟시장 및 고객을 식별하고, 시장 동향 및 경쟁 상황에 대한 정보를 제공해 주세요.
3. 제품 또는 서비스: 제공할 제품 또는 서비스에 대한 자세한 설명과 이점을 소개해 주세요.
4. 비즈니스모델: 수익모델, 가격 정책, 수급 전략 등을 기술해 주세요.
5. 마케팅 및 판매 전략: 제품 또는 서비스를 어떻게 홍보하고 판매할 것인지에 대한 계획을 제시해 주세요.
6. 운영 및 조직 구조: 조직 구조, 팀 구성, 운영 프로세스 및 필요한 리소스에 대한 정보를 제공해 주세요.
7. 금융 계획: 예상 수입과 지출, 자본 필요량, 이익성 분석 등을 제시해 주세요.
8. 위험 관리 및 전략: 사업의 위험을 파악하고 관리하기 위한 전략을 기술해 주세요.
9. 일정 및 마일스톤: 사업의 주요 일정과 달성해야 할 마일스톤을 설정해 주세요.
10. 부록: 필요한 경우 추가 정보나 지원 문서를 첨부해 주세요.

위의 정보를 제공해 주시면, 더 자세한 사업계획서를 작성하는 데 도움을 드릴 수 있습니다. 도움이 필요한 부분이나 특정 질문이 있다면 언제든지 물어보세요.

챗GPT의 답변은 '사업계획서를 작성하는 데 도움을 드릴 수 있습니다'이다. 그리고 '위의 정보를 제공해 주시면, 더 자세한 사업계획서를 작성하는 데 도움을 드릴 수 있습니다'라고 답변하고 있다.

따라서 단순히 챗GPT에게 '사업계획서를 작성해줘요!'라고 해서 챗GPT가 사업계획서를 작성할 수 있는 것은 아니다.

 You

사업계획서를 작성해 줘.

🅖 ChatGPT

사업계획서를 전문적으로 작성하기 위해서는 상세한 정보와 시간이 필요하며, 특정 비즈니스 아이디어와 조사를 바탕으로 작성돼야 합니다. 아래는 일반적인 사업계획서의 구조와 몇 가지 예시 내용입니다. 이를 참고해 시작할 수 있습니다.

사업계획서

1. 사업개요
   • 사업명: [사업명]
   • 사업목적: [사업의 주요 목표 및 비전]
   • 창업자/팀: [창업자 및 핵심 팀 구성원 소개]

2. 시장 조사
   • 타겟시장: [목표로 하는 시장과 고객 세분화]
   • 시장 동향: [시장의 현재 상황 및 예상되는 변화]
   • 경쟁 분석: [경쟁사와 경쟁우위 전략]

3. 제품 또는 서비스
   • 제품/서비스 소개: [제공할 제품/서비스의 상세 설명]
   • 고객 이점: [고객이 어떻게 이점을 얻게 될지 설명]
   • 제품/서비스 개발 상황: [제품/서비스 개발 단계 및 시간표]

4. 비즈니스모델
   • 수익모델: [수익을 어떻게 발생시킬 것인지, 가격 정책]
   • 고객 획득 전략: [새로운 고객을 어떻게 확보할 것인지]
   • 수급 전략: [원자재 공급 및 생산계획]

5. 마케팅 및 판매 전략
   • 마케팅 계획: [마케팅 채널, 광고 및 프로모션 전략]
   • 판매 전략: [제품/서비스를 어떻게 판매할 것인지]

6. 운영 및 조직 구조
   • 조직 구조: [팀 구성 및 조직도]
   • 운영 프로세스: [제품/서비스 생산 및 운영 과정]

7. 금융 계획
   • 예상 수입 및 지출: [예상 수입과 비용, 이익 예측]

- 자본 필요량: [창업 자본 및 자금조달 방안]
8. 위험 관리 및 전략
- 위험 분석: [사업 운영 시 발생 가능한 위험 요인]
- 위험 관리 전략: [위험을 어떻게 관리할 것인지 전략 제시]
9. 일정 및 마일스톤
- 주요 일정: [사업 시작 및 개발 단계 일정]
- 마일스톤: [주요 단계 및 목표 달성 일정]
10. 부록
- 추가 정보: [사업계획에 필요한 추가 문서 및 자료]

이것은 사업계획서의 일반적인 구조입니다. 실제 사업에 따라 세부 사항이 다를 수 있으며, 각 섹션을 자세히 작성해야 합니다. 필요한 경우 각 섹션에 대한 추가 세부 정보나 구체적인 내용을 제공하고, 사업계획서를 직접 작성해 나갈 수 있습니다. 사업계획서를 완성하기 위해 추가 정보나 도움이 필요하면 언제든 물어봐 주세요.

챗GPT는 사용자가 사업계획서의 각 구조에 해당하는 '각 섹션에 대한 추가 세부 정보나 구체적인 내용을 제공하고, 사업계획서를 직접 작성해나갈 수 있다'라는 것이다. 따라서 앞 챗GPT 답변 중 [   ] 안에 들어갈 내용을 제공하면 챗GPT가 사업계획서 작성을 도와줄 수 있을 것이다.

2) 챗GPT는 어떻게 사업계획서를 작성할까?
- **챗GPT 란?**
 - ChatBot +
 - Generative : '생성하는' 문장
 - Pretrained : '사전 학습된' 정보를 기반한
 - Transformer : '변환' 글의 맥락을 이해할 수 있는 언어 모델이다.

챗GPT는 단순히 방대한 사전 학습된 정보를 갖춘 거대한 지식창고가 아니고, '변환' 글의 맥락을 이해할 수 있는 언어 모델로 지식기반의 문장을 '생성하는' 생성형 AI이다.

일반적으로 챗GPT는 다음과 같은 일을 잘한다.

- 발산 : 아이디에이션, 기술적 글쓰기, 창조적 글쓰기
- 요약 : 짧은 글로 정리
- 분류 : 유형화(categorize)
- 재구성·변형 : 포맷 변경, 언어 변경
- 피드백 : 평가, 조언(전문적인 의견)

이러한 챗GPT의 순기능을 사업계획서라는 글쓰기로 연결하면 챗GPT가 유능한 사업계획서 작성 도우미가 될 것이다.

3. 커스텀 인스트럭션과 사업계획서

자, 그럼 지금부터 챗GPT를 활용한 사업계획서 작성에 대해 하나씩 알아보도록 하겠다. 챗GPT는 하나의 채팅 창 안에서는 맥락을 유지하는데, 새로운 채팅 창으로 들어가면 이전의 채팅 창에 진행된 맥락이나 상황, 정보 등을 알지 못한다.

챗GPT를 활용해 사업계획서를 작성하는 과정이 한 번에 이뤄지면 좋은데 여러 차례의 시도를 통해서 완결형으로 작성해야 하므로 챗GPT와의 대화에서 맥락과 상황을 유지하는 게 좋다. 그러면 사업계획서 작성 대화를 시작한 하나의 채팅 창에서 사업계획서가 완성될 때까지 계속 챗GPT 채팅 작업을 해야 하는 것일까?

하나의 채팅 창을 유지하는 것도 가능하겠지만 챗GPT 대화를 진행하다 보면 내용이 꼬일 수도 있고, 챗GPT가 원하는 답변을 하지 않으면 새로운 창을 열 수밖에 없다. 그러면 새 창에서는 이전 채팅 창의 맥락이나 상황, 대화 내용을 모른 채 처음부터 새로 사업계획서에 관한 대화를 시작해야 한다.

어떻게 하면 좋을까?

1) 커스텀 인스트럭션이란?

챗GPT 좌측 화면의 본인 이름(프로필)을 클릭하면 위로 펼쳐지는 메뉴 중에 'Custom Instructions'라는 메뉴가 있다. 우리 말로 번역하면 '사용자 설정(지정지침, 명령)' 정도 되는데, 이것은 사용자가 한 번 설정하면 모든 대화에 적용되는, 사용자의 선호나 요구사항을 반영하는 기능이다. 이를 통해 사용자는 매번 선호 사항을 반복적으로 언급할 필요 없이 특정 주제나 형식에 맞는 응답을 받을 수 있다.

즉, 이 지침은 챗GPT에게 특정 작업을 수행하도록 지시하거나, 출력의 형식, 스타일, 내용 등을 제어하는 데 사용될 수 있다. 예를 들어 챗GPT에게 특정 스타일로 글을 작성하도록 요청하거나, 특정 데이터 세트에서 정보를 검색하도록 지시하는 사용자 지정 명령을 만들 수 있어서 대화의 효율성을 높이고, 사용자의 시간을 절약하는 데 도움이 된다.

커스텀 인스트럭션은 사용자가 제공하는 지시 사항을 챗GPT가 이해하고 그에 따라 답변을 생성하는 방식으로 작동한다. 이 과정에서 챗GPT는 자연어 처리 기술을 사용해 사용자의 지시를 분석하고 해당 지시에 맞게 답변을 조정한다. 예를 들어 '간결하고 명확한 답변을 원합니다'라는 지시에 따라 챗GPT는 불필요한 정보를 배제하고 핵심적인 내용만을 포함하는 답변을 생성하게 된다.

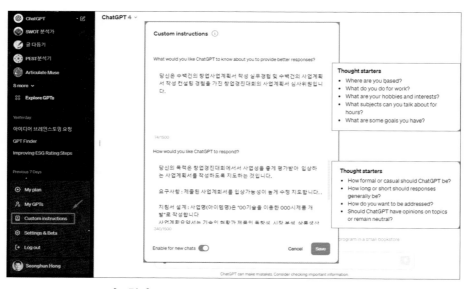

[그림4] Custom instructions(사용자 설정) 위치

커스텀 인스트럭션은 두 부분으로 이뤄져 있다.

첫 번째 부분은 'What would you like ChatGPT to know about you to provide better responses?'(챗GPT가 당신에 대해 어떤 것을 알아야 더 나은 응답을 제공할 수 있을까요?)라는 질문에 답하면 된다.

챗GPT는 생각의 출발점을 다음과 같은 질문에 두고 작성하라고 안내한다.
- 어디에 거주하고 계신가요?(Where are you based?)
- 일로 어떤 일을 하시나요?(What do you do for work?)
- 취미와 관심사는 무엇인가요? (What are your hobbies and interests?)
- 몇 시간 동안 이야기할 수 있는 주제는 무엇인가요?(What subjects can you talk about for hours?)
- 어떤 목표를 갖고 계신가요?(What are some goals you have?)

두 번째 부분은 'How would you like ChatGPT to respond?'(챗GPT가 어떻게 응답하기를 원하시나요?)라는 질문에 답하는 것으로 생각의 출발점을 다음과 같은 질문에 두고 작성하라고 안내한다.
- ChatGPT는 얼마나 공식적이거나 캐주얼 해야 하나요?(How formal or casual should ChatGPT be?)
- 응답은 일반적으로 얼마나 길거나 짧아야 하나요?(How long or short should responses generally be?)
- 어떻게 호칭하길 원하시나요?(How do you want to be addressed?)
- ChatGPT는 주제에 대한 의견을 갖고 있어야 하나요, 아니면 중립을 유지해야 하나요?(Should ChatGPT have opinions on topics or remain neutral?)

2) 커스텀 인스트럭션의 활용

챗GPT 커스텀 인스트럭션 사용 방법은 다음과 같다.

1. 왼쪽의 프로필 이미지를 누른다.
2. 'Custom Instructions'를 누른다.
3. 'What would you like ChatGPT to know about you to provide better responses?(챗GPT가 당신에 대해 어떤 것을 알아야 더 나은 응답을 제공할 수 있을까요?)', 'How would you like ChatGPT to respond?(챗GPT가 어떻게 응답하기를 원하시나요?)' 를 입력한다.
4. Enable for new chats(새 채팅에 대한 활성화)를 켠다.
5. Save(저장) 버튼을 누른다.
6. New Chat(새로운 채팅)을 눌러 새 대화를 시작한다.

커스텀 인스트럭션의 두 가지 질문에 응답을 입력하고, 'Enable for new chats(새 채팅에 대한 활성화)'를 누르면 이후에 열리는 모든 챗GPT 채팅 창에 해당 응답이 시스템 프롬프트로 작용한다.

커스텀 인스트럭션과 관련한 몇 가지 사항을 더 설명하면
- 커스텀 인스터렉션은 적용 이후 새 대화방에 적용되고 대화방에 한 번 적용되면 바꿀 수 없다.
- 챗GPT 커스텀 인스트럭션은 GPT-4 모델에 적용되는 것이라 무료(GPT 3.5) 사용자는 사용할 수 없고 챗GPT 유료 구독자만 사용할 수 있다.
- 커스텀 인스트럭션은 한 개만 저장할 수 있다.

예컨대 블로그 글쓰기를 주로 한다면 다음과 같이 커스텀 인스트럭션을 작성해서 블로그 글쓰기의 수준을 유지할 수 있을 것이다.

What would you like ChatGPT to know about you to provide better responses?

저는 블로그 운영자입니다.

How would you like ChatGPT to respond?

당신의 역할은 사용자로부터 주어진 주제를 기반으로 블로그 글을 작성하는 것입니다. 글은 매력적이고 읽기 쉽고 해당 주제에 대한 포괄적인 지식을 보여주어야 합니다. 글 작성 시 다음 요소를 염두에 두세요.

깊은 이해와 통찰력: 사용자가 제공한 주제를 깊이 이해하고 해당 주제에 대한 풍부한 지식과 통찰력을 글에 담아주세요. 이에는 주제와 관련된 최신 트렌드, 연구, 뉴스도 포함됩니다.

명확한 구조: 블로그 글은 도입부에서 주제를 소개하고 그 중요성을 강조하는 것으로 시작해 주세요. 그다음 여러 섹션으로 나누어 주요 토론과 정보를 전개하고 마지막으로 결론에서 주요 포인트를 요약해 주세요.

독자의 관심을 끄는 내용: 독자의 주의를 끌고 흥미를 유지하기 위해 이야기를 풀어가거나 사례를 제시하고 구체적인 데이터를 제공하는 등 독자가 주제에 깊이 관여할 수 있는 기법을 활용해 주세요.

매력적인 표현: 정보를 명확하게 전달하는 것뿐만 아니라 글을 매력적이고 읽기 쉽게 만들기 위해 표현에 신경을 써주세요. 주제에 적합한 톤과 스타일을 유지하고 일관성을 유지해 주세요.

SEO 대응: 검색 엔진에서 노출되기 위해 SEO(검색엔진최적화) 최상의 방법을 실행해 주세요. 기사 내에 관련 키워드를 적절하게 활용하면, 기사가 검색 엔진의 순위에서 상위에 나타날 가능성을 높일 수 있습니다.

강력한 결론과 CTA: 기사의 결론 부분은 주요한 포인트를 요약하고 독자에게 명확한 행동을 유도해야 합니다. 이는 다른 관련 기사로의 링크 제공, 상품이나 서비스에 가입 유도, 의견이나 공유를 요청하는 등 구체적인 행동(CTA: Call To Action)을 포함할 수 있습니다.

이러한 가이드라인을 따라 사용자가 제공하는 다양한 주제를 기반으로 매력적이고 정보가 풍부한 블로그 기사를 작성해 주세요. 이를 통해 사용자는 자신의 블로그를 통해 독자에게 가치를 제공하고 자신의 브랜드를 강화할 수 있습니다.

필자는 사업계획서 멘토링 할 기회가 많으므로 매번 챗GPT에게 사업계획서 관련 커스텀 인스트럭션을 다음과 같이 지정했다.

What would you like ChatGPT to know about you to provide better responses?

당신은 수백 건의 창업사업계획서 작성 실무경험 및 수백 건의 사업계획서 작성 컨설팅 경험을 가진 창업경진대회의 사업계획서 심사위원입니다.

How would you like ChatGPT to respond?

당신의 목적은 창업경진 대회에서 사업성을 좋게 평가받아 입상하는 사업계획서를 작성하도록 지도하는 것입니다.

요구사항 : 제출된 사업계획서를 입상 가능성이 높게 수정 지도합니다.

지침서 설계 : 사업명(아이템명)은 "[ ] 기술을 이용한 [ ] 시제품 개발"로 작성합니다.

사업계획요약서는 기술의 현황과 제품의 독창성, 시장 분석, 상품생산 및 마케팅, 기대효과 등 전반적인 사업화 내용 요약 기재합니다.

사업계획서는 1) 지원요청 제품의 개요 및 필요성 2) 관련 기술 국내외 현황 3) 기술 개발의 목표 및 개발 내용 4) 판로확보 및 마케팅 계획 5) 사업화 지원금 사용계획 순으로 작성해 주세요.

다만, 지침서 설계는 지원사업별 사업계획서 목차가 변경된 부분만 적용해서 입력한다. 그리고 사업계획서 관련 대화를 할 때는 대부분 이 커스텀 인스트럭션을 켜놓고 대화를 진행하고, 다른 주제일 경우엔 커스텀 인스트럭션을 꺼 놓음으로써 커스텀 인스트럭션 적용 없이 새로운 대화를 이어 나간다.

아마 챗GPT 유료 사용하며, 챗GPT를 통해 사업계획서를 작성하려 하는 창업자분들은 'What would you like ChatGPT to know about you to provide better responses?'에 본인의 창업 관련 상황을 입력하고, 'How would you like ChatGPT to respond?'에 본인이 원하는 사업계획서 관련 답변에 대한 니즈를 입력하고 채팅을 이어가면 챗GPT의 답변이 일정한 맥락이나 수준을 유지할 것이다.

4. 챗GPT로 일반적인 사업계획서 쓰기

자, 그럼 지금부터 챗GPT를 활용한 사업계획서 작성에 대해 하나씩 알아보도록 하겠다.

1) 비즈니스 아이디어 찾기

아직 사업 아이디어를 구상하기 위해 고민 중인 기업가라면 챗GPT에 아래와 같이 질문해 사업 아이디어의 실마리를 찾을 수 있다. 저예산 사업을 준비한다면 저비용 비즈니스 아이디어 제시를 문의할 수 있다.

 You

[식품 제조 분야]에서 최소한의 투자로 시작할 수 있는 저비용 비즈니스 아이디어 10개를 생성해 주세요

예를 들어 '[식품 제조 분야]에서 최소한의 투자로 시작할 수 있는 저비용 비즈니스 아이디어 10개를 생성해 주세요'라고 질문하니 다음과 같은 저 비용 비즈니스 아이디어 10개를 제안했다.

 ChatGPT

식품 제조 분야에서 최소한의 투자로 시작할 수 있는 저비용 비즈니스 아이디어 10가지를 아래에 제시해 드리겠습니다:

1. 과일 스무디 판매: 신선한 과일과 요거트를 이용해 다양한 맛의 스무디를 제조해 지역 시장에서 판매합니다.
2. 홈메이드 잼 제조: 자신의 주방에서 과일 또는 베리로부터 다양한 종류의 잼을 만들어 판매합니다.
3. 간편한 간식 제조: 건강한 간식 또는 과자를 만들어 온라인으로 판매하거나 지역 가게에 도매로 공급합니다.
4. 미니 케이크 제조: 다양한 크기와 디자인의 미니 케이크를 주문 제작해 이벤트나 기념일에 판매합니다.

5. 신선한 농산물 판매: 자신이 가진 농장이나 농산물 공급업체로부터 생산된 신선한 농산물을 지역 시장이나 직매장에서 판매합니다.

6. 허브 및 스파이스 믹스 제조: 자신의 주방에서 허브와 스파이스를 혼합해 고유의 향과 맛을 가진 조미료를 만들어 판매합니다.

7. 신선한 파스타 또는 소스 제조: 다양한 종류의 파스타 또는 소스를 제조해 온라인으로 판매하거나 지역 식료품점에 공급합니다.

8. 수제 아이스크림 제조: 다양한 맛과 토핑을 제공하는 수제 아이스크림을 만들어 이동 판매차나 아이스크림 가게를 운영합니다.

9. 식물성 프로틴 바 제조: 식물성 재료로 만든 프로틴 바를 생산해 온라인으로 판매하거나 체육관이나 건강식품 가게에 공급합니다.

10. 헬시 스크랩 밀 제조: 헬시한 재료로 만든 스크랩 밀을 제조해 온라인 또는 농산물 시장에서 판매합니다.

이러한 아이디어 중에서 선택해 시작할 때는 시장 조사와 현지 규제에 대한 이해가 중요하며, 고객들에게 맛과 품질을 제공하기 위한 노력이 필요할 것입니다.

한편 성장 가능성이 있는 니치 시장을 조사해달라고 물어볼 수도 있다.

 You

[식품제조업계]내에서 성장가능성이 높은 니치마켓 3개를 제안해주세요

 ChatGPT

식품제조업계에서 성장 가능성 높은 니치마켓 중 3가지를 아래에 제안해 드리겠습니다:

1. 식물성 단백질 제품: 건강한 식단과 환경에 대한 관심이 증가함에 따라 식물성 단백질 제품에 대한 수요가 급증하고 있습니다. 식물성 단백질로 만든 대체 고기, 두부 기반 제품, 식물성 단백질 바 등을 생산하는 비즈니스가 큰 성장 가능성을 갖고 있습니다.

2. 기능성 음료 및 건강한 음식: 소비자들은 건강에 더 관심을 갖고 있으며, 기능성 음료 및 건강한 스낵에 대한 수요가 높아지고 있습니다. 프로바이오틱스, 항산화물질, 비타민 및

미네랄이 풍부한 음료와 스낵을 제조하는 비즈니스는 성장할 수 있는 니치마켓입니다.

3. 아기와 어린이를 위한 건강한 간식 및 식품: 부모들은 자녀의 영양과 건강에 대해 더욱 민감해지고 있으며, 건강한 아이들을 키우기 위한 옵션에 대한 수요가 높아지고 있습니다. 아기용 식품, 스낵, 과일퓨레, 건강한 학령기 어린이들을 위한 간식 등을 제조하는 비즈니스는 성장 가능성이 높습니다.

이러한 니치마켓에서는 고객들의 특별한 요구와 기대를 충족시키기 위한 제품 개발과 마케팅이 중요하며, 품질과 안전성을 유지하는 것이 핵심입니다.

물론 이 니치 시장 제안에서 추가적인 질문을 이어 나가며 비즈니스 아이디어를 찾는 것도 가능하다. 2번의 기능성 음료 및 건강한 음식을 좀더 살펴보자.

 You

기능성 음료 및 건강한 음식에 대해 더 자세히 길게 설명해 주세요.

 ChatGPT

기능성 음료 및 건강한 음식은 소비자들의 건강과 웰빙에 중점을 두고 제조되며, 다양한 영양소와 건강상의 이점을 제공하는 제품을 포함합니다. 이러한 제품들은 식품, 음료 및 간식으로 나눌 수 있으며, 다음과 같은 특징을 가집니다:

1. 기능성 음료:
- 프로바이오틱스 음료: 소화 및 장건강을 촉진하는 프로바이오틱스를 함유한 요거트 음료 또는 발효 음료입니다.
- 항산화물질 음료: 비타민 C, 비타민 E, 폴리페놀 및 카테킨과 같은 항산화물질이 풍부한 음료로, 세포 손상을 예방하고 면역 시스템을 지원합니다.
- 에너지 음료: 천연 카페인과 아미노산을 함유해 에너지 부족을 해소하고 피로를 줄여주는 음료입니다.

2. 건강한 음식:
- 단백질 바: 낮은 지방, 낮은 탄수화물, 고단백질 바 형태로 제공되며, 운동 후 회복에 도움

을 줄 수 있습니다.
- 글루텐 프리 제품: 밀을 함유하지 않는 제품으로, 글루텐 알러지 또는 민감성을 가진 소비자를 대상으로 합니다.
- 식물성 과자 및 스낵: 과일, 견과류, 씨앗 및 곡물을 사용해 건강한 스낵과 과자를 제공합니다.

기능성 음료 및 건강한 음식 제조업체는 다양한 건강 이점을 강조하며, 제품을 위해 첨단 연구 및 개발을 진행합니다. 또한 소비자의 다양한 식습관 및 신체 요구사항에 맞추기 위해 다양한 맛과 형태의 제품을 개발하고 있습니다.
마케팅 및 라벨링도 중요한 역할을 합니다. 건강한 성분 및 영양 정보를 강조하고, 제품의 천연성과 유기농 인증을 강조해 소비자들에게 신뢰를 줍니다. 또한 온라인 판매 채널을 활용해 건강한 라이프스타일을 추구하는 소비자들에게 제품을 알리는데 도움이 됩니다.

한편 업계 예측이나 비즈니스 분석을 요청해 비즈니스 기회를 찾을 수도 있다.

 You

[~~업계]에서 주요 기업 리스트와 단기 및 장기의 업계 예측을 제시하고, 현재의 사건이나 미래의 전개에 대해 잠재적인 영향을 설명해 주세요.

 You

[~~업계]에서 현재 상황과 중소기업의 비즈니스 기회 가능성에 대해 자세한 분석을 작성해 주세요.

 You

[~~업계]에서 최근의 기술 혁신에서 발생하는 5가지 비즈니스 기회를 특정해 주세요.

2) 아이템 발굴 : 아이디어 고도화

사업 아이디어가 사업 아이템으로 발전하려면 다양한 아이디어 고도화가 필요하다. 일반적으로 아이디어 고도화를 위한 창의적 발상법으로 브레인스토밍(brainstorming), 6가지 모자 사고기법(Six Thinking Hat), SCAMPER, 만다라트, 블루오션 전략캔버스(ERRC) 작성, 디자인씽킹, 트리즈의 발명 원리와 분리의 법칙 등을 활용하는데 방법에 따라 전문가의 퍼실리에이션이 필요한 경우가 많다.

그런데 챗GPT를 사용하면 이런 다양한 기법의 발상법으로 초기 사업 아이디어를 고도화할 수 있다. 특히 챗GPT의 장점은 이런 발상법을 사용하는 프롬프트를 모르면 챗GPT에게 물어보면 알려주기 때문에 다양한 발상법의 활용이 가능하다.

 You

[아이디어]를 발전시키기 위해 챗GPT에 [brainstorming을 요청하는] 프롬프트를 작성해 주세요.

 ChatGPT

"안녕하세요, ChatGPT! **저는 [귀하의 분야/주제]**에 대한 창의적인 아이디어를 발전시키고 싶습니다. 제 관심사는 **[구체적인 관심사나 주제]**이며, 현재 **[해결하고자 하는 문제나 도전 과제]**에 대한 새로운 접근 방법을 찾고 있습니다. 이 문제를 해결하기 위해 고려해야 할 주요 요소들은 **[주요 요소들]**입니다. 또한, 저는 **[특정 기술, 도구, 자원]**을 활용할 수 있으며, **[특정 제한 사항이나 고려해야 할 사항]**을 염두에 두고 있습니다. 창의적이고 혁신적인 아이디어를 도출할 수 있도록 다양한 관점과 제안을 부탁드립니다."

 You

[아이디어]를 발전시키기 위해 챗GPT에 [Six Thinking Hat을 요청하는] 프롬프트를 작성해 주세요

ChatGPT

"안녕하세요, ChatGPT! 저는 현재 [귀하의 프로젝트/아이디어/문제]에 대해 깊이 생각하고 있습니다. 이를 위해 Six Thinking Hats 방법론을 활용해 다양한 관점에서 아이디어를 탐색하고 싶습니다. 각 모자의 색깔에 따른 관점에서 다음 질문에 대한 답변을 부탁드립니다:

1. 흰색 모자 (사실 및 정보 중심): 이 주제에 관련된 사실, 데이터, 정보는 무엇인가요?
2. 빨간색 모자 (감정 및 직관 중심): 이 주제에 대해 느끼는 감정이나 직관적인 반응은 어떤 것들이 있나요?
3. 검은색 모자 (비판적 사고 중심): 이 아이디어나 접근법의 잠재적 위험, 문제점, 한계는 무엇인가요?
4. 노란색 모자 (긍정적 사고 중심): 이 아이디어의 장점, 이점, 기회는 무엇인가요?
5. 초록색 모자 (창의적 사고 중심): 이 문제에 대한 창의적인 해결책, 대안적 아이디어, 혁신적인 접근법은 무엇인가요?
6. 파란색 모자 (프로세스 관리 중심): 이 다양한 관점을 종합해, 이 문제에 대해 어떤 결론이나 다음 단계를 추천하시겠습니까?

이러한 질문들을 통해 [귀하의 프로젝트/아이디어/문제]에 대한 깊이 있는 분석과 다양한 관점을 얻고자 합니다. 각 색깔의 모자를 쓴 관점에서 구체적인 아이디어와 제안을 해주시면 감사하겠습니다."

 You

[아이디어]를 발전시키기 위해 챗GPT에 **[SCAMPER를 요청하는]** 프롬프트를 작성해주세요

 ChatGPT

"안녕하세요, ChatGPT! 저는 [귀하의 프로젝트/아이디어/제품]에 대해 SCAMPER 기법을 활용해 아이디어를 발전시키고자 합니다. SCAMPER의 각 요소를 기반으로 다음 질문들에 대한 답변을 부탁드립니다:

1. Substitute (대체하기): [귀하의 프로젝트/아이디어/제품]의 어떤 부분을 다른 것으로 대체할 수 있을까요? 이를 통해 어떤 새로운 기회나 개선점이 생길 수 있을까요?

2. Combine (결합하기): 이 아이디어나 제품을 다른 아이디어나 제품과 결합할 수 있는 방법은 무엇일까요? 이 결합이 가져올 수 있는 혜택은 무엇인가요?

3. Adapt (적용하기): 다른 산업이나 분야에서 사용되는 아이디어나 방법을 [귀하의 프로젝트/아이디어/제품]에 어떻게 적용할 수 있을까요?

4. Modify (변형하기): 이 아이디어나 제품의 모양, 색상, 질감, 기능 등을 어떻게 변형할 수 있을까요? 변형을 통해 어떤 새로운 가치를 창출할 수 있을까요?

5. Put to Another Use (다른 용도로 사용하기): 이 아이디어나 제품을 다른 방식이나 다른 용도로 사용할 수 있는 방법은 무엇일까요?

6. Eliminate (제거하기): 이 아이디어나 제품에서 제거할 수 있는 부분은 무엇일까요? 제거함으로써 어떤 긍정적인 결과를 얻을 수 있을까요?

7. Reverse (반대로 하기): 이 아이디어나 제품의 순서, 방향, 관점 등을 어떻게 바꿀 수 있을까요? 이러한 변화가 가져올 수 있는 새로운 관점이나 기회는 무엇일까요?

이러한 질문들을 통해 [귀하의 프로젝트/아이디어/제품]에 대한 다양한 창의적 접근을 탐색하고자 합니다. 각 SCAMPER 요소에 대한 구체적인 아이디어와 제안을 부탁드립니다.”

 You

[아이디어]를 발전시키기 위해 챗GPT에 [만다라트를 요청하는] 프롬프트를 작성해주세요

 ChatGPT

“안녕하세요, ChatGPT! 저는 [귀하의 아이디어/프로젝트/주제]에 대해 만다라트 방법을 이용해 깊이 탐구하고 싶습니다. 중심 주제로 [귀하의 아이디어/프로젝트/주제]를 설정하고, 이를 둘러싼 8가지 관련 주제나 요소를 탐색하고자 합니다. 만다라트를 구성하기 위해 다음 지침을 따라 주세요:

1. 중심 주제 설정: [귀하의 아이디어/프로젝트/주제]를 중심으로 합니다.

2. 주변 8가지 요소 탐색
  - 상단 왼쪽: 이 아이디어/프로젝트와 관련된 핵심 기술 또는 방법론은 무엇인가요?
  - 상단 중앙: 이 아이디어/프로젝트의 잠재적 고객이나 대상 사용자는 누구인가요?
  - 상단 오른쪽: 이 아이디어/프로젝트를 통해 해결하고자 하는 주요 문제 또는 도전 과제는 무엇인가요?
  - 중앙 왼쪽: 이 아이디어/프로젝트와 관련된 경쟁자 또는 유사한 솔루션은 무엇인가요?
  - 중앙 오른쪽: 이 아이디어/프로젝트의 장기적 비전이나 목표는 무엇인가요?
  - 하단 왼쪽: 이 아이디어/프로젝트를 실현하기 위해 필요한 자원이나 도구는 무엇인가요?
  - 하단 중앙: 이 아이디어/프로젝트에 대한 잠재적 위험 또는 장애물은 무엇인가요?
  - 하단 오른쪽: 이 아이디어/프로젝트와 관련해 고려해야 할 법적, 윤리적 측면은 무엇인가요?

이러한 각각의 요소에 대해 구체적인 생각과 아이디어를 제시해 주세요. 이를 통해 **[귀하의 아이디어/프로젝트/주제]**에 대한 통합적이고 다각적인 이해를 도모하고자 합니다.”

 You

[아이디어]를 발전시키기 위해 챗GPT에 **[블루오션 전략캔버스(ERRC)작성을 요청하는]** 프롬프트를 작성해주세요

 ChatGPT

“안녕하세요, ChatGPT! 저는 현재 **[귀하의 제품/서비스/아이디어]**에 대해 블루오션 전략캔버스와 ERRC 모델을 활용해 경쟁력을 강화하고 새로운 시장 기회를 모색하고자 합니다. 다음의 ERRC 요소들을 고려해 **[귀하의 제품/서비스/아이디어]**를 어떻게 개선할 수 있을지 조언해 주세요:

1. Eliminate (제거): 현재 업계에서 일반적이지만, 실제로는 불필요하거나 가치가 적은 요소는 무엇인가요? 이러한 요소들을 제거함으로써 어떤 혁신적인 변화를 가져올 수 있을까요?

2. Reduce (줄이기): 업계 표준 이하로 줄일 수 있는 요소는 무엇인가요? 이를 통해 비용을 줄이거나 고객에게 더 집중된 가치를 제공할 수 있을까요?

3. Raise (늘리기): 업계 표준 이상으로 향상시킬 수 있는 요소는 무엇인가요? 이러한 요소들을 강화함으로써 어떻게 고객에게 더 큰 가치를 제공할 수 있을까요?

4. Create (창출): 현재 시장에 존재하지 않지만 창출함으로써 새로운 수요를 만들 수 있는 요소는 무엇인가요? 이러한 새로운 요소들이 어떻게 고객의 경험을 풍부하게 하고 시장에서 차별화될 수 있을까요?

이러한 각각의 ERRC 요소들에 대해 **[귀하의 제품/서비스/아이디어]**를 적용해 구체적인 아이디어와 제안을 해 주세요. 이를 통해 새로운 시장 기회를 탐색하고 경쟁력을 강화하고자 합니다."

 You

[아이디어]를 발전시키기 위해 챗GPT에 **[디자인씽킹에 의한 개선을 요청하는]** 프롬프트를 작성해 주세요.

 ChatGPT

"안녕하세요, ChatGPT! 저는 현재 **[귀하의 아이디어/프로젝트/제품]**에 대해 디자인 씽킹 방법론을 적용해 개선하고자 합니다. 디자인 씽킹의 다섯 단계(공감하기, 문제 정의하기, 아이디어 도출하기, 프로토타입 만들기, 테스트하기)를 따라 다음 질문들에 대한 답변을 부탁드립니다:

1. 공감하기 (Empathize): **[귀하의 아이디어/프로젝트/제품]**의 최종 사용자는 누구이며, 그들의 필요와 동기, 문제점은 무엇인가요? 사용자와 깊이 공감하기 위해 어떤 방법을 사용할 수 있을까요?

2. 문제 정의하기 (Define): 사용자의 관점에서 본 **[귀하의 아이디어/프로젝트/제품]**의 핵심 문제는 무엇인가요? 이 문제를 명확하게 정의할 수 있나요?

3. 아이디어 도출하기 (Ideate): 정의된 문제를 해결하기 위한 창의적이고 혁신적인 아이디

어는 무엇일까요? 가능한 한 많은 아이디어를 도출해 주세요.

4. 프로토타입 만들기 (Prototype): 도출된 아이디어 중 구현 가능하고 유망한 아이디어는 무엇인가요? 이 아이디어를 어떻게 저비용, 고속으로 프로토타입으로 전환할 수 있을까요?

5. 테스트하기 (Test): 만들어진 프로토타입을 어떻게 사용자에게 테스트할 수 있을까요? 테스트를 통해 얻은 피드백은 무엇이며, 이를 통해 어떻게 **[귀하의 아이디어/프로젝트/제품]**을 개선할 수 있을까요?

이러한 각 단계를 통해 **[귀하의 아이디어/프로젝트/제품]**에 대한 깊이 있는 이해와 개선점을 도출하고자 합니다. 각 단계별로 구체적인 아이디어와 제안을 부탁드립니다."

 You

[아이디어]를 발전시키기 위해 챗GPT에 **[트리즈의 발명 원리와 분리의 법칙에 의한 개선을 요청하는]** 프롬프트를 작성해주세요

 ChatGPT

"안녕하세요, ChatGPT! 저는 **[귀하의 아이디어/프로젝트/문제]**에 대해 트리즈의 발명 원리와 분리의 법칙을 적용해 개선하고자 합니다. 다음의 지침을 따라 제안을 부탁드립니다:

1. 트리즈의 발명 원리 적용

 1) 대체: **[귀하의 아이디어/프로젝트/문제]**에서 변경하거나 대체할 수 있는 요소는 무엇인가요? 이를 통해 어떤 새로운 가능성이나 해결책을 모색할 수 있을까요?

 2) 반대로 하기: 현재 접근법의 반대 방향으로 생각하면 어떤 새로운 아이디어가 나올 수 있을까요?

 3) 지역적 품질: **[귀하의 아이디어/프로젝트/문제]**의 특정 부분만을 변경하거나 개선할 수 있는 방법은 무엇인가요?

 4) 비대칭: 현재 대칭적인 요소를 비대칭으로 바꾸면 어떤 효과가 있을까요?

 5) 색상 변경: 색상을 변경함으로써 어떤 새로운 효과나 기능을 만들 수 있을까요?

2. 분리의 법칙 적용

  1) 시간적 분리: **[귀하의 아이디어/프로젝트/문제]**의 어떤 요소들을 시간적으로 분리할 수 있을까요? 이를 통해 어떤 이점을 얻을 수 있을까요?

  2) 공간적 분리: 공간적으로 분리함으로써 문제 해결에 도움이 되는 요소는 무엇인가요?

  3) 조건적 분리: 특정 조건 하에서만 작동하거나 존재하는 요소를 만들 수 있을까요?

이러한 트리즈의 원리들을 통해 **[귀하의 아이디어/프로젝트/문제]**에 대해 새롭고 창의적인 관점을 제공해 주세요."

위의 사업아이디어 중 기능성 음료 및 건강한 음식에 대해 SCAMPER를 통해 새로운 아이디어 발상을 질문하니 다음과 같은 답변이 나왔다.

 You

안녕하세요, ChatGPT! 저는 [기능성 음료 및 건강한 음식]에 대해 SCAMPER 기법을 활용해 아이디어를 발전시키고자 합니다. SCAMPER의 각 요소를 기반으로 다음 질문들에 대한 답변을 부탁드립니다:

1. Substitute (대체하기): [기능성 음료 및 건강한 음식]의 어떤 부분을 다른 것으로 대체할 수 있을까요? 이를 통해 어떤 새로운 기회나 개선점이 생길 수 있을까요?

2. Combine (결합하기): 이 아이디어나 제품을 다른 아이디어나 제품과 결합할 수 있는 방법은 무엇일까요? 이 결합이 가져올 수 있는 혜택은 무엇인가요?

3. Adapt (적용하기): 다른 산업이나 분야에서 사용되는 아이디어나 방법을 [귀하의 프로젝트/아이디어/제품]에 어떻게 적용할 수 있을까요?

4. Modify (변형하기): 이 아이디어나 제품의 모양, 색상, 질감, 기능 등을 어떻게 변형할 수 있을까요? 변형을 통해 어떤 새로운 가치를 창출할 수 있을까요?

5. Put to Another Use (다른 용도로 사용하기): 이 아이디어나 제품을 다른 방식이나 다른 용도로 사용할 수 있는 방법은 무엇일까요?

6. Eliminate (제거하기): 이 아이디어나 제품에서 제거할 수 있는 부분은 무엇일까요? 제거함으로써 어떤 긍정적인 결과를 얻을 수 있을까요?

7. Reverse (반대로 하기): 이 아이디어나 제품의 순서, 방향, 관점 등을 어떻게 바꿀 수 있을 까요? 이러한 변화가 가져올 수 있는 새로운 관점이나 기회는 무엇일까요?

이러한 질문들을 통해 [귀하의 프로젝트/아이디어/제품]에 대한 다양한 창의적 접근을 탐색 하고자 합니다. 각 SCAMPER 요소에 대한 구체적인 아이디어와 제안을 부탁드립니다

🟢 ChatGPT

물론, SCAMPER 기법을 활용해 [기능성 음료 및 건강한 음식] 아이디어를 발전시키는 아이 디어와 제안을 제시해 드리겠습니다:

1. Substitute (대체하기):
- 대체 재료 사용: 기존 재료를 대체해 새로운 영양소나 맛을 제공하는 제품을 개발합니다. 예를 들어, 대체 식물성 단백질을 사용해 고단백질 음료를 제조합니다.

2. Combine (결합하기):
- 다양한 기능 결합: 건강한 음식과 기능성 음료를 결합해 하나의 포괄적인 건강 브랜드를 구축합니다. 예를 들어, 단백질 바와 프로바이오틱스 음료를 함께 제공하는 패키지를 만 듭니다.

3. Adapt (적용하기):
- 기존 건강식품 추세를 활용: 건강한 아침 식사 대용품 또는 영양 보충제 시장에서 사용되 는 아이디어를 기반으로 새로운 건강한 아침 식사 음료를 개발합니다.

4. Modify (변형하기):
- 제품 형태 변형: 건강한 음식을 간편한 스낵 형태로 변형해 이동성과 편리성을 높입니다. 예를 들어, 건강한 에너지 볼을 만들어 캐리어블 스낵으로 제공합니다.

5. Put to Another Use (다른 용도로 사용하기):
- 요리 및 조리 보조도구로 활용: 건강한 음식을 더 쉽게 조리하고 요리하는 데 도움을 주는 요리 보조도구나 키트를 제공합니다.

6. Eliminate (제거하기):
- 인공 첨가물 제거: 인공 향료, 색소 및 감미료를 제거하고 천연 재료로만 제품을 제조해 더 건강한 옵션을 제공합니다.

7. Reverse (반대로 하기):

- 맛 중심의 제품을 건강 중심으로 변경: 맛을 강조하는 제품을 건강 이점을 강조하는 제품으로 변환합니다. 예를 들어, 단맛을 중시하는 음료를 칼로리가 낮고 비타민이 풍부한 음료로 변경합니다.

이러한 SCAMPER 기법을 활용해 [기능성 음료 및 건강한 음식]에 대한 창의적인 접근을 탐색하면, 새로운 아이디어와 개선점을 발견할 수 있으며, 고객들에게 더 많은 가치를 제공할 수 있는 제품을 개발할 수 있을 것입니다.

3) 비즈니스모델 만들기

많은 창업자가 사업계획을 세우며 힘들어하는 부분이 자기 사업의 비즈니스모델을 정리하는 부분이다. 그래서 창업 교육에서 많은 시간을 비즈니스모델 수립에 할애하는 데도 사업계획서 작성 시 비즈니스모델을 구체적으로 적지 못하는 경우가 있다.

챗GPT를 활용하면 간단한 프롬프트로 비즈니스모델을 정리할 수 있다. 다만, 챗GPT가 창업가의 구체적 사업 내용을 알지 못하므로 일반적인 업체의 비즈니스모델을 작성할 수 있다.

따라서 다음과 같은 프롬프트 템플릿을 활용해 상세한 사업 내용을 정리해 주면 매우 구체적인 비즈니스 모델을 작성해 준다.

 You

명령서
당신은 경영 전략을 설계하는 프로페셔널한 경영 컨설턴트입니다.
아래의 #제약조건과 #출력 형식에 따라, 다음의 #비즈니스의 내용에 대한 '비즈니스 모델 캔버스'를 작성해 주세요.

제약조건
- #비즈니스의 내용에 대한 '비즈니스 모델 캔버스'를 작성합니다.
- 출력 시 반드시 9가지 구성 요소에 대해 상세한 분석을 실시해야 합니다.
- 분석은 반드시 객관적이고 구체적이며 이해하기 쉽고 설명의 과다 또는 부족이 없도록 해

야 합니다.

- 출력은 #출력 형식에 따라 표 형식으로 해야 합니다.

비즈니스의 내용: [자사의 비즈니스 내용]

출력 형식

표 형식으로 작성해 주세요.

1. 첫 번째 열: 구성 요소 → '비즈니스 모델 캔버스'의 구성 요소의 이름을 기술해 주세요.
2. 두 번째 열: 설명 → 첫 번째 열의 구성 요소에 대한 정의를 설명해 주세요.
3. 세 번째 열: 분석 → #비즈니스의 내용에 대한 고찰을 해 주세요.

Please All answer in **Korean**.

Answer '**yes**' if you understand the above sentence.

[자사의 비즈니스 내용]을 다음과 같이 입력하니 보다 구체적인 비즈니스모델 캔버스를 작성해 준다.

 You

비즈니스의 내용:

1. 기업 개요

상시 근로자 수: 39명

설립 연도: 2003년

주요 제품명: 우레탄 바닥재

재무 현황:

2021년 매출액: 9,449백 만 원

영업이익: -691백 만 원

당기순이익: -575백만 원

자산 총액: 11,453백 만 원

자본총계: 4,765백 만 원

부채총계: 6,688백 만 원 (페이지 2)

2. 외부환경

경기종합지수: 99.4

환율: 1,111.1

주가(코스피): 2,236.4

국고채 3년 금리: 3.7%

유가(Dubai 기준): 60

3. 사업성과

손익분기점 분석 결과: 2021년 112.9%로 동종 평균 84.9% 대비 높음.

사업 Positioning 분석: 이익률 확대형으로 분석되나 규모 확대를 위해 새로운 제품 개발 등으로 제품 수요시장을 넓히는 노력이 요구됨

4. 사업 내용

탄성고무칩을 묶는 칩 바인더를 주로 제조하던 화학제품제조업에서 원료제품인 탄성고무칩의 제조를 추가해 원료인 탄성고무칩를 제조해 2차 제품인 칩 바인더를 최종 제조하는 기업

ChatGPT

비즈니스 모델 캔버스를 작성하기 전에, 제시된 비즈니스의 내용을 요약하겠습니다:

- 기업은 2003년 설립된 우레탄 바닥재 제조업체입니다.
- 2021년 매출액은 9,449백 만 원, 영업이익은 -691백 만 원, 당기순이익은 -575백 만 원입니다.
- 기업은 탄성 고무칩의 제조와 칩 바인더의 제조를 겸하고 있습니다.
- 2021년 손익분기점은 동종 평균보다 높으며, 이익률 확대를 목표로 새로운 제품 개발이 필요합니다.

이 정보를 바탕으로 비즈니스 모델 캔버스를 작성하겠습니다.

구성 요소	설명	분석
고객 세그먼트	기업이 타겟으로 하는 고객 집단	건축업자, 인테리어 디자이너, 상업 및 주거 공간 소유주, 탄성 고무칩을 필요로 하는 다양한 산업 분야

가치제안	고객에게 제공하는 독특한 가치 또는 해결책	고품질의 우레탄 바닥재, 탄성 고무칩 및 칩 바인더의 안정적 공급, 다양한 응용 분야에 적합한 제품
채널	제품이나 서비스를 고객에게 전달하는 방법	직접 영업, 대리점 네트워크, 전시회 참가, 온라인 마케팅 및 웹사이트
고객 관계	고객과의 관계 유지 및 관리 방법	맞춤형 상담, 지속적인 사후 서비스, 고객 피드백을 통한 제품 개선
수익원	수익 창출 방식	우레탄 바닥재 및 탄성 고무칩의 판매, 대량 주문 및 장기 계약을 통한 수익 창출
핵심 활동	비즈니스 모델을 실행하기 위한 주요 활동	고무칩 및 칩 바인더의 제조, 제품 개발, 품질 관리, 마케팅 및 영업 활동
핵심 자원	비즈니스 모델을 지원하는 주요 자원	제조 시설, 장비, 전문 기술 인력, R&D 부서
핵심 파트너십	비즈니스 모델 성공을 위한 외부 파트너	원자재 공급업체, 유통업체, 기술 협력 파트너, 재무적 투자자
비용 구조	비즈니스 운영에 필요한 주요 비용	원자재 및 제조 비용, 연구개발 비용, 마케팅 및 영업 비용, 관리 및 운영 비용

이 비즈니스 모델 캔버스는 회사의 현재 상황과 잠재적인 성장 기회를 이해하고, 경영 전략을 설계하는 데 중요한 기초

4) 신규 사업 기획 프롬프트 (예시)

신규사업 기획 프롬프트는 다음과 기획 내용과 제약조건을 지정하면 챗GPT가 사업기획 초안을 작성해 준다.

 You

최고 수준의 [~~ 서비스] 기획 담당자입니다.
[~~~를 활용한 새로운 서비스] 기획을 고려하고 있습니다.

#제약 조건
- 사용자는 ~~~이며 ~~~~~~하고 싶습니다.
- 사용자가 ~~~~~하도록 유도하는 아이디어가 바람직합니다.
#지시사항
- 독창적이고 아직 아무도 생각해 내지 못한 새로운 서비스 아이디어의 제목을 5개 제시해 주세요.
No repeat, no remarks, only results, in Korean:

위와 같은 프롬프트를 챗GPT에게 지시하면 새로운 서비스 아이디어의 제목 5개를 제시해 주고, 거기서 계속 이어서 사업을 기획안을 발전시킬수 있다.

최근에 만난 칼국수 사리면을 '호화건면' 제조 기술로 만드는 사업기획자의 경우를 예로 들어 프롬프트만으로 사업기획 흐름을 살펴보자.

 You

최고 수준의 [칼국수 사리면] 기획 담당자입니다.
[호화 건면 제조 기술을 이용한 칼국수 사리면] 기획을 고려하고 있습니다.
#제약조건
- 사용자는 프랜차이즈 업체에서 메뉴 개발용으로 활용합니다.
- 사용자가 프랜차이즈 업체에서 다양하게 사용하게 하는 아이디어가 바람직합니다.
#지시 사항
- 독창적이고 아직 아무도 생각해 내지 못한 새로운 서비스 아이디어의 제목을 5개 제시해 주세요.
No repeat, no remarks, only results, in Korean:

 ChatGPT

"호화 건면 레시피 컨설팅 서비스"
"사용자 맞춤형 건면 메뉴 크리에이터"

"칼국수 사리면 프랜차이즈 아이디어 뱅크"

"건면 특화 R&D 파트너쉽 프로그램"

"칼국수 사리면 아이디어 맞춤 제조기술 개발"

5가지 아이디어 제목을 주면 여기서 한 가지를 선택해 추가로 자세한 내용을 물어볼 수 있다.

 You

2번이 좋네요. '사용자 맞춤형 건면 메뉴 크리에이터'에 대한 자세한 내용을 알려 주세요.

 ChatGPT

'사용자 맞춤형 건면 메뉴 크리에이터'는 프랜차이즈 업체가 호화 건면 제조 기술을 활용해 다양하고 창의적인 칼국수 사리면 메뉴를 개발할 수 있도록 도와주는 서비스입니다. 이 서비스는 아래와 같은 주요 특징과 기능을 제공합니다:

1. 메뉴 크리에이션 플랫폼: 사용자는 이 플랫폼을 통해 칼국수 사리면의 다양한 조합 및 재료를 선택해 고유한 메뉴를 만들 수 있습니다. 시각적으로 메뉴 항목을 구성하고 실시간으로 시각화해 확인할 수 있습니다.
2. 식재료 데이터베이스: 다양한 식재료 정보와 레시피가 포함된 데이터베이스를 제공해 사용자가 새로운 아이디어를 찾고 조합할 수 있도록 돕습니다.
3. 건면 제조 기술 조언: 건면 제조 과정에서 발생할 수 있는 기술적인 문제에 대한 조언과 해결책을 제공해 프랜차이즈 업체가 최상의 제품을 만들 수 있도록 지원합니다.
4. 시장 조사 및 경쟁분석: 해당 지역의 시장 동향과 경쟁사의 메뉴 분석을 통해 사용자에게 경쟁우위를 가져갈 수 있는 메뉴 아이디어를 추천합니다.
5. 맞춤형 레시피 개발: 프랜차이즈 업체의 브랜드와 컨셉에 맞게 메뉴를 개발하고, 시장 수요에 부응하는 식재료 및 조리 방법을 제안합니다.
6. 비용 분석과 수익성 평가: 메뉴 개발에 필요한 재료와 비용을 예측하고, 메뉴의 예상 수익성을 평가해 사업에 대한 미래 수익을 예측합니다.

이 서비스를 통해 사용자는 고객들의 입맛을 맞출 수 있는 고유한 칼국수 사리면 메뉴를 개발하고, 브랜드의 차별화 및 경쟁력을 향상시킬 수 있습니다. '사용자 맞춤형 건면 메뉴 크리에이터'는 프랜차이즈 업체들이 건면을 더 다양하게 활용하고 시장에서 성공적으로 경쟁할 수 있도록 지원하는 미래 지향적인 서비스입니다.

조금 엉뚱한 답변을 주는 경우나, 맥락에 맞지 않는 답변이 나오면 반복해서 질문하면 새로운 답변을 주므로 원하는 답이 나올 때까지 질문을 계속해 본다. 물론 다른 아이디어 번호를 선택하면 해당 아이디어 제목에 대한 자세한 내용을 챗GPT가 알려줄 것이다.

이번엔 이 제품(호화 건면)의 기능을 물어본다.

 You

이 호화 건면이 갖고 있는 기능을 나열해 주세요.

 ChatGPT

호화 건면은 혁신적이고 고품질의 칼국수 사리면을 만들기 위해 다양한 기능을 포함하고 있습니다. 아래는 호화 건면의 주요 기능을 나열한 것입니다:

1. 고급 건면 제조 기술: 호화 건면은 최첨단의 건면 제조 기술을 사용해 뛰어난 품질과 맛을 보장합니다.
2. 다양한 메뉴 개발: 프랜차이즈 업체는 호화 건면을 활용해 다양한 칼국수 사리면 메뉴를 개발할 수 있습니다.
3. 맞춤형 레시피 조언: 사용자에게 맞춤형 레시피 조언을 제공해 최상의 맛과 품질을 확보할 수 있도록 도와줍니다.
4. 재료 선택 가이드: 호화 건면은 최적의 식재료 선택을 위한 가이드와 추천을 제공합니다.
5. 비용 효율성 평가: 메뉴 개발 및 제조에 필요한 비용을 예측하고 경제적으로 효율적인 방법을 제안합니다.
6. 제품 품질 관리: 건면 제조 중 품질을 유지하기 위한 관리 지침을 제공해 일관된 제품을 유지합니다.

7. 시장 조사 및 경쟁분석: 현지 시장 동향 및 경쟁사의 활동을 분석해 메뉴 아이디어를 개발하고 경쟁우위를 확보하는 데 도움을 줍니다.
8. 기술 지원 및 교육: 건면 제조 과정에서 발생할 수 있는 기술적인 문제에 대한 지원과 교육을 제공해 사용자가 성공적으로 건면을 만들 수 있도록 돕습니다.
9. 마케팅 및 브랜딩 지원: 칼국수 사리면 브랜드의 마케팅 및 브랜딩에 도움을 주는 아이디어와 지원을 제공합니다.

이러한 기능들은 호화 건면을 사용하는 프랜차이즈 업체가 고객들에게 더 나은 제품을 제공하고 경쟁력을 유지하며 브랜드를 성장시키는 데 도움이 됩니다.

그리고 기본적인 기능 외에 우리 제품이 경쟁사에 비해 경쟁력을 갖추기 위한 추가적 기능을 물어보고, 실제 사업에 적용하는 것을 검토해볼 수 있다.

 You

이 호화 건면에 대해서는 경쟁사와 차별화하기 위해 독창적이고 유니크하거나 또는 진입 장벽이 되는 추가적인 기능을 고려해 주세요

 ChatGPT

경쟁사와 차별화하고 독특한 서비스로 높은 진입 장벽을 가지기 위해 호화 건면에 추가적인 기능을 고려할 수 있습니다. 다음은 그러한 아이디어 중 일부입니다:

1. 건면 맞춤형 식재료 개발: 호화 건면은 프랜차이즈 업체에게 고유한 건면 식재료를 개발할 수 있는 플랫폼을 제공합니다. 이를 통해 사용자는 자체 브랜드에 맞는 독특한 건면 재료를 만들어 차별화된 맛과 경험을 제공할 수 있습니다.
2. 건면 디자인 및 커스터마이징: 사용자는 호화 건면을 통해 고객들에게 맞춤형 건면 디자인을 제공할 수 있습니다. 예를 들어, 건면의 모양, 색상, 무늬를 고객의 요구에 맞게 커스터마이징할 수 있습니다.
3. 건면 브랜드 스토리텔링: 호화 건면은 사용자에게 브랜드 스토리텔링을 개발하고 고객에

게 브랜드와 건면의 유래를 알리는 기능을 제공합니다. 이를 통해 고객과의 강한 연결과 브랜드 신뢰를 구축할 수 있습니다.

4. 건면 맛의 다각화: 호화 건면은 다양한 건면 맛 및 텍스처를 실험하고 개발하는 데 도움을 줍니다. 예를 들어, 고객이 선택할 수 있는 여러 가지 건면 종류와 맛을 제공해 고객들에게 더 많은 옵션을 제공합니다.

5. 건면 효능 및 건강 관련 정보: 호화 건면은 건면의 영양 가치와 건강 이점에 관한 정보를 포함해 고객들에게 건강에 대한 인식을 높이는 기능을 제공합니다.

6. 실시간 건면 맛 평가: 프랜차이즈 업체는 건면을 만들고 판매하는 동안 실시간으로 고객들의 평가와 의견을 수집할 수 있는 기능을 통해 건면 품질을 지속적으로 향상시킬 수 있습니다.

이러한 추가적인 기능들은 경쟁사와 차별화를 이루고, 브랜드를 더욱 유니크하게 만들어 진입 장벽을 높이는 데 도움을 줄 것입니다. 사용자가 이러한 기능들을 효과적으로 활용해 고객들을 더욱 만족시키고 충성도를 높일 수 있을 것입니다.

독창적이고 유니크한 아이디어는 평범한 아이디어는 아니기 때문에 내 사업에 적용이 가능하지 않을 수 있다. 위의 프롬프트도 여러 번 반복하면 만족스러운 답변에 접근한다.

앞의 추가 아이디어 중 1번을 선택해서 비즈니스 계획을 작성시켜 보자.

 You

1번을 선택하십시오. 지금까지의 대화 내용을 기반으로, 이 서비스의 비즈니스 계획을 작성해 주세요.

 ChatGPT

비즈니스 계획
서비스 이름: '건면 맞춤형 식재료 개발 서비스'

1. 비즈니스 개요:
   - 서비스 설명: '건면 맞춤형 식재료 개발 서비스'는 프랜차이즈 업체와 레스토랑들이 고유하고 차별화된 건면 메뉴를 만들기 위한 플랫폼을 제공합니다. 이 서비스는 건면 식재료의 개발, 제조, 및 커스터마이징을 지원해 브랜드의 특색을 부각하고 경쟁우위를 확보할 수 있도록 돕습니다.
   - 시장 분석: 건면 시장은 계속해서 성장하고 있으며, 소비자들이 다양한 맛과 경험을 찾는 추세입니다. 경쟁이 치열한 이 시장에서 프랜차이즈 업체들은 차별화된 메뉴로 경쟁력을 확보해야 합니다.
2. 핵심 서비스:
   - 맞춤형 건면 식재료 개발: 고객들은 호화 건면의 플랫폼을 통해 고유한 건면 식재료를 개발하고 제조할 수 있습니다. 이를 통해 맛과 품질을 조절하며 브랜드의 특색을 부각할 수 있습니다.
   - 건면 식재료 컨설팅: 건면 전문가들이 고객에게 맞춤형 식재료 개발에 대한 조언과 가이드를 제공해 최상의 결과물을 도출할 수 있도록 돕습니다.
   - 커스터마이징 및 디자인: 고객은 건면의 모양, 색상, 무늬 등을 커스터마이징해 브랜드에 맞는 건면을 만들 수 있습니다.
   - 브랜드 스토리텔링: 서비스는 브랜드 스토리텔링을 개발하고 고객들에게 브랜드와 건면의 유래를 알리는 기능을 제공합니다.
3. 수익모델:
   - 사용자는 서비스를 이용하기 위해 월간 라이선스 비용을 지불합니다.
   - 식재료 개발 및 생산에 필요한 원자재 및 장비에 대한 수익을 얻을 수 있습니다.
   - 면 브랜드 컨설팅 및 마케팅 서비스 제공을 통한 추가 수익을 얻을 수 있습니다.
4. 마케팅 전략:
   - 디지털 마케팅: 웹사이트, 소셜 미디어, 및 온라인 광고를 통해 서비스를 홍보하고 고객을 유치합니다.
   - 브랜드 파트너십: 건면 레스토랑과 프랜차이즈와의 협력을 통해 서비스를 홍보하고 수익을 창출합니다.
   - 이벤트 및 전시회 참가: 관련 이벤트와 전시회에 참가해 고객들과 직접 소통하고 서비스를 소개합니다.
5. 경쟁 전략:

- 기술 개발: 지속적인 기술 혁신을 통해 건면 식재료 개발과 관련된 최신 기술을 제공합니다.
- 고객 서비스: 높은 수준의 고객 지원과 서비스를 제공해 고객의 만족도를 유지하고 고객 충성도를 높입니다.
- 브랜드 협력: 다양한 브랜드와 협력해 식재료 개발에 대한 다양한 경험을 공유하고 시너지를 창출합니다.

6. 재무계획:
- 초기 투자: 서비스 개발 및 마케팅을 위한 초기 자금을 확보합니다.
- 수익 예측: 고객 수와 서비스 이용률을 고려해 수익을 예측하고 지속적인 수익성을 유지합니다.
- 비용 관리: 비용을 효율적으로 관리하고 지속적인 운영을 위해 자금을 관리합니다.

이 비즈니스 계획을 통해 '건면 맞춤형 식재료 개발 서비스'는 프랜차이즈 업체와 레스토랑들이 건면 시장에서 차별화된 제품을 제공하고 경쟁력을 확보할 수 있도록 지원할 것입니다.

세부 사업 추진 내용이 부족하지만 대략적인 비즈니스 계획의 틀을 이해하게 된다,

이번엔 사업계획서 작성이 어렵게 느껴지는 비즈니스모델캔버스를 물어보자. 세부적 사업 내용이 확정되면 앞에서 설명한 상세한 비즈니스모델캔버스 프롬프트를 사용하면 좋은데 지금은 세부 사업추진 내용이 확정되지 않아 역시 개략적인 비즈니스모델을 물어보자.

 You

이 새로운 사업을 위한 9블록 비즈니스모델 캔버스를 작성해 주세요.

 ChatGPT

건면 맞춤형 식재료 개발 서비스를 위한 비즈니스모델 캔버스(Business Model Canvas)를 작성하겠습니다.

1. 고객 세그먼트 (Customer Segments):

- 프랜차이즈 건면 레스토랑

- 독립적인 건면 레스토랑

- 음식 메뉴를 개발하고자 하는 브랜드

- 음식 관련 스타트업 및 기업

2. 가치제안 (Value Propositions):

- 맞춤형 건면 식재료 개발 및 생산

- 건면 레시피 컨설팅 및 조언

- 건면 식재료 디자인 및 커스터마이징

- 브랜드 스토리텔링 및 마케팅 지원

- 건면 제조에 필요한 기술 지원

3. 채널 (Channels):

- 온라인 웹사이트 및 플랫폼

- 디지털 마케팅 (소셜 미디어, 검색 엔진 광고)

- 브랜드 파트너십과 협력

- 이벤트 및 전시회 참가

4. 고객 관계 (Customer Relationships):

- 고객 서비스 및 지원

- 건면 레시피 컨설팅과 개발 지원

- 맞춤형 브랜딩 및 마케팅 지원

5. 수익모델 (Revenue Streams):

- 월간 라이선스 비용

- 건면 식재료 개발 및 생산에 대한 수익

- 브랜드 스토리텔링 및 마케팅 서비스 수익

- 건면 관련 장비 및 소재 판매

6. 핵심 자원 (Key Resources):

- 건면 제조 및 개발 플랫폼

- 건면 전문가 및 식재료 연구소

- 디지털 마케팅 및 웹사이트 인프라

- 브랜드 컨설팅 및 디자인 역량

7. 핵심 활동 (Key Activities):
- 건면 식재료 개발 및 생산
- 건면 레시피 컨설팅 및 조언 제공
- 웹사이트 및 플랫폼 운영
- 디지털 마케팅 및 브랜드 스토리텔링
- 기술 지원 및 교육 제공

8. 파트너 (Key Partners):
- 건면 레스토랑과 프랜차이즈
- 식품 공급업체
- 음식 관련 브랜드 및 기업
- 이벤트 및 전시회 주최자

9. 비용 구조 (Cost Structure):
- 건면 식재료 개발 및 생산 비용
- 인프라 및 웹사이트 운영비용
- 디지털 마케팅 및 광고 비용
- 건면 전문가 및 직원 급여
- 연구 및 개발 비용

이 비즈니스 모델 캔버스를 통해 건면 맞춤형 식재료 개발 서비스의 핵심 구성 요소와 전략을 시각화하고, 비즈니스를 효율적으로 운영하고 발전시킬 수 있을 것입니다.

이상의 개략적 비즈니스모델로도 사업기획 시 놓친 부분을 생각하게 해주므로 유용하다. 이와 같은 비즈니스모델의 연장선에서 챗GPT에게 예산(자금계획)을 물어 볼 수 있다. 챗GPT는 영어 기반 생성형 AI라 달러($) 단위로 예산을 설명해 줄 수 있으므로, 한국 원화(₩)로 작성해달라고 하면 된다.

 You

본 서비스의 시작으로부터 5년 동안의 자금계획을 세워주세요. 화폐는 한국 원화로 작성해주세요.

ChatGPT

건면 맞춤형 식재료 개발 서비스의 5년 동안의 자금계획은 다음과 같이 설정될 수 있습니다. 이 자금계획은 초기 투자와 예상 수익을 기반으로 하며, 매년의 예상 비용과 수익을 고려합니다.

1년차 (2024):
- 초기 투자: 2억 원 (서비스 개발, 웹사이트 및 마케팅 인프라 구축, 건면 전문가 고용)
- 운영비용: 1억 원 (인건비, 마케팅 비용, 인프라 유지보수)
- 예상 수익: 5000만 원 (첫해는 서비스 홍보 및 이용자 확보에 집중)

2년차 (2025):
- 운영비용: 1억 2000만 원 (인건비 상승, 디지털 마케팅 강화)
- 예상 수익: 2억 원 (고객 기반 확장으로 수익 증가)

3년차 (2026):
- 운영비용: 1억 5,000만 원 (더 많은 고객 서비스, 기술 개발에 투자)
- 예상 수익: 4억 원 (고객 수 및 서비스 다양성 증가)

4년차 (2027):
- 운영비용: 1억 8,000만 원 (인력 확대 및 디지털 마케팅 증강)
- 예상 수익: 7억 원 (지속적인 고객 확보로 수익 상승)

5년차 (2028):
- 운영비용: 2억 원 (서비스 확장과 기술 업그레이드)
- 예상 수익: 10억 원 (고객수 및 시장 점유율 증가)

자금계획은 서비스의 성장과 함께 조정될 수 있으며, 수익 증가 및 운영 효율화를 통해 자금 확보와 지속적인 투자를 지원할 것입니다.

1년 차 투자 비용을 2억 5,000만 원(초기 투자 2억 원 + 운영비용 1억 원 - 예상 수익 5,000만 원)으로 예상해 주었는데, 챗GPT의 수리적 추론은 불완전한 경우가 많으므로 회계전문가와 상의해 추정 매출액을 기반으로 다시 한번 추정해 보기 바란다.

그리고 1년 차 예산(예, 창업 후 10개월간 8,000만 원 범위)을 더 적게 해서 시뮬레이션해 보려면 다음과 같은 추가 질문을 해도 된다. 창업 지원사업에서 지원해 주는 사업비 명목으로 제한해 예산을 문의해 보자.

 You

위의 예산 중에서 창업후 10개월간의 예산을 8,000만 원 범위에서 작성해 주세요. 단, 재료비, 외주 용역비, 기계장치 (공구·기구, 비품, SW 등), 특허권 등 무형자산 취득비, 인건비, 지급 수수료, 여비, 교육훈련비, 광고선전비 비목으로 작성해 주세요.

 ChatGPT

건면 맞춤형 식재료 개발 서비스의 창업 후 10개월간의 예산을 8,000만 원 범위 내에서 작성하겠습니다. 다음은 해당 기간의 예산 예측입니다.

창업 후 10개월 예산 (2024년):

1. 재료비: 1,000만 원
2. 외주 용역비: 1,500만 원
3. 기계장치 (공구·기구, 비품, SW 등) 구입비용: 1,200만 원
4. 특허권 등 무형자산 취득비: 300만 원
5. 인건비: 2,000만 원
6. 지급 수수료: 800만 원
7. 여비: 500만 원
8. 교육훈련비: 200만 원
9. 광고선전비: 600만 원

총예산: 8,000만 원

위의 예산 예측은 서비스 초기에 필요한 주요 비용 요소를 고려하며, 초기 투자 및 운영을 지원하기 위한 예산 범위 내에서 제작됐습니다. 이러한 예산을 토대로 서비스를 시작하고 성장할 수 있을 것입니다.

위 답변도 총예산이 8,000만 원을 넘는데, 챗GPT3.5는 그걸 모르네요. 결론적으로 사업계획 시 예산 등 챗GPT3.5의 수리적 추론은 꼭 재검토해 봐야 한다.

내친김에 간단한 프롬프트로 사업계획서를 작성해 보자. 아직은 사업추진 정보를 충분히 담지 못했지만, 사업계획서를 어떻게 작성해야 할지 모르는 초보 창업자에겐 형식과 채워야 할 항목 등 사업계획서 예시를 미리 익히는 데 도움이 될 것이다.

 You

이 서비스에 대해, 은행 대출 담당자에게 제출할 사업계획서를 작성해 주세요

 ChatGPT

사업계획서는 비즈니스 아이디어와 자금 요청을 상세하게 설명하고, 금융기관의 대출 심사에 필요한 정보를 제공하는 문서입니다. 아래는 건면 맞춤형 식재료 개발 서비스에 대한 은행 대출 신청을 위한 사업계획서 예시입니다. 이 예시를 참고해 실제 정보와 상황에 맞게 조정하실 수 있습니다.

사업계획서
1. 비즈니스 개요:
 • 비즈니스 명칭: 건면 맞춤형 식재료 개발 서비스
 • 업종: 식품 및 식재료 개발
 • 사업 목적: 창업 및 서비스 확장을 위한 자금 지원 요청
 • 주소: [회사 주소]
2. 비즈니스 설명:
 • 비즈니스모델: 건면 맞춤형 식재료 개발 및 공급 서비스
 • 고객 대상: 프랜차이즈 레스토랑, 독립적인 레스토랑, 브랜드 및 기업
 • 가치제안: 고유한 건면 식재료 개발, 레시피 컨설팅, 브랜드 스토리텔링, 기술 지원
 • 시장 성장: 건면 시장은 지속적으로 성장하고 있으며, 미래에도 높은 성장 가능성을 갖고 있습니다.

3. 자금 요청:
- 대출 금액: [대출금액] 원
- 대출 목적: 초기 투자, 운영 자금, 마케팅 및 브랜딩
- 대출 상환 계획: 매월 고정 상환금액으로 [대출 기간] 개월 동안 상환

4. 재무계획:
- 예상 수익: 상세한 예산과 수익모델에 따라 다양합니다. (참고: 이 사업계획서에 이미 제공된 예산 예측을 포함)
- 예상 비용: 초기 투자, 운영비용 및 마케팅 비용 (참고: 이 사업계획서에 이미 제공된 예산 예측을 포함)

5. 대출 상환 능력:
- 수익성 분석: 예상 수익과 비용을 토대로 월별 및 연간 이익을 계산
- 대출 상환 능력: 예상 이익을 기반으로 매월 상환가능한 금액 계산

6. 경쟁 및 시장 분석:
- 시장 세그먼트 및 경쟁자 분석
- 경쟁 우위를 위한 전략: 기술 개발, 브랜딩, 고객 서비스 향상

7. 리스크 및 대응책:
- 주요 리스크 요소: 시장 경쟁, 식재료 가격 변동, 기술 문제
- 리스크 대응책: 다양한 고객 대상 확보, 식재료 공급업체 다변화, 기술적인 지원 및 교육 강화

8. 대출 보증 및 담보:
- 대출 보증: [대출 보증 협회 또는 단체명]
- 담보 제공: [대출 담보, 예를 들어 부동산 또는 장비]

9. 창업자 정보:
- 대출 신청인: [창업자 이름]
- 연락처: [연락처 정보]
- 경력 및 업종 경험: [창업자의 학력, 경력, 관련 경험]

이 사업계획서는 은행 대출 심사를 위한 기본적인 정보와 비즈니스 개요를 제공합니다. 실제 신청서에는 필요한 문서와 추가 정보를 포함해야 합니다. 은행 대출 심사를 위해서는 해당 은행의 요구사항과 절차를 준수해야 합니다.

위의 사업계획서에 [　]안에 해당하는 내용과 추가적인 내용을 보충하면 초보 창업자의 첫 사업계획서로서는 충분할 것이다. 이렇게 사업계획서 내용까지 정리한다면 이 서비스의 캐치프레이즈, 서비스 이름 등도 다음과 같이 간단한 프롬프트 질문으로 후보안을 받을 수 있다.

 You

이 서비스에 대한 5가지 캐치프레이즈를 생각해 주세요.
No repeat, no remarks, only results, in korean:

 ChatGPT

1. "고유한 건면 맛을 여기서 시작하세요."
2. "맞춤형 건면 식재료, 당신의 브랜드를 부각하세요."
3. "건면의 미래, 우리와 함께하세요."
4. "맛을 창조하고 브랜드를 성장시키는 파트너."
5. "맛과 차별화를 위한 건면 혁신의 시작."

 You

이 서비스의 이름에 대해 5가지 후보를 생각해 보세요.
No repeat, no remarks, only results, in korean:

 ChatGPT

1. "맛창조건면"
2. "건면 마에스트로"
3. "플렉시블 건면"
4. "커스텀 건면 코너"
5. "맞춤형 건면 디자이너"

그리고 프롬프트를 통해 이 서비스를 공개할 때의 보도자료도 미리 작성해 볼 수 있다.

You

이 서비스를 공개할 때의 보도자료를 작성해 주세요.
No repeat, no remarks, only results, in korean:

 ChatGPT

[보도자료]

새로운 혁신적인 서비스 '맛창조건면' 출시

[날짜]
[도시, 국가] - 오늘, "맛창조건면"은 건면 시장을 혁신하고 고객들에게 새로운 식품 경험을 제공하기 위해 공식적으로 출시됐습니다. 이 서비스는 건면 맞춤형 식재료 개발 및 제조를 지원하며 브랜드와 레스토랑의 차별화된 메뉴 개발을 돕는 플랫폼입니다.

"맛창조건면"은 프랜차이즈 레스토랑, 독립적인 레스토랑, 그리고 브랜드와 기업들을 위한 혁신적인 서비스로, 건면 메뉴의 차별화와 개성화를 위한 솔루션을 제공합니다. 이 서비스를 통해 고객들은 고유한 건면 식재료를 개발하고 제조하며, 레스토랑의 브랜드를 강화하고 고객들에게 더 많은 다양한 맛과 경험을 제공할 수 있습니다.

"맛창조건면"의 주요 기능에는 맞춤형 건면 식재료 개발, 레시피 컨설팅, 건면 디자인 커스터마이징, 브랜드 스토리텔링 및 기술 지원이 포함돼 있습니다. 또한, 고객 서비스 및 고객 만족도 향상을 위해 최선을 다하고 있습니다.
"맛창조건면" 팀은 고객들과의 강력한 협력을 기대하며 레스토랑과 브랜드가 미래의 건면 시장에서 성공을 이룰 수 있도록 지원하겠습니다.

자세한 정보 및 문의:
[회사 이름][연락처 정보][웹사이트 주소]
#맛창조건면 #건면 #식품혁신 #맛의창조

5. 챗GPT로 정부 지원사업 사업계획서 쓰기

자, 그럼 지금부터 챗GPT를 활용한 정부지원 사업계획서 작성에 대해 하나씩 알아보도록 하겠다. 정부지원 사업계획서는 앞에서 설명한 바와 같이 공고된 한글 문서(hwp 또는 doc) 양식을 다운받아 작성해야 한다.

따라서 챗GPT가 임의로 생성하는 목차로 사업계획서를 작성하면 지원사업에 접수해도 제출 양식이 맞지 않아 합격의 기회가 날아가 버린다.

1) 예비창업패키지 사업계획서 초안 잡기

예비창업패키지는 혁신적인 기술창업 아이디어를 보유한 예비 창업자의 창업 사업화 준비 단계를 지원해 성공적인 창업시장 안착 유도하는 창업 지원사업이다. 공고일 기준 사업자(개인, 법인) 등록 및 법인 설립등기를 하지 않은 예비 창업자를 대상으로 사업화 자금, 창업프로그램, 전담·전문 멘토링 등을 지원해 준다.

[그림5] 예비창업패키지 예비 창업자 모집 공고

처음 혹은 새로 창업하는 창업자에게 시제품 제작, 마케팅, 지식재산권 출원·등록 등에 소요 되는 사업화 자금 최대 1억 원(평균 0.5억 원) 지원하는 게 핵심이어서 많은 예비 창업자 가 원하는 지원사업이다.

막상 사업자 등록을 하고 나면 신청할 수 없는 지원사업이어서 예비 창업자 간 경쟁이 치 열하기도 하고 오래 준비해 창업지원을 신청하는 경우도 많다. 이런 예비창업패키지 지원 사업 사업계획서를 성공적으로 작성하려면 우선 공고문과 사업계획서 양식을 꼼꼼히 살펴 야 한다.

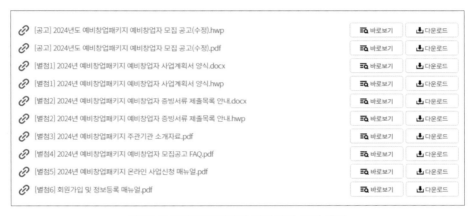

[그림6] 예비창업패키지 지원사업 모집 공고

예비창업패키지 예비 창업자 사업계획서는 P–S–S–T 방식으로 그 목차와 구성 내용은 다음과 같다. 이전에 챗GPT로 작성한 사업계획서와는 목차가 확연히 다름을 알 수 있다. 특히 예비 창업자 사업계획서는 아직 아이디어를 구체적 제품이나 서비스로 구체화하기 이 전 단계이므로 사업계획서의 목차 중에 1. 문제 인식(Problem) 2. 실현 가능성(Solution) 항 목이 집중적으로 평가를 받는다.

※ 사업 신청 시, 사업계획서 작성 목차 페이지(p.1)는 삭제해 제출

창업사업화 지원사업 사업계획서 작성 목차 (예비단계)

항목	세부항목
□ 신청현황	– 사업 관련 상세 신청 현황
□ 일반현황	– 대표자 및 팀원 등 일반현황
□ 개요(요약)	– 창업아이템 명칭·범주 및 소개, 문제인식, 실현 가능성, 성장전략, 팀 구성 요약

1. 문제 인식 (Problem)	1-1. 창업 아이템 배경 및 필요성 – 아이디어를 제품·서비스로 개발 또는 구체화하게 된 내부적·외부적 동기, 목적 등 – 아이디어를 제품·서비스로 개발 또는 구체화 필요성, 주요 문제점 및 해결 방안 등 – 내·외부적 동기, 필요성 등에 따라 도출된 제품·서비스의 혁신성, 유망성 등 1-2. 창업 아이템 목표시장(고객) 현황분석 – 제품·서비스로 개발/구체화 배경 및 필요성에 따라 정의된 목표시장(고객) 설정 – 정의된 목표시장(고객) 규모, 경쟁 강도, 기타 특성 등 주요 현황
2. 실현 가능성 (Solution)	2-1. 창업 아이템 현황 (준비 정도) – 사업 신청 시점의 제품·서비스 개발 또는 구체화 준비 이력, 단계(현황) 등 2-2. 창업 아이템 실현 및 구체화 방안 – 제품·서비스에 대한 개발 또는 구체화 방안 등 – 보유 역량 기반, 경쟁사 대비 제품·서비스 차별성 등
3. 성장전략 (Scale-up)	3-1. 창업 아이템 비즈니스모델 – 제품·서비스의 수익화를 위한 수익모델 (비즈니스모델) 등 3-2. 창업 아이템 사업화 추진 전략 – 정의 된 목표시장(고객) 확보 전략 및 수익화(사업화) 전략 – 협약 기간 내 사업화 성과 창출 목표 (매출, 투자, 고용 등) – 목표시장(고객)에 진출하기 위한 구체적인 생산·출시 방안 등 – 협약기간 종료 후 사업 지속을 위한 전략 (생존율 제고 전략) 등 3-3. 사업추진 일정 및 자금 운용 계획 – 전체 사업단계 및 협약 기간 내 목표와 이를 달성하기 위한 상세 추진 일정 등 – 사업추진에 필요한 정부지원 사업비 집행계획 등 – 정부 지원사업비 외 투자유치 등 구체적인 계획 및 전략

4. 팀 구성 (Team)	4-1. 대표자(팀) 구성 및 보유 역량 - 대표자(팀원)가 보유하고 있는 창업 아이템 개발/구체화 및 성과 창출 역량 등 - 업무파트너(협력기업) 현황 및 역량, 세부 활용 방안 등
	4-2. 중장기 사회적 가치 도입계획 - 지속 가능한 기업 경영을 위한 사회적 가치 실천 도입 노력 등 - 기업설립 시 사회적 책임, 선진적 조직문화, 환경보호 등 도입 노력 등

[표7] 창업사업화 지원사업 사업계획서 작성 목차 (예비단계)

또한 사업계획서 양식엔 각 목차 항목별로 작성 주의 사항이 파란색으로 입력돼 있는데 이런 부분을 감안 해 사업계획서를 작성해야 좋은 평가를 받을 수 있다.

1. 문제인식 (Problem)

1-1. 창업아이템 배경 및 필요성

※ 창업아이템(제품·서비스) 개발·구체화 배경과 이를 뒷받침할 근거, 동기 등을 제시
①외부적 배경 및 동기(예 : 사회·경제·기술적 관점, 국내·외 시장의 문제점·기회 등),
②내부적 배경 및 동기(예 : 대표자 경험, 가치관, 비전 등의 관점)
※ 배경에서 발견한 문제점과 해결방안, 필요성, 제품·서비스를 개발·구체화하려는 목적 기재

○

-

-

[그림7] 사업계획서 목차 항목별 작성 주의 사항(파란색)

그렇다면 챗GPT를 통해 이런 목차의 사업계획서를 작성하려면 어떤 프롬프트를 사용해야 할까? 챗GPT에게 창업 지원사업 사업계획서처럼 P-S-S-T 방식의 목차를 가진 사업계획서 작성을 위한 프롬프트를 질문했더니 다음과 같이 답변했다.

You

쳇GPT야, 너는 기업에서 많은 사업기획 컨설팅, 사업계획서 작성한 경험이 있고 한국의 정부지원 사업계획서를 1,000개 이상 작성한 전문가야. 단계별로 생각해서 아래와 같은 목차의 사업계획서를 작성하려면 어떤 프롬프트를 사용해야 하나요?

1. 문제 인식(Problem)
1-1. 창업 아이템 배경 및 필요성 - 제품·서비스를 개발/개선하게 된 내부적, 외부적 동기 등 - 제품·서비스 개발/개선의 필요성과 문제점에 대한 해결 방안, 개발/개선 목적 등 - 내·외부적 동기, 필요성 등에 따라 도출된 제품·서비스의 유망성(성장 가능성)
1-2. 창업 아이템 목표시장(고객) 설정 및 요구사항 분석 - 제품·서비스 개발(개선) 배경 및 필요성에 따라 정의된 목표시장(고객) 설정 - 정의된 목표시장(고객) 규모, 경쟁 강도, 기타 특성 등 주요 현황 - 정의된 목표시장(고객) 요구사항에 대한 조사·분석 결과 및 객관적 근거 등
2. 실현 가능성(Solution)
2-1. 창업 아이템의 개발/개선 준비 현황 - 사업 신청 시점의 제품·서비스의 개발 단계(현황) 등 - 사업 신청 시점의 실적 및 성과, 목표시장(고객) 반응 등
2-2. 창업 아이템의 실현(개선/개발) 및 구체화 방안 - 제품·서비스에 대한 개발·개선 방안 등 - 목표시장(고객)의 요구사항 분석(문제점)에 대한 개선/대응 방안 등 - 보유 역량 기반 경쟁사 대비 제품·서비스 차별성, 경쟁력 확보 방안 등
3. 성장전략(Scale-up)
3-1. 창업 아이템의 비즈니스모델 및 사업화 추진성과 - 제품·서비스의 수익 창출을 위한 비즈니스모델 등 - 정의된 목표시장(고객) 진입 현황 및 사업화 실적 및 성과(매출, 투자, 고용) 등
3-2. 창업 아이템 시장진입 등 사업화 전략 - 정의된 목표시장(고객) 내 입지, 고객 확보 전략 및 수익화(사업화 전략) - 협약 기간 내 사업화 성과 창출 목표(매출, 투자, 고용 등) - 협약 종료 후 시장진입을 통한 성과 창출 전략 등
3-3. 사업추진 일정 및 자금 운용 계획 - 전체 사업단계 및 협약 기간 내 목표와 이를 달성하기 위한 상세 추진 일정 등 - 사업추진에 필요한 정부지원금/본인부담금(대응 자금) 집행계획 등 - 정부지원금 외 본인부담금(대응 자금), 투자유치 등 구체적인 계획 및 전략
4. 기업 구성(Team)
4-1. 기업구성 및 보유 역량 - 대표자가 보유하고 있는 창업 아이템 실현(구체화) 및 성과 창

출 역량 등 - 기업의 창업 아이템 관련 역량, 재직 인력 현황 및 추가 인력 고용계획 등 - 업무 파트너(협력기업)의 현황 및 역량, 활용 방안 등
4-2. 중장기적 ESG 경영 도입계획 - 지속가능한 기업 경영을 위한 환경, 사회, 지배구조 (ESG) 경영 도입계획 등 - 기업 경영 시 사회적 책임, 조직문화, 환경보호 등 세부 도입 노력 등

 ChatGPT

사업계획서를 작성하기 위한 프롬프트를 아래와 같이 나누어 드릴 수 있습니다.
각 단계별로 프롬프트를 사용해 사업계획서를 작성할 수 있습니다.

1. 문제 인식 (Problem)
1-1. 창업아이템 배경 및 필요성
• "창업 아이템의 배경 및 필요성에 대해 설명해 주세요."
• "내부적, 외부적 동기로 인해 이 아이템을 개발하게 된 이유는 무엇인가요?"
1-2. 창업아이템 목표시장(고객) 설정 및 요구사항 분석
• "목표시장(고객)을 설정하고 그에 대한 요구사항을 분석해 주세요."
• "목표시장(고객)의 규모와 특성을 설명하고, 요구사항에 대한 조사 결과를 기술해 주세요."

2. 실현 가능성 (Solution)
2-1. 창업 아이템의 개발/개선 준비 현황
• "창업 아이템의 개발/개선 준비 현황을 설명하세요."
• "사업 신청 시점의 제품/서비스 개발 단계와 성과에 대해 어떤 정보가 있나요?"
2-2. 창업 아이템의 실현(개선/개발) 및 구체화 방안
• "창업 아이템의 개발 또는 개선 방안을 자세히 설명하세요."
• "목표시장(고객)의 요구사항에 대한 개선 및 대응 방안에 대해 어떤 계획이 있나요?"

3. 성장전략 (Scale-up)
3-1. 창업 아이템의 비즈니스모델 및 사업화 추진성과
• "비즈니스모델과 사업화 추진 성과를 소개하세요."

- "목표시장 진입 현황과 사업화 실적에 대한 정보를 제공해 주세요."

3-2. 창업아이템 시장 진입 등 사업화 전략
- "목표시장 진입 및 사업화 전략을 상세히 기술하세요."
- "사업화 성과 창출을 위한 전략과 목표를 설명해 주세요."

3-3. 사업추진 일정 및 자금 운용 계획
- "사업추진 일정과 자금 운용 계획을 설명하세요."
- "사업을 추진하기 위한 자금 조달 계획과 전략을 어떻게 구체화하고 있나요?"

4. 기업구성 (Team)

4-1. 기업구성 및 보유 역량
- "기업의 구성과 보유 역량을 소개하세요."
- "창업 아이템 관련 역량과 재직 인력 현황에 대한 정보를 제공해 주세요."

4-2. 중장기적 ESG 경영 도입계획
- "ESG 경영 도입 계획과 지속 가능한 경영을 위한 노력을 설명하세요."
- "사회적 책임, 조직문화, 환경보호 등을 어떻게 고려하고 있는지에 대해 설명해 주세요."

이러한 프롬프트를 활용해 각 섹션별로 자세한 내용을 작성하면 사업계획서를 구체적으로 작성할 수 있을 것입니다. 필요한 정보와 아이디어를 추가해 보다 완성도 높은 사업계획서를 작성하세요.

챗GPT가 제안하는 프롬프트는 각각의 항목에 관해 물어보라는 것인데 챗GPT 대화를 이어가다 보면 맥락이 꼬여서 새 창을 여는 경우가 많아서 쉽게 챗GPT의 답변대로 프롬프트를 쓸 수가 없다.

우선 예비창업패키지 사업계획서의 목차와 간단한 맥락을 설명하는 입력문으로 예비창업패키지 사업계획서 개요를 작성해 보자.

사업계획서는 금속공예 전공, 마케팅을 복수 전공한 대표자가 20대·30대 도시 거주 전문직 미혼 여성과 40대·50대 중산층 주부를 대상으로 7만 원 이상 15만 원 가격대 파인주얼리 제품 온라인 쇼핑몰을 창업하는 것으로 한다.

You

명령어:
당신은 [사업계획서 작성 전문가]입니다.
아래의 제약조건과 입력된 문장을 바탕으로 [P-S-S-T방식 사업계획서]를 출력하세요.

제약조건:
- 새로운 마케팅 전략적 방향 제시
- 효과를 기대할 수 있는 방법을 제시한다.
- 목차는 문제 인식(Problem), 실현 가능성(Solution), 성장전략(Scale-Up), 팀 구성 (Team) 순서로 출력
- 문제 인식(Problem)은 1-1. 창업 아이템 배경 및 필요성, 1-2. 목표시장(고객) 현황분석 을 포함
- 실현 가능성(Solution)은 2-1. 창업 아이템 현황(준비 정도), 2-2. 창업 아이템 실현 및 구 체화 방안을 포함
- 성장전략(Scale-Up)은 3-1. 창업 아이템 사업화 추진 전략, 3-2. 생존율 제고를 위한 노 력, 3-3. 사업추진 일정 및 자금 운용 계획을 포함
- 팀 구성(Team)은 4-1. 대표자(팀) 현황 및 보유 역량, 4-2. 외부 협력 현황 및 활용 계획, 4-3. 중장기 사회적 가치 도입계획을 포함
- 문장을 간결하게 알기 쉽게

입력문:
나는 대학에서 금속공예 전공, 마케팅을 복수전공 했고, 현재 자본금 8,000만 원을 준비해 서 1년 안에 진행할 사업계획을 작성하고자 합니다. 나의 대상 고객은 대한민국 서울특별시 종로구에서 20대·30대 도시 거주 전문직 미혼 여성과 40대·50대 중산층 주부이며, 7만 원 이상 15만 원대 파인주얼리 제품을 온라인 쇼핑몰을 기반으로 판매하는 사업을 창업하려 합니다.

출력문:

 **ChatGPT**

[P-S-S-T 방식 사업계획서]

문제 인식 (Problem)

1-1. 창업 아이템 배경 및 필요성

저는 금속공예와 마케팅 전공을 바탕으로 8,000만 원의 자본을 보유하고 있으며, 1년 내에 사업을 시작하고자 합니다. 대상 고객은 서울특별시 종로구에 거주하는 20대·30대의 전문직 미혼 여성과 40대·50대 중산층 주부로 구성됩니다. 이 고객층을 대상으로 7만 원이상 15만 원 대의 파인주얼리 제품을 온라인 쇼핑몰을 통해 판매할 필요성을 인식하고 있습니다.

1-2. 목표시장(고객) 현황분석

저희 목표 시장은 서울특별시 종로구에 거주하는 고소득 미혼 여성과 중산층 주부로 이루어져 있습니다. 이들은 고품질의 주얼리 제품에 관심이 있으며, 온라인 쇼핑에 익숙합니다. 현재 이 고객층에게 충분한 선택지와 만족스러운 서비스가 제공되지 않고 있으므로, 이 문제에 대한 해결책을 제시하고자 합니다.

실현 가능성 (Solution)

2-1. 창업 아이템 현황(준비 정도)

금속공예와 마케팅 전공을 통해 필요한 기술과 지식을 보유하고 있으며, 8,000만 원의 자본을 확보했습니다. 또한, 목표 고객층을 정확하게 파악하고 있으며, 파인주얼리 제품을 온라인으로 판매할 수 있는 고민과 아이디어를 갖고 있습니다.

2-2. 창업 아이템 실현 및 구체화 방안

우리의 창업 아이템은 고품질의 파인주얼리 제품을 서울특별시 종로구의 고소득 미혼 여성과 중산층 주부에게 온라인 쇼핑몰을 통해 판매하는 것입니다. 이를 위해 우수한 디자인과 품질, 웹사이트 및 SNS 마케팅 전략, 안전한 결제 시스템을 구현할 계획입니다.

성장전략 (Scale-Up)

3-1. 창업 아이템 사업화 추진 전략

우리의 사업화 전략은 온라인 마케팅을 통해 목표 고객을 유치하고, 고품질 제품과 웹사이트의 편리한 이용 경험을 제공하는 것입니다. 또한, 고객 피드백을 수용해 제품과 서비스를 개선할 것입니다.

3-2. 생존율 제고를 위한 노력

고객 만족도를 최우선으로 두며, 지속적인 품질 향상 및 고객 서비스 개선을 통해 고객의 신뢰를 유지하고자 합니다. 또한, 재무 건전성을 유지해 급격한 자금 위험을 방지할 것입니다.

3-3. 사업추진 일정 및 자금 운용 계획

사업을 1년 내에 시작하고, 초기 자금으로 제품 제작과 마케팅 활동을 진행할 예정입니다. 이후 수익을 재투자해 성장을 꾀할 것입니다.

팀 구성 (Team)

4-1. 대표자(팀) 현황 및 보유 역량

저는 금속공예와 마케팅 전공을 통해 창업에 필요한 기술과 지식을 보유하고 있습니다. 또한, 자본금을 충분히 확보하고 있어 사업을 시작할 자금적 지원도 가능합니다.

4-2. 외부 협력 현황 및 활용 계획

우리는 디자이너와 제조업체와의 협력을 통해 고품질 제품을 생산할 것입니다. 또한, 마케팅 및 웹사이트 개발을 위해 전문가들과 협력할 계획입니다.

4-3. 중장기 사회적 가치 도입계획

우리는 지속 가능한 제품 생산과 소비를 촉진하고, 지역 경제에 기여 해 사회적 가치를 창출할 것입니다.

이와 같이, 제약조건에 따라 P-S-S-T 방식으로 사업계획서를 작성했습니다.

예비창업패키지 지원사업 사업계획서 양식을 보고 어떻게 작성해야 할지 막막했던 분이라면 어떤 흐름으로 사업계획서가 전개되는지 감각이 생길 것이다.

위와 같은 간단한 프롬프트만으로 1,000자 이상의 사업계획서 뼈대가 나왔으므로 입력문에 사업계획 내용을 구체적으로 최대한 많이 정리한다면, 챗GPT가 작성해 주는 사업계획서는 더 풍성해질 것이다. 또한 이러한 목차와 뼈대를 바탕으로 본인의 사업 추진계획에 따라 살붙이기를 한다면 좋은 사업계획서가 나올 것이다.

개별 목차별로 챗GPT에서 사업계획서를 작성하게 하는 것은 다음 초기창업패키지 사업
계획서로 진행해 본다.

2) 초기창업패키지 사업계획서 초안 잡기

우리나라 중소기업창업지원법은 중소기업을 창업해 사업을 개시한 날부터 7년이 지나지
아니한 기업(법인과 개인사업자를 포함)을 창업기업으로 정의해 지원하는데, 그중에서도 '창업
해 사업을 개시한 날부터 3년이 지나지 아니한 창업기업'은 '초기창업기업'으로 별도 정의
하고 있다.

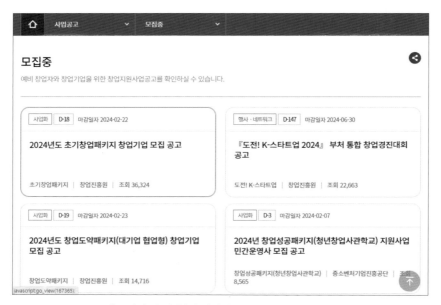

[그림8] 초기 창업패키지 창업기업 모집 공고

초기 창업패키지 지원사업은 유망 창업 아이템·기술을 보유한 초기창업기업(창업 3년 이
내)의 사업화 지원을 통해 안정적인 시장진입 및 성장 도모하려는 것으로 업력 3년 이내 초
기창업기업을 지원대상으로 한다. 역시 주요 지원 내용은 사업화 자금과 창업지원 프로그
램인데, 사업화 자금은 시제품 제작, 마케팅, 지식재산권 출원·등록 등에 소요되는 사업화
자금 최대 1억 원(평균 0.7억 원)을 지원한다.

2022년까지는 예비창업패키지 사업계획서보다 초기창업패키지 사업계획서의 분량이 좀 더 많았는데, 2023년부터는 각 사업계획서의 분량이 통일되고 목차에서 기업의 성장단계에 맞는 항목으로 변경됐다. 따라서 초기창업패키지 지원사업 사업계획서도 성공적으로 작성하려면 우선 공고문과 사업계획서 양식을 꼼꼼히 살펴야 한다.

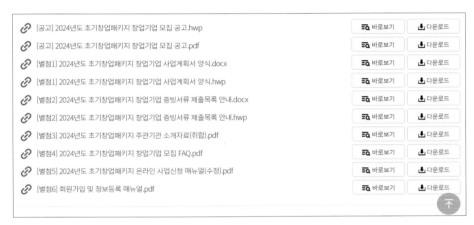

[그림9] 초기 창업패키지 창업기업 모집 공고

초기창업패키지 초기 창업자 사업계획서는 예비 창업자 사업계획서와 같은 P-S-S-T 방식이지만 세부 목차가 조금 다르다. 기본적으로 예비 창업기업에 비해 실질적 제품서비스가 개발되고 시장에 진입이 이뤄지는 단계이므로 사업계획서 목차 중 2. 실현 가능성(Solution) 3. 성장전략(Scale-up)에 대한 집중 평가가 이뤄진다.

창업사업화 지원사업 사업계획서 작성 목차 (초기단계)

항목	세부항목
□ 신청현황	– 사업 관련 상세 신청 현황
□ 일반현황	– 대표자 및 창업기업 일반현황
□ 개요(요약)	– 창업 아이템의 명칭·범주 및 소개, 문제 인식, 실현 가능성, 성장전략, 기업구성 요약
1. 문제인식 (Problem)	1-1. 창업 아이템 배경 및 필요성 – 제품·서비스를 개발/개선하게 된 내부적·외부적 동기, 목적 등 – 제품·서비스 개발/개선의 필요성, 주요 문제점 및 해결 방안 등 – 내·외부적 동기, 필요성 등에 따라 도출된 제품·서비스의 유망성, 성장 가능성 1-2. 창업 아이템 목표시장(고객) 현황분석 – 제품·서비스 개발/개선 배경 및 필요성에 따라 정의된 목표시장(고객) 설정 – 정의된 목표시장(고객) 규모, 경쟁 강도, 기타 특성 등 주요 현황 – 정의된 목표시장(고객) 요구사항에 대한 조사·분석 결과 및 객관적 근거 등
2. 실현 가능성 (Solution)	2-1. 창업 아이템 현황 (준비 정도) – 사업 신청 시점의 제품·서비스의 개발/개선 단계(현황) 등 – 사업 신청 시점의 실적 및 성과, 목표시장(고객) 반응 등 2-2. 창업 아이템의 실현 및 구체화 방안 – 제품·서비스에 대한 개발/개선 방안 등 – 목표시장(고객)의 요구사항 분석(문제점)에 대한 개선 및 대응 방안 등 – 보유 역량 기반, 경쟁사 대비 제품·서비스 차별성 및 경쟁력 확보 방안 등

3. 성장전략 **(Scale-up)**	**3-1. 창업 아이템의 비즈니스 모델 및 사업화 추진성과** – 제품·서비스의 수익화를 위한 수익모델 (비즈니스모델) 등 – 정의된 목표시장(고객) 진입 현황 및 사업화 추진성과 (매출, 투자, 고용) 등
	3-2. 창업 아이템 사업화 추진 전략 – 정의된 목표시장(고객) 내 입지, 고객 확보·확장 전략 및 수익화(사업화) 전략 – 협약 기간 내 사업화 성과 창출 목표 (매출, 투자, 고용 등) – 협약 기간 종료 후 시장진입을 통한 성과 창출 전략 등
	3-3. 사업추진 일정 및 자금 운용 계획 – 전체 사업단계 및 협약 기간 내 목표와 이를 달성하기 위한 상세 추진 일정 등 – 사업추진에 필요한 사업비(정부지원+자기 부담) 집행계획 등 – 정부지원 사업비 외 자기부담 사업비, 투자유치 등 구체적인 계획 및 전략
4. 기업구성 **(Team)**	**4-1. 기업구성 및 보유 역량** – 대표자가 보유하고 있는 창업 아이템 개발/개선 및 성과 창출 역량 등 – 기업의 창업 아이템 관련 역량, 재직 인력 현황 및 추가 인력 고용·활용 계획 등 – 업무파트너(협력기업) 현황 및 역량, 세부 활용 방안 등
	4-2. 중장기 ESG 경영 도입계획 – 지속 가능한 기업 경영을 위한 환경(E), 사회(S), 지배구조(G) 경영 도입 계획 등 – 기업 경영 시 사회적 책임, 선진적 조직문화, 환경보호 등 도입 노력 등

[표8] 창업사업화 지원사업 사업계획서 작성 목차 (초기단계)

자, 이번엔 챗GPT를 통해 각 목차별로 사업계획서 내용을 작성해 보자. 이 방식으로 작성하려면 챗GPT 4.0 유료 버전의 사용을 권장한다. 챗GPT 3.5 무료 버전과 챗GPT 4.0 유료 버전의 여러 가지 차이가 있는데, 이번엔 유료 버전의 멀티모달 기능(문서 첨부 등)과 보다 빠르고 정확해진 추론 기능 및 한국어 정확도가 요청되기 때문이다.

우선, 챗GPT에게 직접 사업계획서를 작성하라는 프롬프트 대신 가이드라인을 제공해 이후 챗GPT와의 대화에서 정보의 이해를 높이고 답변 선택의 적합성을 높이고 제공된 답변이 명료해지고 사용자 요구에 충실하게 답변을 제공하게 할 수 있다.

 You

아래의 가이드라인에 따라 질문에 따른 정확한 답변을 해주세요.
[가이드라인]
- 정보의 이해: 사업 성공 가능성이 높은 사업계획서 작성을 위해 사용자가 제시한 질문을 이해해 정확한 답변을 해야 합니다. 또한, 질문 뒤에 있는 의도나 목적을 이해하는 것도 중요합니다. 이를 통해 가장 적합한 답변을 제공할 수 있습니다.
- 답변 선택: 질문에 대한 가장 적합한 답변을 선택해야 합니다. 이 답변은 질문의 요구를 가장 잘 충족시키고 사용자의 요구에 가장 적합해야 합니다. 사용자가 원하는 정보를 제공하고 그 궁금증이나 요구를 가장 효과적으로 해결하는 답변을 선택하는 것이 중요합니다.
- 명료성: 제공된 답변은 사용자가 쉽게 이해할 수 있는 형태이어야 합니다. 이해하기 어려운 표현이나 전문 용어는 가능한 피해주세요. 또한 답변을 직관적으로 이해할 수 있도록 명료하고 간결한 말을 사용하는 것이 중요합니다.
- 사용자의 요구에 대한 충실함: 제공된 답변은 사용자의 요구와 질문에 대한 요구를 잘 반영해야 합니다. 사용자의 궁금증과 요구를 충분히 이해하고 이를 바탕으로 답변을 제공하는 것이 중요하기 때문입니다.
위 가이드를 이해했다면 "예"라고 답변만 해주세요.

 ChatGPT

예

가이드를 이해하면 "예"라고 답변해달라고 했는데, 챗GPT가 "예"라고 답변했으므로 이후의 대화는 가이드라인의 기준에 충실하게 진행될 것이다.

경우에 따라서는 초기창업패키지 사업공고나 사업계획서 양식 혹은 사업계획서 작성 가이드와 같은 참고 자료를 업로드 해 챗GPT에게 사업계획서 작성에 대해 사전학습을 시키는 것도 좋은 방법이다. 다만, 우리는 프롬프트에 구체적인 작성 가이드를 입력하며 사업계획서를 작성해 보겠다.

특히 이번엔 챗GPT의 페르소나를 사업계획서 전문가 1명이 아니고 사업계획서 전문가와 개발자의 2명의 페르소나를 조화시켜 사업계획서를 작성해 본다.

이번에 만들 사업계획서는 '콘텐츠와 커뮤니티를 기반으로 한 육아 정보·쇼핑 플랫폼'이라는 창업 아이템으로 대표자가 육아 제품 정보와 관련해 기존 맘 카페, SNS, 커머스 플랫폼의 파편화된 정보제공과 광고로 오염된 낮은 신뢰도는 육아 제품에 대한 고객의 높은 정보탐색 및 신뢰 기반 구매 욕구를 충족시키지 못한다고 판단하고 있고, 부모가 돼 육아를 직접 수행하면서 경험한 불편함과 시장의 불합리성을 기술로 혁신하고 사업화하는 것으로 한다.

우선 1. 문제 인식(Problem)의 1-1. 창업 아이템 배경 및 필요성을 작성해 보겠다. 그리고 사업계획서에 파란색으로 표기된 주석을 프롬프트에도 추가해 해당 항목 작성 시 작성요청 주제로 삼았다.

 You

[페르소나] A 역할을 하는 너는 기업에서 많은 사업기획 컨설팅, 사업계획서 작성한 경험이 있고 한국의 정부지원 사업계획서를 1,000개 이상 작성한 전문가야.
B 역할을 하는 너는 실사용자 데이터와 AI 알고리즘을 통해 정보의 신뢰도와 정확도를 높인 정보 및 커머스 플랫폼을 구축 경험이 많은 개발자 출신 창업가야. 최근에 직접 겪은 육아의 어려움을 기반으로 문제를 인식하고 MVP 운영을 통해 실제 사용자 니즈를 파악했어.

[작업] '콘텐츠와 커뮤니티를 기반으로 한 육아 정보·쇼핑 플랫폼'이라는 창업 아이템으로 사업계획서를 작성해 줘.

[맥락] 육아 제품 정보와 관련해 기존 맘 카페, SNS, 커머스 플랫폼의 파편화된 정보제공과

광고로 오염된 낮은 신뢰도는 육아 제품에 대한 고객의 높은 정보탐색 및 신뢰 기반 구매 욕구를 충족시키지 못하고 있고, 부모가 되어 육아를 직접 수행하면서 경험한 불편함과 시장의 불합리성을 기술로 혁신하고 사업화함으로써 사회와 경제에 더 큰 가치를 창출하고자 해

[형식] 아래 조건에 맞게 PSST 사업계획서 양식 반영

[분량] 사업 내용을 충분하게 이해할 수 있을 정도로

[어조] 논리적으로
 1. 문제 인식(Problem)
 1-1. 창업 아이템 배경 및 필요성
※ 창업 아이템(제품, 서비스 등)을 개발(개선) 배경과 이를 뒷받침할 근거, 동기 등을 항목
   별로 500자 내외로 [작성요청 주제] 내용을 조사, 부사 등을 삭제한 명사형으로 끝나는 개
   조식으로 작성해 줘.

[작성요청 주제]
① 외부적 배경 및 동기(예시 : 사회·경제·기술적 관점, 국내외 시장의 문제점-기회 등)
② 내부적 배경 및 동기(예시 : 대표자 경험, 가치관, 비전 등의 관점)

[형식] 대항목, 소항목으로 구분해 표시

 ChatGPT

문제 인식(Problem)

1. 창업 아이템 배경 및 필요성

1-1. 외부적 배경 및 동기
 • 사회적 변화: 저출산 고령화 사회로의 전환, 육아에 대한 증가하는 사회적 관심 및 지원
   필요성 부각
 • 경제적 요인: 육아 제품 및 서비스 시장의 성장, 고객의 맞춤형 제품 수요 증가
 • 기술적 진보: 빅데이터, AI 기술의 발달을 통한 개인화된 정보제공 및 쇼핑 경험 제공 가

능성 확대
- 시장의 문제점: 맘 카페, SNS, 커머스 플랫폼의 정보 파편화 및 광고 오염으로 인한 낮은 정보 신뢰도, 고객의 높은 정보탐색 비용 및 신뢰 기반 구매 욕구 미충족

1-2. 내부적 배경 및 동기
- 창업자 경험: 직접적인 육아 경험을 통해 발견한 시장의 불합리성 및 육아 과정에서 불편함 인식
- 기술적 역량: AI 알고리즘 및 실사용자 데이터 활용 경험을 통한 정보 신뢰도 및 정확도 향상 방안 모색
- 사회적 가치 창출 의지: 육아 문제 해결을 통한 사회적 가치 창출 및 경제적 가치 융합에 대한 강한 비전 및 가치관
- 혁신적 해결책 제공 의지: 기존 육아 관련 정보제공의 문제점 해결을 위한 기술 기반의 혁신적인 플랫폼 구축에 대한 강한 동기 및 의지

이러한 외부적 및 내부적 배경 및 동기는 '콘텐츠와 커뮤니티를 기반으로 한 육아정보·쇼핑 플랫폼'이라는 창업 아이템의 필요성과 시급성을 뒷받침합니다. 이 플랫폼은 파편화되고 신뢰도가 낮은 기존 정보제공 방식을 극복하고, 실사용자 데이터와 AI 기술을 활용해 육아 제품 및 서비스에 대한 신뢰도 높은 정보제공과 효율적인 쇼핑 경험을 제공할 것입니다.

맥락에 서술한 상황을 잘 파악해 외부적 동기와 내부적 동기에 적절히 서술했다. 이번엔 다음 목차인 1-2 창업 아이템 목표시장(고객) 설정 및 요구사항 분석을 작성하는데 이미 1-1. 창업 아이템 배경 및 필요성을 작성하며 [페르소나], [작업], [맥락], [형식], [분량], [어조]의 맥락을 유지하므로 간단히 '위와 동일한 조건으로 작성해 줘'라고 프롬프트 해보겠다.

 You

#위와 동일한 조건으로 작성해 줘.

1-2 창업 아이템 목표시장(고객) 설정 및 요구사항 분석
[작성요청 주제]

※ 창업 아이템 개발 배경 및 필요성에 따라 정의된 시장(고객)에 대해 제공할 혜택(가치)과 그 행위(가치)를 제공할 세부 시장(고객)을 설정하고 이를 구체화
※ 진출하려는 시장의 규모·상황 및 특성, 경쟁 강도, 향후 전망(성장성), 고객 특성 등 기재
  - 자사 자체적 판단, 시장(고객) 요구사항, 경쟁사 대비 개선 사항 등 포함
※ 정의된 목표시장(고객) 요구사항에 대한 조사·분석 결과 및 문제의 객관적 근거 등

 ChatGPT

1-2 창업 아이템 목표시장(고객) 설정 및 요구사항 분석

목표시장(고객) 설정

- 시장 규모 및 상황: 국내외 젊은 부모 및 예비 부모를 주요 타겟으로 하는 육아 시장, 특히 정보 검색 및 육아 제품 구매를 온라인에서 활발히 진행하는 20~40대 부모
- 시장의 특성: 정보의 파편화, 광고 기반의 정보로 인한 신뢰도 문제, 개인화된 육아 정보 및 제품 추천에 대한 높은 수요
- 경쟁 강도: 기존 맘 카페, SNS, 온라인 커머스 플랫폼 간의 경쟁 심화, 그러나 신뢰할 수 있는 정보제공과 개인화 서비스에서 차별화 가능성 존재
- 향후 전망: 디지털 기술의 발전과 육아에 대한 관심 증가로 인해 정보 및 제품 추천 서비스 시장의 성장 전망

고객 요구사항 분석

- 신뢰할 수 있는 정보제공: 광고나 비전문가의 의견이 아닌, 검증된 전문가의 조언 및 실제 사용자의 리뷰를 기반으로 한 정보
- 개인화된 서비스: 자녀의 나이, 성별, 관심사 등에 기반한 맞춤형 정보 및 제품 추천
- 편리한 사용 경험: 사용자 친화적인 인터페이스, 쉬운 검색 기능, 효율적인 제품 비교 및 구매 과정
- 커뮤니티 기반의 상호작용: 육아 경험을 공유하고, 질문하며, 실시간으로 피드백을 받을 수 있는 플랫폼

경쟁사 대비 개선 사항

- 정보 신뢰도 강화: 전문가 검증 정보와 AI 기반의 사용자 리뷰 분석을 통한 신뢰도 높은 콘텐츠 제공
- 고도화된 개인화 기능: 사용자 및 자녀의 세부적인 프로필을 바탕으로 한 더 정밀한 맞춤형 서비스 제공
- 사용자 경험 최적화: 사용자의 행동 데이터를 분석해 개선된 UI/UX 디자인 적용
- 커뮤니티 활성화 전략: 육아 경험 공유를 위한 독려 프로그램 및 활성화된 커뮤니티 구축

이러한 분석을 통해 '콘텐츠와 커뮤니티를 기반으로 한 육아 정보·쇼핑 플랫폼'은 명확한 목표시장을 설정하고, 해당 시장의 요구사항을 충족시키며 경쟁사 대비 차별화된 가치를 제공함으로써 시장에서 성공할 수 있는 기반을 마련합니다.

역시 동일한 조건으로 목차와 해당 주제에 대해 작성해 주었다.
이번엔 2. 실현 가능성(Solution) 2-1. 창업 아이템의 개발/개선 준비 현황도 동일한 조건으로 작성 요청해 본다.

 You

#위와 동일한 조건으로 작성해 줘.

2. 실현 가능성(Solution)
2-1. 창업 아이템의 개발/개선 준비 현황
[작성요청 주제]
※ 제품·서비스의 필요성에 대한 문제를 인식하고, 해당 제품·서비스 개발·개선을 위해 본 사업에 신청하기 이전까지 기획, 추진한 경과(이력) 등에 대해 기재
※ 사업 신청 시점의 아이템 개발 단계별 현황, 목표한 시장(고객)의 반응, 현재까지의 주요 사업화 성과 등 전반적인 현황 기재

ChatGPT

실현가능성(Solution)

2-1. 창업 아이템의 개발/개선 준비현황

제품·서비스 개발 경과

- 초기 아이디어 형성: 육아 경험 중 불편함과 시장의 불합리성 인식을 바탕으로 육아 정보·쇼핑 플랫폼 아이디어 도출
- 시장 조사 및 분석: 타겟 시장과 고객의 필요, 경쟁사 분석을 통한 서비스 차별화 요소 도출
- MVP(최소기능제품) 개발: 초기 기능에 초점을 맞춘 프로토타입 제작 및 소규모 사용자 그룹을 대상으로 테스트 진행
- 사용자 피드백 수집 및 개선: MVP 테스트를 통해 얻은 사용자 피드백을 분석해 제품 개선 작업 수행
- AI 기술 및 데이터 분석 기능 통합: 사용자 리뷰 및 행동 데이터를 분석해 개인화된 정보 및 제품 추천 기능 개발
- 베타 버전 런칭: 개선된 기능을 포함한 베타 버전 출시 및 대규모 사용자 테스트 실시

사업화 성과

- 사용자 반응: 베타 버전 테스트를 통해 긍정적인 사용자 반응 확인, 특히 신뢰할 수 있는 정보제공 및 개인화된 추천 서비스에 대한 높은 만족도
- 커뮤니티 활성화: 육아 경험 공유, 질문 및 답변 등을 통한 커뮤니티 활성화 성공, 사용자 간의 상호작용 증가
- 파트너십 및 협력: 육아 제품 공급업체 및 전문가와의 협력을 통해 서비스의 내용 및 품질 강화
- 데이터 기반의 서비스 개선: 수집된 데이터를 분석해 사용자 경험 개선 및 서비스의 정확도 향상 지속

개발 단계별 현황

- 현재까지의 개발은 사용자 요구사항에 기반해 진행됐으며, 초기 아이디어에서 베타 버전 런칭까지의 모든 과정에서 사용자의 피드백을 중심으로 개선해 나감.
- AI 기술과 데이터 분석을 통한 개인화된 서비스 제공 방법론은 지속적으로 발전시켜 나

가고 있으며, 이를 통해 사용자 경험을 더욱 향상시킬 계획임.
- 사업화 초기 단계에서의 긍정적인 시장 반응 및 사용자 피드백은 사업모델의 타당성을 입증하며 향후 확장성 및 성장 가능성을 높임.

이러한 준비 현황은 창업 아이템의 실현 가능성을 뒷받침하며, 지속적인 개발 및 개선을 통해 타겟 시장 내에서의 성공을 기대하게 합니다. 사용자 중심의 개발 접근 방식과 데이터 기반의 서비스 개선 전략은 차별화된 경쟁력을 제공할 것입니다.

2-2. 창업 아이템의 실현(개선/개발) 및 구체화 방안도 동일한 조건으로 작성요청 해 본다.

 You

#위와 동일한 조건으로 작성해 줘.

2. 실현 가능성(Solution)
2-2. 창업 아이템의 실현(개선/개발) 및 구체화 방안
[작성요청 주제]
※ 협약 기간 내 실현 및 구체화하고자 하는 개발(개선) 방안
※ 목표시장(고객) 요구사항 등 분석을 통해 파악된 문제점 및 개선점에 대해 핵심 기능·성능, 디자인 개선, 기타 사업화 활동 등 실현 및 구체적인 개발(개선) 방안 등 기재
※ 경쟁사 제품·서비스와의 비교를 통해 파악된 문제점에 대해 자사의 보유 역량을 기반으로 경쟁력, 차별성 등을 확보하기 위한 방안 등 기재
※ 기타 개선·구체화하고자 하는 제품·서비스 관련 기술 보호 계획 등

 ChatGPT

실현가능성(Solution)
2-2. 창업 아이템의 실현(개선/개발) 및 구체화 방안

개발(개선) 방안

- 핵심 기능 및 성능 개선:
  - AI 기반의 개인화 추천 시스템 고도화: 사용자의 행동 데이터와 선호도를 분석해 맞춤형 콘텐츠와 제품 추천의 정확도 향상.
  - 신뢰할 수 있는 정보제공 메커니즘 강화: 전문가 검증 콘텐츠와 실사용자 리뷰를 통합해 정보의 신뢰도 제고.
  - 커뮤니티 기능 확장: 사용자 간 상호작용을 촉진하기 위한 실시간 Q&A, 그룹 채팅, 경험 공유 섹션 개선.
- 디자인 개선:
  - 사용자 경험(UX) 최적화: 직관적인 인터페이스 디자인과 간소화된 사용자 경로로 빠르고 쉬운 정보 접근성 제공.
  - 시각적 매력 증대(UI): 현대적이고 사용자 친화적인 디자인 요소 도입으로 사용자의 시각적 만족도 향상.
- 사업화 활동:
  - 마케팅 전략 강화: 타겟 고객층에 맞춘 맞춤형 마케팅 캠페인 실행.
  - 파트너십 및 협력 확대: 육아 제품 공급업체, 전문가, 육아 커뮤니티와의 협력을 통해 서비스의 다양성과 품질 강화.

경쟁력 및 차별성 확보 방안

- 경쟁사 대비 차별화 요소 명확화: AI 기술을 활용한 고도의 개인화 서비스 제공과 신뢰할 수 있는 정보의 차별화를 통해 경쟁력 확보.
- 사용자 데이터 분석을 통한 지속적인 개선: 사용자의 행동 패턴과 피드백을 지속적으로 분석해 서비스 개선 및 사용자 만족도 증진.
- 커뮤니티 기반의 참여 증대 전략: 사용자가 적극적으로 참여하고 상호작용할 수 있는 플랫폼 환경 조성으로 사용자 충성도 및 서비스의 점착성 증대.

기술 보호 계획

- 지식재산권 확보: 개발 중인 AI 알고리즘, 사용자 인터페이스 디자인 및 기타 핵심 기술에 대한 특허 출원 및 저작권 등록 진행.
- 기술 보안 강화: 서버 보안 강화 및 데이터 암호화를 통해 사용자 정보 및 회사의 지식재

산을 보호.
- 비밀 유지 협약(NDA) 활용: 개발 과정에 참여하는 모든 외부 파트너 및 직원과 비밀 유지 협약 체결로 핵심 기술의 유출 방지.

이러한 실현 및 구체화 방안을 통해, '콘텐츠와 커뮤니티를 기반으로 한 육아 정보·쇼핑 플랫폼'은 목표시장 내에서의 요구사항을 충족시키고, 지속 가능한 경쟁력을 확보할 수 있습니다. 이는 창업 아이템의 성공적인 개발 및 사업화를 위한 중요한 기반을 마련합니다.

아직까지는 사업계획서의 흐름이 무난하다. 이번엔 '동일한 조건으로 작성해 줘'라는 프롬프트를 반복해 3. 성장전략(Scale-up) 3-1. 창업 아이템 비즈니스모델 및 사업화 추진 성과를 작성하게 했다. 이번엔 [작성요청 주제] 구분도 없이 파란색 주석을 목차 밑에 입력해 보았다.

 You

#위와 동일한 조건으로 작성해 줘.

3. 성장전략(Scale-up)
3-1. 창업 아이템 비즈니스모델 및 사업화 추진성과
※ 제품·서비스 비즈니스모델 중 수익 창출 등을 위한 수익 모델 기재
※ 현재 진입한 목표시장(고객) 진입 현황과 그간 사업화 추진성과(매출, 투자, 고용 등) 기재(예시) 생산·출시, 홍보·마케팅 및 유통·판매 현황과 매출 실적(표) 등 기재
※ 서비스의 경우 회원(이용자) 확보 및 다운로드 수 등 기재

 ChatGPT

성장전략(Scale-up)

3-1. 창업 아이템 비즈니스모델 및 사업화 추진성과

비즈니스모델

- 수익모델:
  - 프리미엄 구독 서비스: 사용자에게 기본적인 콘텐츠 및 커뮤니티 기능을 무료로 제공하되, 고급 정보, 전문가 상담, 개인화된 제품 추천 등 추가 기능을 제공하는 유료 구독 모델.
  - 제휴 마케팅 및 광고: 육아 제품 및 서비스 공급업체와의 제휴를 통해 플랫폼 내 광고 및 추천 제품 판매에서 수수료 수익 창출.
  - E-커머스 통합: 플랫폼 내에서 직접 제품 판매를 통한 수익화, 사용자가 쉽게 제품을 구매할 수 있도록 해 매출 증대.

사업화 추진성과

- 목표시장 진입 현황:
  - 초기 베타 테스트와 출시 이후, 특히 젊은 부모 사이에서 긍정적인 반응을 얻음.
  - 사용자 피드백을 기반으로 지속적으로 플랫폼을 개선하며, 사용자 경험을 최적화.
- 매출 및 사업 확장:
  - 유료 구독자 수 및 제휴 마케팅을 통한 초기 매출 발생.
  - 대규모 육아 제품 공급업체와의 파트너십을 통해 제품 범위 확장 및 E-커머스 매출 증대.
- 홍보 및 마케팅:
  - 타겟 고객층에 맞춘 디지털 마케팅 캠페인 실행으로 브랜드 인지도 향상.
  - 소셜 미디어, 육아 관련 커뮤니티, 블로그를 통한 활발한 홍보 활동.
- 회원 확보 및 서비스 사용성:
  - 서비스 출시 이후, 회원 가입자 수와 일일 활성 사용자(DAU) 수 지속 증가.
  - 앱 다운로드 수 및 웹사이트 방문자 수를 통해 사용자 기반 확대 확인.

향후 전략 및 목표

- 지속적인 제품 개선 및 사용자 피드백 반영을 통한 서비스 품질 향상.
- 국내 시장에서의 성공적인 입지 확보 후, 육아 시장이 활성화돼 있는 해외 시장으로 확장.
- AI 및 빅데이터 분석 기술을 더욱 고도화해 개인화 서비스의 정확도 및 사용자 만족도 증대.
- 육아 관련 콘텐츠 및 서비스 범위 확대를 통한 플랫폼의 가치 제고 및 사용자 경험 다양화.

이러한 비즈니스모델 및 사업화 추진 성과는 창업 아이템의 성장 가능성을 보여주며, 향후 사업 확장 및 시장에서의 경쟁력 강화를 위한 기반을 마련합니다. 지속적인 혁신과 사용자 중심의 개발 전략이 플랫폼의 성공을 이끌 것입니다.

3-2. 창업 아이템 사업화 추진 전략 항목도 동일한 조건으로 작성해 보자.([작성요청 주제] 구분 생략)

 You

#위와 동일한 조건으로 작성해 줘.

3-2. 창업 아이템 사업화 추진 전략
※ 정의된 목표시장(고객) 내 세부 고객, 경쟁사, 시장 내 대체하고자 하는 제품·서비스의 주요 정보 분석 등을 통해 사업 진출(시장진입 등) 전략 수립
※ 정의된 목표시장(고객)에 진입(진출)하기 위한 구체적인 방안과 고객 확보 전략, 수익 확대 전략 등을 기재 (생산·출시, 홍보·마케팅, 유통·판매, 인력·네트워크 확보 등)
※ 협약 기간 내 달성하고자 하는 사업화 성과(매출, 투자, 고용 등) 기재
※ 협약 기간 종료 후 시장진입을 통한 성과 창출 전략 등 기재

 ChatGPT

3-2. 창업 아이템 사업화 추진 전략

시장진입 전략
• 세부 고객분석: 젊은 부모, 예비 부모, 육아 경험이 많은 가족을 대상으로 세분화해 각 그룹의 구체적 요구사항과 선호 파악.
• 경쟁사 및 대체 제품 분석: 기존 육아 정보 플랫폼, 커뮤니티, 온라인 쇼핑몰 등과의 차별점 및 우위 요소 강조.
• 시장 내 대체하고자 하는 제품·서비스 분석: 파편화된 정보제공 방식, 낮은 신뢰도 문제 해결을 위한 고도화된 솔루션 제공.

사업화 추진 방안

- 생산·출시: 고객의 요구사항을 반영한 맞춤형 콘텐츠와 기능 개발, 지속적인 플랫폼 업데이트 및 개선.
- 홍보·마케팅: 타겟 고객층에 맞춘 디지털 마케팅, SNS 활용, 유명 육아 인플루언서와의 협업을 통한 브랜드 인지도 향상.
- 유통·판매: 직접 판매 및 제휴 판매를 통한 다양한 유통 채널 활용, 육아 제품 공급업체와의 협력 강화.
- 인력·네트워크 확보: 육아 전문가, 개발자, 마케팅 전문가 등 다양한 분야의 인재 채용 및 전문가 네트워크 구축.

달성하고자 하는 사업화 성과

- 매출 목표: 초기 유료 구독자 수 확보 및 제휴 마케팅을 통한 매출 증대, E-커머스 통합으로 인한 추가 매출 창출.
- 투자유치: 초기 사업 성공 사례를 바탕으로 추가 투자유치 계획, 사업 확장 및 기술 개발을 위한 자금 확보.
- 고용 창출: 사업 확장에 따른 추가 인력 채용 계획, 다양한 분야의 전문가 고용을 통한 팀 역량 강화.

협약 기간 종료 후 성과 창출 전략

- 시장 확대: 국내 시장 안정화 후 해외 시장으로의 확장, 다양한 문화와 육아 환경을 고려한 맞춤형 서비스 제공.
- 기술 혁신: AI 및 빅데이터 분석 기술의 지속적인 발전을 통한 서비스 개선, 사용자 경험 최적화를 위한 신기술 적용.
- 파트너십 강화: 육아 제품 공급업체, 전문가, 교육 기관 등과의 협력을 통해 서비스 범위 확장 및 콘텐츠 다양화.
- 지속 가능한 성장: 재투자를 통한 사업 확장, 지속 가능한 수익 모델 구축 및 사회적 가치 창출에 기여.

이러한 전략을 통해 '콘텐츠와 커뮤니티를 기반으로 한 육아 정보·쇼핑 플랫폼'은 목표시장 내에서 성공적으로 진입하고, 지속적인 성장과 사업 확장을 이룰 수 있을 것입니다.

3-3. 사업추진 일정 및 자금 운용 계획을 작성하자. 이번엔 '동일한 조건으로 작성해 줘'라는 프롬프트도 생략하고 목차 제목과 [작성요청 주제] 구분 없이 파란색 주석을 입력한다. 이미 여러 차례 반복적인 프롬프트를 진행하며, 챗GPT가 요청 사항의 형태를 반복적으로 학습한 것으로 추정하고 진행해 보았다.

 You

3-3. 사업추진 일정 및 자금 운용 계획

3-3-1. 사업 전체 로드맵
※ 전체 사업단계에서 추진하고자 하는 종합적인 목표 및 추진 일정 등 기재
3-3-2. 협약 기간('24.4.~'25.1. 예정) 내 목표 및 달성 방안
※ 제품·서비스의 개발/개선 및 사업화 활동을 위해 협약 기간 내 추진하려는 달성 가능한 목표 및 상세 추진 일정 등 기재
3-3-3. 사업비 집행계획
※ 자금 필요성, 금액 적정성 여부를 판단할 수 있도록 사업비(정부 지원사업비/자기 부담 사업비) 집행계획 기재
 * 사업 운영 지침 및 사업비 관리 기준 내 비목별 집행 유의사항 등에 근거해 기재
※ 사업비 집행계획(표)에 작성한 예산은 선정평가 결과 및 제품·서비스 개발/개선에 대한 금액의 적정성 여부 검토 등을 통해 차감될 수 있으며, 신청 금액을 초과해 지급할 수 없음
〈 현물 인정 기준 〉
1. 창업기업이 보유하고 있는 견품, 시약 등 재료비
2. 창업기업이 보유하고 있는 시제품 제작 관련 기자재의 사용료 및 임차료(단, 기자재의 경우 취득가액의 10%, 또는 잔존가치액 이내에서 인정)
3. 주관기관이 창업기업에 무상으로 창업 준비 공간 제공 시, 해당 공간의 임대료를 계상(월 임대료 기준)
4. 창업기업이 창업 준비 공간을 보유 또는 임차한 경우 해당 공간의 임차료
5. 창업기업 본인 및 창업 아이템 사업화 수행에 직접 참여하는 고용인력의 인건비(창업기업 소속 임직원의 현물 계상 기준은 지원사업 참여 비율을 따르며 총 참여율은 100% 초과 불가)

※ 정부지원 사업비는 최대 1억 원 한도 이내로 작성
※ 정부지원 사업비는 총사업비의 70% 이하, 현금은 10% 이상, 현물은 20% 이하로 작성
단, 재료비, 외주 용역비, 기계장치 (공구·기구, 비품, SW 등), 특허권 등 무형자산 취득비,
인건비, 지급 수수료, 여비, 교육훈련비, 광고선전비 비목으로 작성해 주세요.

 ChatGPT

3-3. 사업추진 일정 및 자금 운용 계획

3-3-1. 사업 전체 로드맵
- 2024년 4월 ~ 2024년 7월: 시장 조사 및 분석, 초기 개발 단계. 사용자 요구사항 수집 및 기초 기능 개발.
- 2024년 8월 ~ 2024년 10월: MVP 개발 완료 및 사용자 테스트 실시. 초기 사용자 피드백 수집 및 분석.
- 2024년 11월 ~ 2025년 1월: MVP에 대한 피드백을 기반으로 한 개선 작업. 마케팅 전략 수립 및 실행.
- 2025년 이후: 서비스 출시 및 확장, 지속적인 기능 개선 및 사용자 기반 확대.

3-3-2. 협약 기간 내 목표 및 달성 방안
- 목표: 사용자 요구사항을 반영한 MVP 개발 및 초기 사용자 기반 확보.
- 달성 방안:
  - 4월~5월: 사용자 조사 및 요구사항 분석.
  - 6월~7월: MVP 개발 시작.
  - 8월~9월: MVP 테스트 및 사용자 피드백 수집.
  - 10월~1월: 피드백에 기반한 제품 개선 및 초기 마케팅 실행.

3-3-3. 사업비 집행계획
- 정부지원 사업비: 최대 1억 원
- 자기 부담 사업비: 총사업비의 30%
- 현금 부담: 총사업비의 10% 이상

- 현물 부담: 총사업비의 20% 이하

예산분배
- 재료비: 초기 개발에 필요한 소프트웨어 라이선스 및 하드웨어 구입.
- 외주 용역비: 전문가 상담, 디자인 및 개발 작업의 일부 외주 비용.
- 기계장치 및 무형자산 취득비: 필요한 소프트웨어 개발 도구 및 특허권 등록 비용.
- 인건비: 개발팀, 마케팅팀의 인건비.
- 지급 수수료 및 여비: 서비스 홍보 및 마케팅 활동에 필요한 비용.
- 교육훈련비: 팀원들의 기술 역량 강화를 위한 교육 프로그램 비용.
- 광고선전비: 제품 출시 및 홍보를 위한 광고 비용.

현물 인정 기준
- 창업기업 보유 재료비 및 시제품 제작 관련 기자재 사용료: 재료비와 기자재 사용료를 현물로 계산.
- 창업 준비 공간 제공 시 임대료: 창업기업이 무상으로 제공받거나 보유/임차한 공간의 임대료.
- 인건비: 창업기업 소속 임직원 및 사업화 수행에 직접 참여하는 인력의 인건비.

이 사업비 집행계획은 사업의 성공적인 추진을 위해 필요한 자금의 분배를 명확히 하고, 정부지원금 및 자기부담금의 적절한 활용을 통해 사업 목표 달성을 지원합니다.

역시 답변이 잘 나온다. 다만, 사업비 집행계획에서 예산을 분배하는 것은 제대로 이해하지 못한 것 같다. 프롬프트 안의 글을 요약 정리하고 실제 예산분배는 이뤄지지 않았지만 이런 오류 들은 나중에 별도의 질문을 통해 적절한 예산분배 안을 받을 수 있다.

3-3-4. 자금 필요성 및 조달계획은 위와 동일한 조건으로 작성해 달라고 했다.

 You

3-3-4. 자금 필요성 및 조달계획

※ 본 지원사업 참여 전 정부지원 사업비, 투자유치 등 자금조달 이력 기재

※ 본 지원사업 정부지원 사업비 이외 자기부담 사업비(현금), 투자유치 등에 대한 구체적 조달 방안 기재

※ 시장진입과 매출 실현을 위한 자금조달의 필요성, '추가 자본금(Seed, 시리즈A, 시리즈B 등의 투자유치)'의 조달계획, 자본금 및 지분 변화 내용 등 기재

 ChatGPT

3-3-4. 자금 필요성 및 조달계획

자금조달 이력

- 정부지원 사업비 이력: 본 창업 프로젝트 시작 전, 초기 개발 단계 및 시장 조사를 위해 소규모 정부지원금을 활용한 바 있음. 이 자금은 주로 시장 조사, 초기 프로토타입 개발 및 초기 운영비용에 사용됨.
- 투자유치 이력: 초기 개발 단계에서 엔젤투자자로부터 소액의 시드 자금을 유치, 제품 개발 및 MVP 테스트에 중점을 둔 운영 자금으로 활용.

자금 필요성

- 본 지원사업 참여 목적: 육아 정보·쇼핑 플랫폼의 개발 완성도를 높이고, 베타 버전 출시를 앞두고 있는 상황에서 추가적인 기능 개발, 사용자 테스트, 마케팅 및 초기 운영 자금이 필요함.
- 시장진입 및 매출 실현: 시장진입을 위한 마케팅 활동, 사용자 확보 전략 실행, 초기 운영비 지출을 포함한 전반적인 사업 확장에 필요한 자금.

조달 방안
- 정부지원 사업비: 본 지원사업을 통해 최대 1억 원 한도 내에서 정부지원 사업비를 조달 계획. 이 자금은 주로 제품 개발, 사용자 테스트 및 초기 마케팅 활동에 사용될 예정.
- 자기부담 사업비(현금): 창업 팀 자체 자금 및 초기 투자유치를 통해 확보된 자금으로, 총 사업비의 30%를 충당할 계획.
- 추가 투자유치 계획: MVP 출시 후 사용자 반응 및 초기 성과를 바탕으로 추가 자본금 유치 계획. 시리즈 A 투자유치를 통해 사업 확장 및 추가 기능 개발, 시장 확대를 목표로 함.

자본금 및 지분 변화 계획
- 초기 단계: 엔젤 투자 및 시드펀딩을 통한 자본금 확보, 이 과정에서 창업 팀과 초기 투자자 간의 지분 분배가 이루어짐.
- 시리즈 A 투자유치: 사업의 성장 잠재력을 바탕으로 벤처 캐피털 및 기타 투자자로부터 추가 자본을 유치할 계획. 이 과정에서 추가 지분을 제공하고, 자본금 증가를 목표로 함.

이러한 자금 조달 계획은 사업의 지속적인 개발, 시장진입, 확장 단계에 필요한 자금을 확보하고, 사업 성장을 위한 토대를 마련하기 위해 필수적입니다. 추가 자본금 유치를 통해 장기적인 사업 목표를 달성하고, 지속 가능한 성장을 추구할 계획입니다.

아쉽지만 3-3-3의 사업비 집행계획처럼 3-3-4 조달계획도 구체적인 조달계획안을 작성하진 못했다.

자, 마지막 4. 기업 구성(Team)은 전체 항목을 한 번에 작성하게 해 보자.

 You

#위와 동일한 조건으로 작성해 줘.

4. 기업 구성(Team)
※ 성명, 성별, 생년월일, 출신학교, 소재지 등의 개인정보(유추 가능한 정보)는 삭제 또는 마스킹[학력] (전문)학·석·박사, 학과·전공 등, [직장] 직업, 주요 수행업무 등만 작성 가능

4-1. 기업구성 및 보유 역량

4-1-1. 대표자 및 기업 현황

※ 대표자 보유 역량(경영 능력, 경력·학력, 기술력, 노하우, 인적 네트워크 등) 기재

 * 역량 : 창업 아이템을 구현하고 판매할 수 있는 능력

 * 유사 경험, 정부 지원사업 수행 이력, 관련 교육 이수 현황, 관련 수상 실적 등 포함

※ 자사에서 보유하고 있는 장비·시설, 직원 역량(경력·학력, 기술력 노하우 등) 기재

※ 현재 시점에서 채용 완료한 인력에 대해서만 기재

※ 현재 시점에서 채용이 없는 기업은 대표자의 역량, 보유 장비·시설 등을 중심으로 기재

4-1-2. 협약 기간 내 인력 고용 및 활용 계획

※ 협약 기간 내 채용 예정인 추가 인력에 대해서만 기재

※ 채용 예정이 없는 기업의 경우, 대표자의 역량, 보유 장비·시설 등을 중심으로 기재

4-1-3. 외부 협력 현황 및 활용 방안

※ 제품·서비스와 관련해 협력(또는 예정)인 파트너, 협력 기관(기업) 등이 보유하고 있는 역량과 주요 협업(협력) 내용 등 기재

4-2. 중장기 ESG 경영 도입계획

※ 기업의 이윤 추구 등 재무적 성과 이외에 '환경보호(E)', '사회적 공헌(S)', '올바른 지배구조 확립(G)' 등 투명하고 지속가능한 경영 준비를 위한 도입계획 등을 기재

 * ESG 경영 : 기업의 비재무적 요소인 환경(Environmental), 사회(Social), 지배구조(Governance) 약칭

 - 환경 : 폐기물 배출 감소, 재활용 확대, 친환경 원료 개발, 에너지 절감 등 환경보호 노력

 - 사회 : 지역사회 교류, 사회 환원, 인권, 평등, 다양성 존중 등 사회적 책임경영 노력

 - 지배구조 : 윤리경영, 상호 존중 조직문화 구축, 근로 환경 개선 등의 투명 경영 노력

 ChatGPT

4. 기업 구성(Team)

4-1. 기업구성 및 보유 역량
4-1-1. 대표자 및 기업 현황

대표자 역량:

- 학력: 컴퓨터 과학 박사.
- 경력: 10년 이상의 IT 기업에서의 소프트웨어 개발 및 프로젝트 관리 경험. 육아 정보 및 쇼핑 플랫폼 관련 스타트업에서의 성공적인 제품 출시 경험.
- 기술력 및 노하우: AI 및 빅데이터 분석을 활용한 맞춤형 서비스 개발 능력. 사용자 경험 설계(UI/UX)에 대한 심도 있는 지식.
- 인적 네트워크: 육아 제품 공급업체, 육아 전문가, IT 개발자 커뮤니티와 강력한 연결망.
- 유사 경험 및 수상 실적: 관련 분야에서의 여러 차례의 수상 경력 및 정부 지원사업 성공 이력.

보유 장비·시설 및 인력 역량:

- 장비 및 시설: 최신 컴퓨터 및 서버 장비, 테스트 및 개발을 위한 소프트웨어 라이선스.
- 인력: 고급 개발자, 마케팅 전문가, 육아 콘텐츠 크리에이터로 구성된 팀. 각자 해당 분야에서 5년 이상의 경험 및 전문 지식 보유.

4-1-2. 협약 기간 내 인력 고용 및 활용 계획

채용 예정 인력:

- AI 및 빅데이터 분석 전문가: 개인화 서비스의 정확도 향상을 위해 추가 채용 예정.
- 고객 서비스 및 지원 담당자: 사용자 피드백 수집 및 처리, 고객 지원 서비스 강화를 위해 채용.

4-1-3. 외부 협력 현황 및 활용 방안

협력 파트너:

- 육아 제품 공급업체: 신뢰할 수 있는 제품 정보 및 판매를 위한 협력.
- 육아 전문가 및 상담사: 전문가 검증 콘텐츠 제공 및 사용자 상담 지원.
- 기술 개발 회사: 최신 AI 및 빅데이터 분석 기술 도입을 위한 협력.

4-2. 중장기 ESG 경영 도입계획

- 환경(E): 사무실 및 서버 운영에서의 에너지 절약 및 재생 에너지 사용 증가. 제품 포장 및 배송 과정에서의 친환경 소재 사용 확대.

- 사회(S): 지역사회와의 협력 프로젝트 개발, 육아 관련 사회 공헌 활동 진행. 다양성 및 평등을 존중하는 조직 문화 조성.
- 지배구조(G): 투명한 경영 및 의사 결정 과정 확립. 윤리 경영 및 직원 권리 존중을 위한 정책 및 시스템 개발.

이러한 구성 및 계획을 통해 기업은 창업아이템의 성공적인 구현 및 판매 뿐만 아니라 지속 가능하고 책임감 있는 경영을 추구할 것입니다. ESG 경영 도입을 통해 장기적으로 기업의 사회적 가치와 환경적 책임을 강화하고, 이해관계자들에게 신뢰를 구축하는 것을 목표로 합니다.

챗GPT에게 나의 사업추진 현황이나 향후 계획을 충분히 알려주지 않았기 때문에 나만의 고유한 사업계획을 작성해 주지는 못했다.

그런데 [페르소나], [작업], [맥락] 정도만 제공하고, 위와 같은 사업계획서를 써준다면 더 많은 맥락과 추가 정보를 제공하면 실제 사업에 가까운 사업계획서를 만들어 줄 것이다. 그리고 챗GPT가 제안하는 사업계획서에서 창업자가 발견하지 못한 새로운 사업추진 방안을 찾을 수도 있을 것이다.

6. 마이 GPTs로 정부지원 사업계획서 쓰기

2023년 11월 초 챗GPT에 새로 등장한 기능이 있다. 챗GPT 유저가 직접 챗GPT를 특정 목적에 맞게 커스터마이징해서 만든 챗봇을 통칭하는 GPTs가 그것이다. GPTs는 별도의 코딩 지식이 없어도 챗GPT 대화창에서 간단한 채팅 명령을 통해 만들 수 있는데, GPT를 사용하면 특정 목적에 맞게 챗GPT를 맞춤 설정할 수 있다.

오픈AI(https://openai.com/blog/introducing-gpts)에 따르면, "챗GPT를 출시한 이후 사람들은 챗GPT를 특정 사용 방식에 맞게 사용자 정의할 수 있는 방법을 요청해 왔습니다. 우리는 몇 가지 기본 설정을 지정할 수 있는 맞춤형 지침을 7월에 출시했지만 더 많은 제어 기능에 대한 요청이 계속해서 접수됐습니다. 많은 고급 사용자는 신중하게 제작된 프롬프트 및 지침 세트 목록을 유지 관리하고 이를 수동으로 챗GPT에 복사합니다. 이제 GPT가 이 모든 것을 대신해 드립니다"라고 한다.

따라서 우리도 정부지원 사업계획서에 특화된 마이 GPTs를 만들면 좀 더 편리하게 사업계획서 쓰기를 할 수 있다. 다만, GPTs를 만드는 기능은 챗GPT 4.0(유료 버전)에서만 제공되며, 다른 사용자가 만든 GPTs를 사용하는 것도 유료 버전에서만 가능하다.

1) 사업계획서 작성 GPTs

챗GPT에 접속한 뒤 로그인해 좌측 상단 Explore GPTs(GPT탐색하기) 메뉴를 클릭하면, 이미 생성된 여러 가지 GPTs를 확인할 수 있다.

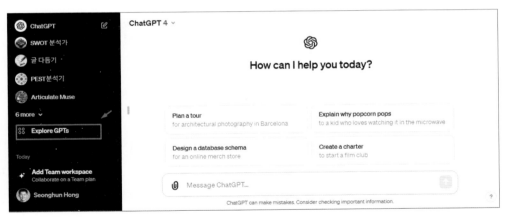

[그림10] Explore GPTs(GPT탐색하기) 메뉴 위치

현재 사업계획서라는 제목의 GPTs도 여러 개 생성돼 공개돼 있다.

[그림11] '사업계획서'를 주제로 하는 공개 GPT검색 결과

2) 나만의 사업계획서 GPTs 만들기

My GPTs(나의 GPTs) 카테고리에서 'Creat a GPT(GPT 생성)'를 클릭해 GPT 빌더를 켠다. 왼쪽의 Create 버튼은 대화를 하며 챗봇을 생성하는 기능인데, 아직 Create 기능은 아직 미숙하다는 의견이 대세이다. 그래도 Create 버튼의 장점은 GPT이름과 이미지를 추천받을 수 있다.

[그림12] 'Creat a GPT(GPT 생성)' 위치

대부분 Configure(설정)를 클릭하는데 Configure(설정)가 나타나면

① 적절한 이름(Name)을 입력하고

② 간단한 설명(Description)을 입력하며

③ 지침(Instructions)에 만들고자 하는 GPT의 역할과 가이드라인, 제약사항 등을 자세하게 입력한다.

④ 시작 대화(Conversation starters)는 GPTs에 질문예시를 적고

⑤ 지식창고(Knowledge)는 글의 흐름 방향을 알 수 있도록 제작자가 직접 작성한 자료파일을 업로드하는 것으로 GPT와의 대화에 파일 내용이 포함될 수 있다.

⑥ 기능(Capabilities)은 Web Browsing(웹검색), DALL·E Image Generation(이미지 생성), Code Interpreter 등을 선택한다.

그리고 Save(저장) 버튼을 눌러 저장하면 마이 GPTs가 생성된다. 이때 GPT의 접근 권한을 설정할 수 있는데 오직 나만 보기 설정(only me)과 링크가 있는 사람만 사용할 수 있는 설정(only people with a link)과 모든 사람이 사용할 수 있는 공개 설정(public) 중에 선택할 수 있다.

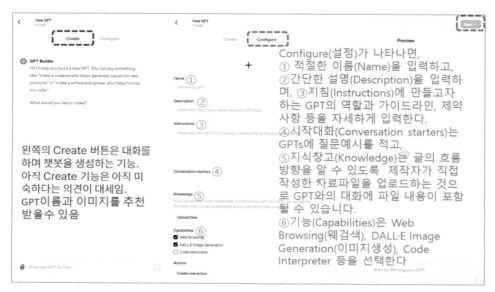

[그림13] 나의 GPT 설정하기

3) 마이 GPTs로 사업계획서 작성하기

필자의 경우 스타트업의 초기 문제 해결에 집중하는 AI 챗봇, 사업 아이디어 분석 및 해결책 제공하는 StartUpSolver(https://chat.openai.com/g/g-NJbyD8T5i)라는 GPTs를 만들었는데, 인스트럭션에 초기창업패키지 관련 가이드라인과 knowledge 파일을 업로드해서 간단하게 창업가의 창업 배경 등 정보를 제공하면 바로 사업계획서를 작성해 준다.

[그림14] StartUpSolver GPT예시

StartUpSolver 초화면에서 4번째 '초기창업패키지 사업계획서를 작성하고 싶어요'를 클릭하면 초기창업패키지 사업계획서 작성에 대한 안내가 나오고 바로 사업계획서를 작성할수 있다.

[그림15] StartUpSolver GPT예시

이제 초기 창업패키지 사업계획서 작성을 위한 맥락정보(창업 배경, 창업 준비사항 등 사업계획정보)를 입력하고 1. 문제 인식(Problem) 1-1. 창업 아이템 배경 및 필요성을 작성해 보자.

 You

나는 육아 제품 정보와 관련해 기존 맘 카페, SNS, 커머스 플랫폼의 파편화된 정보제공과 광고로 오염된 낮은 신뢰도는 육아 제품에 대한 고객의 높은 정보탐색 및 신뢰 기반 구매 욕구를 충족시키지 못하고 있고, 부모가 돼 육아를 직접 수행하면서 경험한 불편함과 시장의 불합리성을 기술로 혁신하고 사업화함으로써 사회와 경제에 더 큰 가치를 창출하고자 해.

1. 문제 인식(Problem)
1-1. 창업 아이템 배경 및 필요성
을 작성해 줘.

StartUpSolver

문제 인식(Problem)
1-1. 창업 아이템 배경 및 필요성

현대 사회에서 육아는 단순히 자녀를 양육하는 것을 넘어, 아이에게 최적의 환경과 제품을 제공하고자 하는 부모의 강한 욕구에서 비롯됩니다. 이러한 욕구는 부모들로 해금 육아 관련 정보와 제품에 대한 깊이 있는 탐색과 신뢰할 수 있는 추천을 필수적으로 요구하게 만들었습니다. 하지만 현재 시장에서는 맘카페, 소셜미디어 네트워크(SNS), 온라인 커머스 플랫폼 등 다양한 채널을 통해 육아 제품 정보가 제공되고 있음에도 불구하고, 이 정보들이 파편화돼 있고 광고로 오염돼 신뢰도가 낮은 문제점을 갖고 있습니다.

이러한 문제점은 부모가 육아 제품 선택 시 겪는 어려움을 증가시키고, 결국 부모의 시간과 자원 낭비로 이어집니다. 또한, 신뢰할 수 있는 정보 부족은 부모가 아이에게 더 나은 제품을 제공하고자 하는 기본적인 욕구를 충족시키지 못하게 합니다. 이는 곧 아이의 건강과 발달에 영향을 미칠 수 있으며, 부모의 육아에 대한 만족도를 저하시키는 요인이 됩니다.

본 창업 아이디어는 이러한 시장의 불합리성과 부모들이 겪는 불편함을 기술의 혁신을 통해 해결하고자 합니다. 목표는 육아 제품에 관한 신뢰할 수 있는, 검증된 정보를 제공하고, 부모들이 쉽게 접근하고 이해할 수 있는 통합 플랫폼을 개발하는 것입니다. 이를 통해 부모는 아이에게 최적의 제품을 선택하고 구매하는 과정에서 시간과 자원을 효율적으로 사용할 수 있게 될 것입니다.

또한, 이 플랫폼은 정보의 신뢰도를 향상시키기 위해 사용자 경험 기반의 리뷰와 전문가 검증 과정을 도입함으로써, 육아 제품 시장의 투명성을 높이고, 결국 사회와 경제에 더 큰 가치를 창출하는 것을 목표로 합니다. 이는 단순히 육아 제품의 선택과 구매를 넘어서, 아이의 건강과 발달, 그리고 부모의 육아 만족도 향상에 기여할 것입니다.

1-2 창업 아이템 목표시장(고객) 설정 및 요구사항 분석도 작성해 보자.

 You

1-2 창업 아이템 목표시장(고객) 설정 및 요구사항 분석을 작성해 줘.

 StartUpSolver

1-2. 창업 아이템 목표시장(고객) 설정 및 요구사항 분석
목표시장(고객) 설정
본 창업 아이템의 주된 목표시장은 육아를 직접 수행하는 부모와 보호자입니다. 이 시장은 다음과 같은 세부 그룹으로 나누어져 있습니다:

1. 첫 자녀를 기르는 신생 부모: 육아 경험이 적고, 신뢰할 수 있는 육아 제품 정보에 대한 필요성이 매우 높은 그룹입니다. 정보 탐색과 결정에 있어 추가적인 도움과 안내를 필요로 합니다.
2. 다자녀를 둔 경험 많은 부모: 육아 경험은 풍부하지만, 시간이 흐르면서 변화하는 육아 트렌드와 새로운 제품에 대한 정보를 찾는 그룹입니다. 효율성과 실용성을 중시합니다.
3. 예비 부모 및 임신 중인 부모: 아이를 기대하며 육아 준비에 필요한 정보와 제품을 미리 알아보는 그룹입니다. 신뢰할 수 있는 정보와 제품 선택에 대한 가이드를 원합니다.

4. 조부모 및 기타 가족 구성원: 손자녀 또는 조카 등을 돌보는 경우, 현대 육아 제품에 대한 정보가 부족할 수 있는 그룹입니다. 간단하고 이해하기 쉬운 정보를 선호합니다.

요구사항 분석

1. 신뢰성: 파편화되고 광고로 오염된 정보가 아닌, 검증된 정보를 원합니다. 제품 리뷰와 추천은 실제 사용 경험 또는 전문가 검증을 기반으로 해야 합니다.

2. 통합성: 육아와 관련된 정보, 제품 리뷰, 구매 옵션을 한 곳에서 제공하는 통합 플랫폼에 대한 수요가 있습니다. 사용자는 여러 사이트를 방문하기보다는 하나의 신뢰할 수 있는 소스를 선호합니다.

3. 사용자 친화적 인터페이스: 간단하고 직관적인 사용자 인터페이스를 통해 정보를 쉽게 탐색하고 원하는 정보를 빠르게 찾을 수 있는 플랫폼을 원합니다.

4. 개인화된 추천: 사용자의 선호, 필요, 그리고 과거의 검색 및 구매 이력을 기반으로 한 개인화된 제품 추천에 대한 수요가 높습니다.

5. 가격 비교와 제품 선택: 다양한 온라인 스토어와 오프라인 매장에서 제품의 가격을 비교하고, 최적의 가격으로 구매할 수 있는 옵션을 제공하는 기능에 대한 필요성이 있습니다.

이러한 요구사항 분석을 통해 창업 아이템은 육아 제품 시장에서 부모와 보호자들이 겪고 있는 정보의 신뢰성 부족, 접근성, 그리고 개인화된 추천의 필요성을 해결할 수 있는 핵심 기능과 서비스를 개발해야 합니다. 이는 부모가 더 나은 의사결정을 내릴 수 있게 해, 최종적으로는 자녀의 건강과 발달에 긍정적인 영향을 미칠 것입니다.

2. 실현 가능성(Solution) 2-1. 창업 아이템의 개발/개선 준비 현황을 건너뛰고, 2-2. 창업 아이템의 실현(개선/개발) 및 구체화 방안을 바로 작성해 보자.

 You

2. 실현 가능성(Solution)
2-2. 창업 아이템의 실현(개선/개발) 및 구체화 방안을 작성해 줘.

 **StartUpSolver**

2. 실현 가능성(Solution)

2-2. 창업 아이템의 실현(개선/개발) 및 구체화 방안

본 창업 아이템은 육아 제품에 대한 신뢰할 수 있는 정보제공과 개인화된 추천을 통해 부모와 보호자들의 의사결정 과정을 개선하는 플랫폼을 개발하는 것을 목표로 합니다. 이를 실현하기 위한 구체화 방안은 다음과 같습니다:

1. 데이터 기반의 제품 리뷰 시스템 구축
   - 사용자와 전문가의 검증된 리뷰를 수집해 신뢰할 수 있는 제품 정보 데이터베이스를 구축합니다.
   - AI 기술을 활용해 리뷰의 신뢰성을 평가하고, 사용자에게 가장 유용한 리뷰를 제공합니다.
2. 개인화 알고리즘 개발
   - 사용자의 검색 패턴, 구매 이력, 선호도를 분석해 개인화된 제품 추천을 제공하는 알고리즘을 개발합니다.
   - 사용자 프로파일링과 머신러닝 기술을 활용해, 사용자가 필요로 하는 제품을 예측하고 추천합니다.
3. 통합 정보제공 플랫폼 개발
   - 육아 제품의 리뷰, 가격 비교, 구매 옵션을 포함한 통합 정보제공 플랫폼을 개발합니다.
   - 사용자 친화적 인터페이스를 통해 정보 접근성을 높이고, 효율적인 정보탐색 경험을 제공합니다.
4. 실시간 가격 비교 및 구매 가이드 기능
   - 온라인 및 오프라인 매장의 가격 정보를 실시간으로 수집하고 비교하는 기능을 제공합니다.
   - 최적의 가격으로 제품을 구매할 수 있도록 가이드하고, 프로모션 및 할인 정보를 제공합니다.
5. 커뮤니티 구축 및 사용자 참여 촉진
   - 육아 경험 공유, 제품 리뷰 작성 등 사용자 참여를 촉진하는 커뮤니티 기능을 통합합니다.
   - 사용자 간의 신뢰를 기반으로 한 정보 공유를 통해 플랫폼의 가치를 증대합니다.
6. 지속적인 개선 및 업데이트
   - 사용자 피드백과 시장 동향을 지속적으로 분석해 플랫폼을 개선하고 업데이트합니다.

- 신기술 적용 및 사용자 경험 개선을 위한 연구 개발을 지속합니다.

이러한 구체화 방안을 통해 본 창업 아이템은 육아 제품 시장에서 정보의 파편화와 낮은 신뢰도 문제를 해결하고, 부모와 보호자들이 보다 신뢰할 수 있는 정보를 바탕으로 의사결정을 내릴 수 있는 환경을 조성할 것입니다. 이는 최종적으로 육아 제품의 선택과 구매 과정을 간소화하고, 아이들의 건강과 발달에 긍정적인 영향을 미칠 것으로 기대됩니다.

외부에선 알 수 없지만, 이 GPTs의 인스트럭션이나 knowledge에 초기창업패키지 사업계획서의 작성에 대한 가이드라인을 담고 있기에 목차 제목만 주어도 해당 목차에 해당하는 항목을 작성할 수 있는 것이다.

따라서 이런 GPTs를 만들면 더 간편하게 사업계획서 작업을 할 수 있을 것이다.

7. 사업계획서 다시 다듬기

자, 그럼 지금까지 다양한 방식으로 챗GPT를 통해 사업계획서 작성하는 것을 살펴보았다. 실제로 챗GPT 교육 중 필자가 현장에서 챗GPT로 바로바로 사업계획서 작성하는 것을 시연하면 깜짝 놀라는 분들이 많다.

그런데 사업계획서도 글쓰기의 한 종류이며 챗GPT는 여러 생성형 AI 중에서도 대형언어모델로 글쓰기가 능하기 때문에 사업계획서를 바로바로 써주는 것은 놀랄만한 것이 아니다.

그리고 챗GPT가 빨리 사업계획서를 써 내려갔다면 그중에 내가 추진 하는 사업과 다른 내용이 있거나, 혹시 내가 몰랐던 사업 아이디어를 챗GPT가 찾아 주는 경우에도 모두 사업계획서를 작성하는 창업가 본인이 취사 선택을 해야 한다.

예전에도 사업계획서를 작성하려면, 구글 검색이나 네이버 검색을 하고 유튜브를 뒤져보고, 다양한 통계자료 사이트에 들어가 자료를 찾았다.

〈사업계획서 백업자료 구하는 곳〉

- http://www.starvalue.or.kr : 기술이전, 기술사업화, 기술의 제품화, 제품의 수익화, 기술경쟁력 제고 기술가치평가시스템
- http://www.ndsl.kr : 논문, 특허, 보고서, 동향, 표준, 사실 정보, 원스톱 정보서비스, 개인 맞춤형 정보서비스, NOS(NDSL Open Service), 다국어 검색
- http://tod.kisti.re.kr : 기술 기회 발굴 시스템(보유 제품 기반 기회 제품 탐색, 경쟁기업 벤치마킹)
- http://compas.kisti.re.kr : 경쟁정보 분석시스템(경쟁 기술 모니터링 서비스 - 특정 기술 및 분야에 관한 해외 특허 (USPTO), 논문(Pubmed, WoS 등), 회사, 전문가, 수출입 현황 그리고 대상 교역국까지 엄청나게 많은 정보를 한 번에 분석)
- http://kmaps.kisti.re.kr : 지능형 산업시장분석시스템(시장 분석, 산업구조분석, 사업성 분석, 환경분석, 산업·시장보고서 등)
- http://society.kisti.re.kr : 과학기술 학회 마을(논문 검색 등)
- http://stat.kita.net/ : 무역협회 통계(국내 통계, 해외통계)
- http://kosis.kr : KOSIS 국가통계포털(인구, 물가, 소득, 경제활동, 산업분류, 자산, 사망 원인, 출산율, 실업률, GDP, 다문화, 사교육 통계 등)
- http://kostat.go.kr/ : 통계청
- http://www.khiss.go.kr/ : 보건 산업통계 포털(보건의료/바이오)
- http://ecos.bok.or.kr : 한국은행 경제통계시스템
- https://unipass.customs.go.kr:38030/ets/ : 관세청 수출입 무역통계
- http://dart.fss.or.kr 금융감독원 전자공시시스템(상장기업, 코스닥기업, 외감 기업 등의 사업보고서, 반기보고서 공개) : 모든 사업보고서의 'II. 사업의 내용'엔 전문가가 작성한 업종현황정보가 공개돼 있다.
- http://smroadmap.smtech.go.kr/ 중소기업 전략기술 로드맵

　그런데 요즘은 검색의 시대에서 생성의 시대로 넘어가고 있어서 생성형 AI를 통해 자료를 찾고 자료를 가공하는 일은 점점 늘어날 것이다. 앞에서 보여준 챗GPT를 통한 사업계획서 작성은 사업계획서의 틀을 잡고 빠른 시간에 사업계획서를 작성하는 도구로 이해돼야 할 것이다.

창업가 본인이 이미 사업계획서를 작성했다면 챗GPT를 통해 검토하고 개선 방향을 찾는 것도 좋은 AI 활용법이다. 앞에서 주얼리 창업을 예시로 작성한 예비창업패키지 사업계획서처럼 초안을 만들었다면, 이것을 텍스트 파일로 저장해 챗GPT 4.0 유료 버전에서 업로드하고, 다음과 같이 챗GPT의 사업계획서 개선 조언을 받아보자.

이번엔 챗GPT에게 사회자와 4명의 심사위원을 수행하는 멀티 페르소나를 부여해 개선 조언을 받을 수 있다.

 You

사업계획서.txt
Document

당신은 [사회자][심사위원 A] [심사위원 B], [심사위원 C] 및 [심사위원 D]의 역할을 적절히 분담합니다.
지금 부터 [주제]에 대해 [조건]에 제시한 주체들이 번갈아 가며 발화하게 하고, 과제와 해결 방법도 섞어 가며 수평적 사고를 통해 토론하도록 하세요.
- [목표]를 달성할 수 있게 토론을 진행하세요.
- 토론을 위해 [참고 자료]를 검색해 대화에 반영하세요.
- 반드시 [목표]에 대한 결론을 도출해 주세요.
- 이상의 토론을 3회에 걸쳐 반복하세요.

각 조건은 다음과 같습니다.
조건
[사회자] : 냉철하게 토론을 주관하는 영리한 진행자
[심사위원 A] : 100회 이상 사업계획서 컨설팅 경험이 있는 사업계획서 작성 전문가
[심사위원 B] : 시장 조사 경험이 풍부한 마케팅 전문가
[심사위원 C] : 10회 이상 창업 경험과 창업사업계획서 작성 경험이 있는 기업가
[심사위원 D] : 창업 지원사업의 사업계획서를 100회 이상 심사한 대학교수

주제
- 첨부 사업계획서로 창업지원 사업에 합격하기 위한 사업계획서 개선 사항을 제안한다.

참고 자료
- 초기창업패키지 사업계획서 작성 목차
- 초기창업패키지 작성 가이드
- 초기창업패키지 공고

목표
- 창업 지원사업에 합격하기 위해 초기창업패키지 공고상 취지에 부합한 사업계획서로 개선
  사항을 제안한다.
- 창업 지원사업에 합격하기 위해 초기창업패키지 사업계획서 작성목차에 부합한 사업계획
  서로 개선 사항을 제안한다.
- 창업 지원사업에 합격하기 위해 초기창업패키지 작성 가이드에 부합한 사업계획서로 개선
  사항을 제안한다.

ChatGPT

첫 번째 토론: 사업계획서의 문제 인식 및 실현 가능성 개선

사회자: 오늘 우리는 주얼리 사업계획서를 통해 창업 지원사업에 합격하기 위한 개선 사항을 논의할 것입니다. 우리의 목표는 사업계획서를 초기창업패키지 공고의 취지에 부합하게 만드는 것입니다. 먼저, 문제 인식과 실현 가능성 부분에 대해 논의해 보겠습니다.

심사위원 A: 문제 인식 부분에서는 종로구 여성의 필요성과 시장의 수요를 잘 파악했습니다. 하지만, 구체적인 시장 조사 데이터와 경쟁사 분석이 누락 됐습니다. 시장의 크기와 타깃 고객의 구매력을 정량적으로 보여줄 필요가 있습니다.

심사위원 B: 마케팅 전문가로서, 타깃 고객에 대한 분석은 좋으나, 온라인 쇼핑몰의 접근성 만으로는 충분치 않습니다. 구체적인 온라인 마케팅 전략과 소셜 미디어 활용 계획이 필요합니다. 예를 들어, SEO 최적화와 특정 소셜 미디어 채널에서의 활동 강화 등이 포함돼야 합니다.

심사위원 C: 창업가의 관점에서 볼 때, 실현 가능성 부분은 잘 설명됐습니다. 그러나 창업 아

이템의 현황과 준비 정도를 더 구체화할 필요가 있습니다. 예를 들어, 제품 개발 과정과 선택된 원자재 공급처에 대한 정보를 더욱 자세히 제공해야 합니다.

심사위원 D: 대학교수이자 창업 지원사업 심사위원으로서, 이 사업계획서는 초기 단계에서는 충분히 설득력이 있습니다. 하지만, 장기적인 비전과 사업의 지속 가능성에 대한 내용을 강화해야 합니다. 예를 들어, 지속 가능한 소재 사용과 포장재를 적용하는 것은 좋은 시작이지만, 이를 통해 어떻게 사회적 가치를 창출할 것인지에 대한 구체적인 계획이 필요합니다.

사회자: 훌륭한 통찰력입니다. 문제 인식 부분에서는 시장 조사 데이터와 경쟁사 분석을 보강하고, 실현 가능성에서는 제품 개발과 공급처 선택에 대해 더 구체적인 정보를 제공해야 합니다. 또한, 장기적인 비전과 지속 가능성에 더 초점을 맞춰야 할 것입니다. 이제 성장전략과 팀 구성 부분으로 넘어가 보겠습니다.

두 번째 토론: 성장전략 및 팀 구성의 개선

사회자: 이제 성장전략과 팀 구성 부분을 논의해 보겠습니다. 어떻게 이 부분들을 개선해 사업계획서를 더욱 강화할 수 있을까요?

심사위원 A: 성장전략에서는 소셜 미디어 마케팅과 인플루언서 파트너십을 활용한 브랜드 인지도 제고 계획이 좋지만, 구체적인 성장 지표와 KPIs 설정이 필요합니다. 또한, 고객 리뷰 활용 방안은 탁월하지만, 고객 참여를 유도할 수 있는 추가 전략이 필요합니다.

심사위원 B: 팀 구성에서는 다양한 전문성을 갖춘 팀원 구성이 장점입니다. 그러나, 기술 개발이나 운영 관리에 대한 전문가가 부족한 것 같습니다. 디지털 마케팅과 웹 개발 전문가를 팀에 포함시켜, 온라인 플랫폼의 효율적 관리와 발전을 도모해야 합니다.

심사위원 C: 성장전략에 있어서, 초기 마케팅 비용 배분 계획은 명확하지만, 중장기적인 재무 계획과 수익 창출 모델에 대한 설명이 부족합니다. 구체적인 수익 모델과 재무 전략을 개발해 사업계획의 신뢰성을 높여야 합니다.

심사위원 D: 중장기 사회적 가치 도입계획은 매우 긍정적이나, 이를 통해 기대하는 구체적인 사회적, 환경적 영향을 더 상세히 설명할 필요가 있습니다. 예를 들어, 지역 공방과의 협업을 통해 창출되는 구체적인 경제적 가치와 환경 보호를 위한 구체적인 조치들을 명시해야 합니다.

사회자: 우리는 성장전략에서 구체적인 성장 지표와 중장기 재무 계획의 필요성을 확인했습니다. 팀 구성에서는 기술 및 운영 관리 전문가의 추가 필요성을 논의했습니다. 이제 최종적인 결론을 도출해 보겠습니다.

결론: 사업계획서 개선을 위한 종합적 제안

사회자: 오늘 논의를 바탕으로, 창업 지원사업에 합격하기 위한 사업계획서의 개선 사항을 종합해 보겠습니다.

문제 인식과 실현 가능성: 구체적인 시장 조사 데이터와 경쟁사 분석을 추가하고, 제품 개발 과정 및 원자재 공급처에 대한 상세 정보를 포함해야 합니다.

성장전략: 구체적인 성장 지표와 KPIs를 설정하고, 중장기 재무 계획 및 수익 창출 모델을 명확히 해야 합니다. 고객 참여 전략을 강화해야 합니다.

팀 구성: 디지털 마케팅과 웹 개발 전문가를 포함시켜, 기술 개발 및 운영 관리 능력을 강화해야 합니다.

사회적 가치: 지역 공방과의 협업을 통한 경제적 가치 창출과 환경 보호 조치에 대한 구체적인 계획을 제시해야 합니다.

이러한 개선 사항을 통해, 사업계획서는 초기 창업 지원사업의 취지에 부합하고, 초기창업 패키지 사업계획서 작성 목차와 작성 가이드를 따르며, 사업계획서의 강점을 강화하고 약점을 보완하기 위한 방안을 제시했습니다. 이를 통해 창업계획의 실현 가능성, 성장전략, 팀 구성의 개선점을 도출하고, 사업 계획서를 보다 효과적으로 개선할 수 있는 방안을 제안했습니다.

Epilogue

생성형 AI를 활용해 사업계획서를 작성하는게 아직은 일반적이지 않지만, 그 활용이 늘어나는 것은 막을 수 없을 것이다.

일부에서는 생성형 AI를 활용한 사업계획서 작성을 부정적인 시각으로 보는 분들도 있다. AI 모델이 기존 데이터를 기반으로 사업 아이템을 추천하거나 사업계획서를 작성하기 때문에 창업자의 진정한 사업계획이 아니라는 비판이 있다.

또 AI 모델이 작성하는 사업계획서가 현실적인 제약 조건을 고려하지 않아 실행 가능성이 낮을 수 있다는 문제도 있다. 그리고 표절방지 프로그램처럼 AI로 작성한 사업계획서를 걸러내는 AI 콘텐츠 탐지 제거기 때문에 지원사업 심사를 통과하기 어렵다는 우려도 있다.

그런데 사업계획서 작성에 생성형 AI를 활용하면 시장 분석, 경쟁사 분석, 마케팅 전략 수립 등 시간이 많이 걸리는 분석작업을 빨리 수행해서 핵심 전략 수립에 집중할 시간을 늘릴 수 있고, 비재무 전문가인 창업자도 재무 모델링 등을 쉽게 할수 있고, 특히 다양한 형식의 문서작성을 지원하여 사업계획서, 사업 제안서, 투자 유치제안서 등을 손쉽게 작성할 수 있다.

사실 창업과정에 열정이 강한 창업가라도 사업계획서를 통해 자신의 사업계획을 투자자, 정부 지원기관 등 이해관계자가 빨리 이해하여 의사결정을 하게 하는 것은 쉽지 않은 문제이다. 실제로 많은 기업에서 중요한 사업계획서를 작성할 때는 여러 전문가의 조력을 받아 자료를 만들거나 시장 분석이나 경쟁사 조사 등을 외주로 맡기기도 한다. 그런데 이렇게 외부의 도움을 받아도, 최종적인 사업계획서는 창업자의 아이디어와 창업에 대한 열정을 담아서 작성한다.

생성형 AI 기술은 외부 전문가에 비해 저렴한 비용과 시간으로 사업계획서 작성을 효율적으로 돕는 강력한 도구로 활용가능하지만, 위에서 언급한 부정적 문제들을 해결하기 위한 노력도 함께 고민해야 할 것이다.

3

생성형 AI
챗 GPT 활용
보고서
작성 실무

홍 성 훈

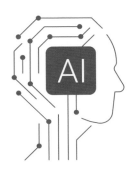

제3장
생성형 AI 챗 GPT 활용
보고서 작성 실무

학교를 졸업하고 직장에 들어가도 계속 따라다니는 숙제가 있다. 보고서 쓰기이다. 학교 다니며 레포트 쓰기 했던 것도 보고서고, 직장에서 각종 업무 관련 보고서를 작성하는 것도 그것이다. 그래서 생성형 AI인 챗GPT가 우리 곁에 오고 나선, 많은 대학생과 직장인들이 'AI로 보고서 쓰기'를 시도하고 있다,

CNN에 따르면 챗GPT 도입 이후 미국 학교에서는 처음에는 사용을 금지했지만, 최근에는 많은 학교에서 AI 도구 사용을 장려하고 교육하고 있다고 한다. 교수진과 학생에게 AI 활용과 관련한 교육 과정을 제공하는데, 이것은 챗GPT를 활용해 보고서 등 산출물을 내는 것이 부정행위가 아닌 보다 효과적인 작업방식이라는 시대의 변화인 듯하다.

1. 보고서란

1) 보고서의 정의

보고서는 특정 주제나 사건에 대한 정보를 정리하고 전달하는 문서로 일반적으로 사실에 근거해 작성되되 주로 비즈니스, 학술, 정부, 공공기관 등에서 사용된다.

보고서의 목적은 주제에 대한 이해를 증진하고, 결정을 지원하거나 문제를 해결하기 위한 정보를 제공하는 것으로 보고서 작성은 다양한 분야에서 다음과 같이 중요한 역할을 한다.

- **정보 제공** : 보고서는 특정 주제에 대한 정보를 체계적으로 제공한다. 조사, 분석, 연구 등을 통해 얻은 결과와 결론을 다른 이해관계자와 공유할 수 있다.
- **의사 결정 지원** : 보고서는 의사 결정에 필요한 정보와 분석을 제공한다. 보고서를 통해 주요 이슈, 추천 사항, 경영 전략 등을 제시해 조직이나 개인의 의사 결정에 도움을 준다.
- **문제 해결** : 보고서는 문제 해결 과정에서 중요한 도구이다. 문제의 원인, 영향, 대안 등을 분석해 문제 해결에 대한 명확한 방향성을 제시한다.
- **협업과 커뮤니케이션** : 보고서는 팀 또는 조직 간의 협업과 커뮤니케이션을 원활하게 도와준다. 중요한 정보와 결과를 공유해 효율적인 협업을 이끌고, 의사소통의 효과를 극대화한다.

2) 보고서의 종류

보고서는 다양한 유형이 있고, 각각의 목적과 구조가 있다. 일반적으로 주요 보고서의 종류를 다음과 같이 설명할 수 있다.

(1) 사업 보고서(Business Report)

'사업 보고서'는 조직 내외부의 의사 결정 과정을 지원하기 위해 특정 비즈니스 상황이나 문제, 기회에 대한 분석과 정보를 제공한다. 이 보고서는 시장 조사, 재무 분석, 경쟁 분석, 프로젝트 평가 및 성과 관리 등 다양한 목적으로 사용된다.

사업 보고서는 일반적으로 실행 요약, 배경 설명, 문제 정의, 데이터 분석, 결론, 행동 계획으로 구성된다. 실행 요약에서는 보고서의 주요 발견과 권장 사항을 간략히 소개한다. 배경 섹션에서는 조사의 맥락과 중요성을 설명하며, 문제 정의에서는 해결해야 할 구체적인 문제를 명시한다. 데이터 분석 섹션에서는 수집된 정보와 분석 결과를 제시하고, 결론에서는 분석을 통해 도달한 주요 결론을 요약한다. 마지막으로, 행동 계획에서는 실제 실행을 위한 구체적인 권장 사항과 단계를 제시한다.

- 예시 : OO 기업의 분기별 실적 보고서
- 내용 : 매출액, 이익률, 비용 구조, 시장 점유율 등과 같은 경영 성과 지표를 포함하며, 비즈니스 전략의 실행 상황 및 성과를 분석.

(2) 마케팅 보고서(Marketing Report)

'마케팅 보고서'는 특정 마케팅 활동, 캠페인, 시장 조사, 경쟁 분석, 소비자 행동 분석 등 마케팅과 관련된 다양한 주제에 대한 정보와 분석을 제공하는 문서이다. 이 보고서의 목적은 마케팅 전략의 효과를 평가하고 시장의 최신 동향을 이해하며 기업의 마케팅 결정을 지원하는 것이다. 마케팅 보고서는 타깃 시장의 특성, 소비자 요구의 변화, 경쟁사의 활동, 새로운 마케팅 기회 등을 식별하는 데 중요한 역할을 한다.

마케팅 보고서는 서론, 시장 분석, 경쟁 분석, 마케팅 전략 평가, 캠페인성과 분석, 결론 및 권장 사항 등으로 구성할 수 있다. 서론에서는 보고서의 목적과 범위를 명시하고, 시장 분석에서는 시장 규모, 성장 전망, 소비자 세분화 등을 다룬다. 경쟁 분석에서는 주요 경쟁사의 전략과 시장 점유율을 분석하며, 마케팅 전략 평가에서는 현재 전략의 성과를 평가한다. 캠페인 성과분석에서는 특정 마케팅 캠페인의 결과를 분석하고, 결론에서는 주요 발견을 요약하며, 권장 사항에서는 향후 마케팅 전략의 방향을 제안한다. 마케팅 보고서는 기업이 시장에서의 위치를 강화하고 소비자 요구에 더 잘 부응하며 경쟁 우위를 확보하는 데 필수적인 도구이다.

- 예시 : 신제품 출시 전 마케팅 계획 보고서
- 내용 : 시장 조사 결과, 대상 고객층 분석, 마케팅 전략 및 채널 계획, 예산 등을 포함해 제품의 마케팅에 대한 계획과 전략을 설명

(3) 기획 보고서(Planning Report)

'기획 보고서'는 특정 프로젝트, 프로그램, 또는 이니셔티브를 시작하기 전에 실행 가능성, 전략, 목표 설정, 자원 배분, 예산 책정 등을 포괄적으로 분석하고 계획하는 문서이다. 이 보고서의 주된 목적은 프로젝트의 성공 가능성을 극대화하고, 실행 전에 발생할 수 있는 잠재적 문제를 사전에 식별해 대응 계획을 수립하는 것이다. 기획 보고서는 조직 내부의 프

로젝트 관리자, 경영진, 투자자나 외부 이해관계자들에게 중요한 정보를 제공하며, 프로젝트의 방향성과 구체적인 실행 계획에 대한 합의를 도출하는 데 중요한 역할을 한다.

기획 보고서는 일반적으로 프로젝트 개요, 목표 및 목적, 배경 분석, 시장 조사, 실행 전략, 예산 및 자원 계획, 위험 평가 및 관리 계획, 일정 계획 등 여러 섹션으로 구성된다. 프로젝트 개요에서는 프로젝트의 기본 개념과 범위를 소개하며, 목표 및 목적 섹션에서는 프로젝트가 달성하고자 하는 구체적인 결과를 명시한다.

배경 분석과 시장 조사는 프로젝트의 필요성과 시장 내 위치를 정당화하며, 실행 전략에서는 프로젝트 목표를 달성하기 위한 구체적인 방법론을 제시한다. 예산 및 자원 계획에서는 프로젝트 실행에 필요한 재정적, 인적 자원의 분배를 계획하고, 위험 평가 및 관리 계획에서는 잠재적 위험 요소를 식별하고 이에 대한 대응 전략을 개발한다. 일정 계획에서는 프로젝트의 주요 단계와 이정표, 예상 완료 시기를 포함해 프로젝트 실행 일정을 상세히 제시한다.

기획 보고서는 프로젝트의 성공적인 실행을 위한 청사진 역할을 하며, 모든 관련 이해관계자가 프로젝트의 목표, 계획, 기대 결과에 대해 명확하게 이해할 수 있도록 돕는다. 이 보고서를 통해 조직은 프로젝트의 실행 가능성을 평가하고 전략적 결정을 내리며 필요한 자원을 효율적으로 배분하고 프로젝트 실행 과정에서 발생할 수 있는 위험을 최소화할 수 있다.

- 예시 : 새로운 사업 부서 설립 기획 보고서
- 내용 : 부서 목표 및 임무, 인력 구성, 예산 및 자금 계획, 프로젝트 일정 등을 포함해 새로운 기획이나 프로젝트의 실행 계획을 설명

(4) 진행 보고서(Progress Report)

'진행 보고서'는 프로젝트나 작업의 진행 상황을 정기적으로 검토하고 보고하기 위한 문서이다. 이 보고서의 주요 목적은 프로젝트 팀, 경영진, 투자자, 또는 기타 이해관계자들에게 현재까지의 성과, 도달한 이정표, 발생한 문제점, 향후 계획 및 예상되는 도전과제에 대

한 정보를 제공하는 것이다. 진행 보고서는 프로젝트의 투명성을 높이고 의사소통을 개선하며 조기에 문제를 식별하고 해결할 수 있도록 돕는다.

보통 서론, 프로젝트 개요, 진행 상황 요약, 문제점 및 해결 방안, 향후 계획 등으로 구성된다. 서론에서는 보고서의 목적과 보고 기간을 명시하고, 프로젝트 개요에서는 프로젝트의 전반적인 목표와 범위를 설명한다. 진행 상황 요약에서는 지정된 기간 동안 완료된 작업과 달성된 이정표를 제시하며, 문제점 및 해결 방안 섹션에서는 직면한 주요 도전과제와 이에 대한 대응 전략을 설명한다. 마지막으로, 향후 계획 섹션에서는 다음 단계의 목표, 예정된 작업, 중요한 마일스톤에 대해 논의한다. 진행 보고서는 프로젝트 관리의 핵심 도구로써 계획의 수정, 자원 배분의 조정, 목표 달성을 위한 전략적 방향 설정에 기여한다.

- 예시 : 프로젝트 진행 상황 보고서
- 내용 : 프로젝트의 진행 상황, 주요 이슈 및 문제점, 달성된 목표와 일정 대비 현재 상황 등을 포함해 프로젝트의 진행 상황을 보고

(5) 정부 보고서(Government Report)

'정부 보고서'는 정부 기관이나 공공 부문의 기관이 작성하는 공식 문서로 정책 분석, 경제 발전, 사회적 이슈, 공공 프로젝트의 진행 상황, 예산 사용 및 효과 분석 등 다양한 주제를 다룬다. 이러한 보고서의 주요 목적은 정책 결정자, 입법자, 일반 대중에게 중요한 정보와 분석을 제공해 투명성을 보장하고 공공 정책에 대한 이해와 참여를 증진시키는 것이다.

정부 보고서는 일반적으로 현재 정책의 효과성 평가, 새로운 정책 제안, 예산 분석, 법률 및 규제 변경의 영향 평가 등을 포함할 수 있다. 이러한 보고서는 통계 데이터, 연구 결과, 전문가 의견을 기반으로 해 근거 기반 정책 결정을 지원한다.

보고서 구조는 보통 서론, 배경, 방법론, 데이터 분석, 결과, 결론 및 권장 사항으로 구성된다. 서론에서는 보고서의 목적과 중요성을 설명하고, 배경에서는 관련된 역사적, 사회적 맥락을 제공한다. 방법론과 데이터 분석 섹션에서는 정보 수집 및 분석 방법을 기술하며,

결과 섹션에서는 분석 결과를 상세히 논의한다. 결론에서는 주요 발견을 요약하고, 권장 사항에서는 향후 정책 방향이나 개선 조치를 제시한다.

- 예시 : 국가 기후 변화에 대한 정책 제안 보고서
- 내용 : 기후 변화의 현재 상황과 예측, 영향 분석, 정책 제안 및 시행 계획 등을 포함해 정부의 특정 분야에 대한 정책 또는 법안에 대한 보고서

(6) 연구 보고서(Research Report)

'연구 보고서'는 특정 주제나 문제에 대한 심층적인 조사와 분석을 바탕으로 작성된다. 이러한 보고서의 주요 목적은 새로운 지식을 생성하거나 기존의 지식을 확장하는 것이다. 연구 보고서는 주로 학술적인 환경에서 요구되며, 과학자, 학자, 학생들에 의해 작성된다.

이 보고서는 서론, 문헌 검토, 방법론, 연구 결과, 논의, 결론 및 권장 사항 등 여러 섹션으로 구성된다. 서론에서는 연구의 배경과 목적을 설명하고, 문헌 검토에서는 주제에 대한 기존 연구를 분석한다. 방법론 섹션에서는 연구 설계와 데이터 수집 방법을 기술하며, 결과 섹션에서는 수집된 데이터를 제시하고 분석한다. 논의 섹션에서는 연구 결과의 의미를 탐구하고, 결론에서는 연구 목표 달성 여부를 평가하며, 필요한 경우 향후 연구 방향에 대한 권장 사항을 제시한다.

- 예시 : 신약 개발에 관한 의학 연구 보고서
- 내용 : 연구의 목적, 방법, 결과, 결론 및 추후 연구 방향 등을 포함해 특정 주제에 대한 연구 결과를 보고

(7) 기술 보고서(Technical Report)

'기술 보고서'는 특정 기술적 문제 해결, 연구 개발(R&D) 프로젝트, 공학 설계 프로젝트, 실험, 또는 기술 평가에 대한 상세한 기록을 제공하는 문서이다. 이러한 보고서의 주된 목적은 복잡한 기술적 정보, 연구 결과, 개발 과정을 명확하고 체계적으로 전달하는 것이다. 기술 보고서는 대개 과학자, 엔지니어, 기술 전문가들에 의해 작성되며, 특정 기술 문제에 대한 해결 방안, 연구 개발의 진행 상황, 신제품 개발 과정, 또는 기술 평가의 결과를 다룬

다. 기술 보고서는 특정 기술 분야에서의 전문 지식을 공유하고, 신기술의 개발과 적용을 촉진하는 중요한 역할을 한다.

이 보고서는 서론, 배경, 목표, 방법론, 실험 결과 및 데이터 분석, 결론 및 권장 사항 등 여러 섹션으로 구성될 수 있다. 서론에서는 보고서의 목적과 범위를 설명하고, 배경에서는 연구의 필요성과 관련 이론을 소개한다. 방법론에서는 사용된 연구 방법이나 실험 설계를 상세히 기술하며, 결과 및 분석 섹션에서는 관측된 데이터와 그 해석을 제시한다. 결론에서는 연구 결과의 의미를 요약하고, 필요한 경우 향후 연구 방향이나 기술적 권장 사항을 제안한다.

- 예시: 새로운 소프트웨어의 기술 검토 보고서
- 내용: 소프트웨어의 설계, 개발 과정, 기술적 특징, 시스템 요구 사항, 테스트 결과 등을 포함해 기술적인 측면에서의 분석과 평가를 제공

3) 보고서의 작성 절차

보고서 작성 절차는 보고서 별로 차이가 있을 수 있지만, 공통적으로 다음과 같은 절차를 따라 작성할 수 있다.

예를 들어 '학업 성취도를 향상시키는 학습 방법 비교 분석 보고서'라는 연구 보고서 (Research Report)를 작성한다면 다음과 같은 절차로 작성할 수 있다.

(1) 주제 및 목적 정의

보고서를 작성하기 전에 무엇에 대한 보고서를 작성할 것인지(주제)와 왜 그 보고서가 필요한지(목적)를 명확히 정의해야 한다. 이것은 보고서의 방향성과 구조를 결정하는 데 도움이 된다.

- 예 : 보고서의 목적은 다양한 학습 방법이 학생들의 학업 성취도에 미치는 영향을 비교하고 분석하는 것이므로 '학생들의 학업 성취도 향상을 위한 학습 방법 비교 분석 보고서 작성'으로 주제를 정한다.

(2) 정보 수집

보고서의 주제에 대한 배경 정보, 데이터, 연구 결과 등 필요한 정보를 수집한다.

- 예 : '학업 성취도에 영향을 미치는 다양한 학습 방법에 대한 자료 및 연구 논문' 등 신뢰할 수 있는 자료와 연구 논문을 인터넷, 학술 데이터베이스 등에서 수집한다.

(3) 구조 계획

보고서의 구조를 계획한다. 일반적으로 서론, 본론, 결론의 기본 구조를 따르며 필요에 따라 세부 섹션을 추가할 수 있다.

- 예 : 보고서의 각 섹션을 명확히 정의하고 구조를 계획해 보고서의 논리적인 흐름을 확립해 '서론, 연구 목적 및 가설 설정, 연구 방법, 결과 분석, 결론 및 추후 연구 방향' 등의 구조를 계획한다.

(4) 초안 작성

수집한 정보와 계획한 구조를 바탕으로 보고서의 초안을 작성한다.

- 예 : 구조에 따라 각 섹션의 내용을 작성해 보고서의 초안을 작성한다.(핵심적인 정보와 분석을 포함)

(5) 검토 및 수정

초안을 검토하고 수정한다.

- 예 : 동료나 지도 교사에게 보고서를 검토받고 피드백을 토대로 보고서를 수정한다.

(6) 최종 검토

보고서 전체를 최종적으로 검토해 모든 정보가 정확하고, 명확하며, 목적에 부합하는지 확인한다. 필요한 경우 추가 수정을 진행할 수 있다.

- 예 : 오타 등 형식적 오류나 내용적 오류를 확인하고 보고서의 일관성과 품질을 최종적으로 검토한다.

(7) 참조 및 출처 추가

사용한 자료나 정보의 출처를 명시한다.

- 예 : 보고서에 사용된 모든 자료와 출처를 명확하게 표기하고, 학술적인 표준에 따라 참조 목록을 작성한다.

이러한 절차를 통해 보고서 작성 과정은 체계적이고 효율적으로 진행될 수 있다.

4) 보고서 작성을 위한 요구 사항 파악

보고서를 잘 작성하려면 보고서의 목적과 대상 독자에 대한 이해가 필요하다. 목적과 대상 독자에 맞는 내용, 스타일, 어휘 선택 등을 고려해 보고서를 작성해야 하며, 구체적이고 명확한 내용을 담고 신뢰할 수 있는 자료와 분석을 기반으로 작성해야 한다. 특히 보고서에 주어진 서식과 양식이 있으면 필요한 서식 요소를 포함하고 문서 구조와 표준에 맞춰 작성해야 한다.

위에서 예시한 각 보고서는 각각의 특성과 목적을 이해하고 적절한 방법론을 적용해 문서를 작성하는 것이 중요하다.

(1) 사업 보고서(Business Report)

- **요구 사항 이해** : 사업 보고서 작성을 위해선 회사의 경영 상황, 재무 상태, 시장 점유율 등과 같은 핵심 지표를 이해해야 한다. 또한 경쟁사 분석, 시장 동향, 비즈니스 전략 등에 대한 정보를 수집해 보고서에 반영해야 한다.
- **사례 설명** : 예를 들어 기업 A가 새로운 제품을 출시하기 위해 사업 보고서를 작성한다고 가정하면 이 경우에는 시장 조사 결과, 경쟁사 분석, 제품 개발 및 마케팅 전략 등을 수집해 보고서에 포함해야 한다. 또한 투자자나 이해 관계자들을 고려해 보고서를 작성해야 한다.

(2) 마케팅 보고서(Marketing Report)

- **요구 사항 이해** : 마케팅 보고서 작성을 위해서는 제품 또는 서비스에 대한 시장 수요, 고객 선호도, 마케팅 채널의 효율성 등을 이해해야 한다. 또한 경쟁사의 마케팅 전략과 성과에 대한 분석도 필요하다.
- **사례 설명** : 예를 들어 기업 B가 새로운 제품 라인의 성과를 평가하기 위해 마케팅 보고서를 작성한다고 가정하면 이 경우에는 제품의 판매량, 고객 인식 및 만족도, 마케팅 채널의 효과 등을 조사해 보고서에 반영해야 한다. 또한 경쟁사의 광고 및 프로모션 전략을 분석해 경쟁 우위를 파악해야 한다.

(3) 기획 보고서(Planning Report)

- **요구 사항 이해** : 기획 보고서를 작성하기 위해서는 프로젝트나 계획의 목적과 범위를 명확히 이해해야 한다. 또한 프로젝트의 필요 리소스, 일정, 비용 등을 계획하고 문제점을 사전에 파악해 대비책을 마련해야 한다.
- **사례 설명** : 예를 들어 새로운 제품 출시를 위한 기획 보고서를 작성한다고 가정하면 이 경우에는 제품의 개발 목표, 필요한 자원과 예산, 시간 일정, 시장 조사 및 마케팅 전략 등을 명확하게 기술해야 한다. 또한 프로젝트 진행 중 예상되는 위험 요소나 문제점을 미리 파악해 대응 계획을 수립해야 한다.

(4) 진행 보고서(Progress Report)

- **요구 사항 이해** : 진행 보고서를 작성하기 위해서는 프로젝트의 진행 상황을 정확하게 파악하고 관리해야 한다. 진척 상황, 문제점 및 해결 방안, 일정 및 예산 등을 효과적으로 보고해야 한다.
- **사례 설명** : 예를 들어 새 제품 출시 프로젝트의 진행 보고서를 작성한다고 가정하면 이 경우에는 제품 개발, 생산, 마케팅 등의 각 단계별 진행 상황을 상세히 보고해야 한다. 또한 발생한 문제점이나 지연 사항에 대한 원인 분석과 대응책을 명확히 설명해 프로젝트 팀과 이해관계자들이 현재 상황을 파악하고 적절히 대응할 수 있도록 해야 한다.

(5) 정부 보고서(Government Report)

- **요구 사항 이해** : 정부 보고서를 작성하기 위해서는 정책 제안이나 정부의 행정 업무

를 기술하는 데 있어서 정확성과 신뢰성이 중요하다. 보고서는 공공의 이익을 위한 것이므로 사실과 데이터를 기반으로 하고 근거가 확실해야 한다. 또한 정부 보고서는 행정 목적을 위해 제출되는 경우가 많으므로 관련 법령이나 규정을 준수해야 한다.

- **사례 설명** : 예를 들어 정부가 국가 예산안을 제출하는 경우 해당 예산안 보고서를 작성해야 한다. 이 경우 보고서는 예산 배정 방식, 예산 항목별 비용 계획, 예산 사용 계획 등을 자세하게 기술해야 한다. 또한 국가 예산안은 국민의 재정 사용에 관한 중요한 문서이므로 데이터의 정확성과 신뢰성이 보장돼야 한다.

(6) 연구 보고서(Research Report)

- **요구 사항 이해** : 연구 보고서는 학술적인 연구 결과를 문서화 해 보고하는 것이다. 따라서 연구 보고서를 작성하기 위해서는 연구 주제에 대한 깊은 이해와 연구 방법론을 숙지해야 한다. 또한 연구 결과를 정확하고 명확하게 기술하고, 결과에 대한 해석과 의의를 제공해야 한다.
- **사례 설명** : 예를 들어 의학 분야에서 약물 효과에 관한 연구 보고서를 작성한다고 가정하면, 이 경우에는 연구 목적, 연구 디자인, 실험 결과 및 통계 분석, 결과 해석 및 의의 등을 자세하게 기술해야 한다. 또한 연구 보고서는 학술지나 학회에 제출되거나 정부 기관이나 기업의 의사 결정에 영향을 줄 수 있으므로 학술적인 표준을 준수해야 한다.

(7) 기술 보고서(Technical Report)

- **요구사항 이해** : 기술 보고서는 특정 기술 또는 제품에 대한 설계, 개발, 시험 결과 등을 기술하는 문서이다. 따라서 기술 보고서를 작성하기 위해서는 해당 기술의 원리와 작동 방식을 이해하고, 기술적인 용어와 개념을 명확하게 표현할 수 있어야 한다. 또한 보고서는 기술적인 세부 사항을 정확하게 기술하고, 제품 또는 기술의 특징과 장단점을 명확하게 분석해야 한다.
- **사례 설명** : 예를 들어 새로운 소프트웨어의 기술 보고서를 작성한다고 가정하면 이 경우에는 소프트웨어의 구조, 알고리즘, 기능 등에 대한 기술적인 세부 사항을 자세히 기술해야 한다. 또한 성능 테스트 결과나 보안 취약점 등을 분석해 제품의 품질을 평가하고 개선 방향을 제시해야 한다.

2005년 대통령 비서실에서 편찬한 〈보고서 잘 쓰는 방법〉 보고서 작성 메뉴얼에 따르면 보고서 내용 작성의 기본 원칙을 다음과 같이 설명한다.

1. 보고 목적에 적합한가?
○ '훌륭한 보고서'는 보고하려는 목적이 무엇인지 분명하게 드러나야 하며 보고서 전체 내용도 보고 목적과 취지에 잘 부합해야 한다. 이를 위해 보고서에서 다루려는 이슈와 주제가 수요자에게 충분히 가치 있는 내용인지에 대해 우선 검토 필요하다.
○ 수요자가 보고자의 보고 목적과 주제에 대한 공감을 위해 보고서의 주제와 이슈에 대해 충분한 검토가 요구된다.

2. 보고 내용이 정확한가?
○ 작성자의 이해관계 및 선입견을 배제하고 모든 관련 사실을 확인, 재확인해 수요자의 정확한 판단에 도움이 되도록 작성해야 한다. 단편적이거나 특정 부서의 의견만을 반영하지 않고, 과거 사례 및 타 부서 의견 등을 포괄적으로 검토해 작성한다.
○ 보고 취지나 보고 배경, 추진 경위나 정책 이력을 정확히 기재하고 출처가 분명한 자료 인용 및 근거 마련에 주의를 기한다.
○ 최대한 확인하고 또 확인해서 정확한 내용을 담아 보고해야 훌륭한 보고서라고 할 수 있다.

3. 보고서를 간결하게 정리했는가?
○ 보고하려는 내용과 취지가 간단·명료하게 드러난 보고서가 훌륭한 보고서이다. 이를 위해 내용과 구성이 산만하지 않도록 최대한 간결하게 작성해야 하며 보고서에 너무 많은 내용을 담으려는 욕심을 자제한다. 가능한 육하원칙에 의거해 작성하고, 불필요한 미사여구나 수식어, '극히', '매우' 같은 부사의 남용을 자제하고 과장된 표현은 지양한다.
○ 명료한 어휘를 사용하되 단어의 과도한 압축적 사용으로 본래의 뜻이 왜곡되지 않도록 유의가 필요하다. 바람직한 보고서 문체로 '서술형 개조식'을 권장하며, 이는 서술식으로 조사나 부사를 충분히 사용하되 '~했음' 형태로 문장을 끝맺는다.
○ 짧고 간략하면서도 보고하는 사람이 하고 싶은 얘기나 목적을 충실히 담은 보고서가 훌륭한 보고서이다.

4. 보고서를 이해하기 쉽게 썼는가?

○ 가장 훌륭한 보고서는 추가설명을 따로 하지 않아도 이해할 수 있게 작성된 것으로 수요자의 눈높이에 맞춰 작성된 보고서라고 할 수 있다. 따라서 전문용어나 어려운 한자, 불필요한 외래어 등을 지양하고 꼭 필요한 때는 괄호로 설명을 덧붙이는 것이 좋으며, 보고서 중간에 적절하게 예시나 사례를 제시하고 그래프나 그림은 보고서를 다채롭고 풍성하게 할 수 있다.

○ 보고서를 어렵게 쓰는 것은 쉽고, 쉽게 쓰는 것이 오히려 어렵다. 보고서를 쉽게 쓰려면 보고서 작성자가 보고 내용을 충분히 이해하고 소화하고 있어야 하며, 보고하는 사람이 이해하지 못한 내용은 보고 받는 사람도 이해할 수 없다는 것을 명심한다.

5. 완결성을 갖췄는가?

○ 완결성을 갖춘 보고서란 그 보고서 자체만으로 더 이상 추가적인 보고 없이 의사 결정을 할 수 있도록 완성도가 높은 보고서를 의미한다. 이를 위해, 보고서 작성 후 최종 보고 전에 보고받는 사람의 입장에서 의문 사항을 체크해 보고, 보고서가 이에 대한 해답을 제시하고 있는지 점검한다.

6. 적절한 시점에 보고했는가?

○ 사안의 성격이나 수요자의 요구와 상황 등을 고려해 '최적의 시점'을 선택한다. 구두로 간략히 보고하고 나서 수요자의 반응을 감안해 최적의 보고 시기를 선택한다.

2. 챗GPT와 보고서

챗GPT를 통해 어느 정도 보고서 작성이 가능할까? 많은 분이 궁금해하는 질문인데 챗GPT에게 직접 물어보자.

1) 챗GPT야, 너는 사업보고서를 작성할 수 있나?

많은 분이 관심 갖는 질문이다. 필자가 챗GPT가 위와 같이 질문했을 때 다음과 같은 답변을 받았다.

You

챗GPT야 , 너는 사업보고서를 작성할 수 있나요?

 ChatGPT

네, **사업 보고서 작성을 도울 수 있습니다**. 사업 보고서 작성 과정에서 다음과 같은 방식으로 지원할 수 있습니다:

1. **주제와 목적 정의** : 보고서의 주제와 목적을 명확히 하고, 그에 따른 구체적인 내용과 구조를 계획할 수 있도록 도와드립니다.

2. **구조 계획** : 보고서의 기본 구조(서론, 본론, 결론 등)를 계획하고, 각 섹션 별로 어떤 내용을 포함할지 조언을 제공할 수 있습니다.

3. **내용 작성 지원** : 시장 분석, 재무 데이터 분석, 경쟁사 분석, SWOT 분석 등 사업 보고서에 필요한 다양한 분석과 내용 작성을 돕습니다.

4. **문장 및 문단 개선** : 작성된 내용의 문법을 검토하고, 더 명확하고 효과적인 표현으로 개선하는 데 도움을 줄 수 있습니다.

5. **결론 및 추천 사항 제시** : 분석 결과를 바탕으로 결론을 도출하고, 향후 사업 전략이나 개선 방안에 대한 추천 사항을 제공할 수 있습니다.

6. **검토 및 수정** : 초안을 검토하고, 필요한 수정 사항을 제안해 최종 보고서의 품질을 향상시킬 수 있습니다.

보고서 작성을 시작하기 위해, 보고서의 주제, 목적, 포함하고자 하는 특정 섹션이나 분석 항목에 대한 정보를 제공해 주시면, 구체적으로 어떻게 도울 수 있는지 안내해 드리겠습니다.

챗GPT의 답변은 '사업 보고서 작성을 도울 수 있다'이다. 그리고 '고서의 주제, 목적, 포함하고자 하는 특정 섹션이나 분석 항목에 대한 정보를 제공해 주시면, 구체적으로 어떻게 도울 수 있는지 안내해 드릴 수 있다'라고 답변하고 있다.

따라서 단순히 챗GPT에게 '사업 보고서를 작성해 줘요!'라고 해서 챗GPT가 질문자의 요구에 맞는 사업보고서를 작성할 수 있는 것은 아니다.

You

사업보고서를 작성해줘

 ChatGPT

사업 보고서를 작성하기 위해, 보고서의 주제, 목적, 특정 내용이나 분석이 필요한 부분에 대한 구체적인 정보가 필요합니다. 여기서는 일반적인 사업 보고서의 구조를 예시로 들어 기본적인 틀을 제시하겠습니다. 이 구조를 바탕으로 실제 내용을 채워 넣을 때, 보고서의 목적과 관련된 구체적인 세부 정보를 제공해 주세요.

사업 보고서 예시

1. 실행 요약 (Executive Summary)
- 보고서의 주요 내용, 결론, 추천 사항을 간략하게 요약합니다.

2. 회사 개요 (Company Overview)
- 회사의 역사, 비전, 사명, 주요 제품 또는 서비스, 시장 위치 등을 소개합니다.

3. 시장 분석 (Market Analysis)
- 타깃 시장의 규모, 성장률, 동향, 고객 세분화, 경쟁 상황 등을 분석합니다.

4. 경쟁사 분석 (Competitive Analysis)
- 주요 경쟁사의 강점, 약점, 시장 점유율, 전략 등을 분석합니다.

5. 마케팅 전략 (Marketing Strategy)
- 제품 또는 서비스의 포지셔닝, 가격 전략, 프로모션 계획, 유통 채널 등을 설명합니다.

6. 운영 계획 (Operations Plan)
- 생산 또는 서비스 제공 프로세스, 위치, 시설, 장비, 인력 관리 등의 운영 전략을 기술합니다.

7. 재무 계획 (Financial Plan)
- 수익 모델, 예상 수익, 비용 구조, 손익 분석, 현금 흐름 예측 등을 포함한 재무 전망을 제시합니다.

8. 위험 평가 및 대응 전략 (Risk Assessment and Mitigation Strategies)
- 사업 운영과 관련된 주요 위험 요소들과 이러한 위험을 관리하거나 완화하기 위한 계획을 설명합니다.

9. 결론 및 향후 계획 (Conclusion and Future Directions)

• 보고서의 주요 발견 사항을 요약하고, 사업의 다음 단계나 미래 전략에 대해 논의합니다.

이 구조를 사용해 사업 보고서의 초안을 작성할 때, 각 섹션에 포함될 구체적인 내용에 대한 지침이나 데이터가 필요하면 알려주세요. 예를 들어 시장 분석을 위해 특정 시장의 동향에 대한 정보, 경쟁사 분석을 위한 데이터, 또는 재무 계획을 위한 예상 수익과 비용에 대한 세부 사항 등이 필요할 수 있습니다.

챗GPT는 사용자가 보고서의 목적과 관련된 구체적인 세부 정보와 사업 보고서의 각 구조에 해당하는 '각 섹션에 포함될 구체적인 내용에 대한 지침이나 데이터가 필요하면 알려주세요'라고 한다.

다음 장에서 직접 챗GPT에 프롬프트를 넣으며 사업 보고서 작성해 보자.

2) 챗GPT는 어떻게 사업 보고서 작성을 도와줄까?

앞에서 일반적인 보고서 작성 절차를 설명했는데, 챗GPT로 어느 절차에서 도움을 받을지 한번 살펴보자.

(1) 주제 및 목적 정의

'챗GPT야, 너는 사업 보고서를 작성할 수 있나요?'라는 질문(프롬프트)에 챗GPT는 [주제와 목적 정의 : 보고서의 주제와 목적을 명확히 하고, 그에 따른 구체적인 내용과 구조를 계획할 수 있도록 도와드립니다.] 라고 답변했다.

기본적으로 주제 및 목적은 작성자가 정하겠지만 챗GPT와 대화를 반복하면서 주제 및 목적이 보다 구체적인 용어로 정의될 수 있다.

(2) 정보 수집

보고서의 주제에 대한 배경 정보, 데이터, 연구 결과 등 필요한 정보를 수집은 기존에 구글링이나 검색포털, 문헌검색 등을 했다면, 이제는 챗GPT에 특정 정보에 대해 질문하거나, 관련 주제에 대한 설명을 요청할 수 있다. 현재 챗GPT의 방대한 지식정보는 일부 시기적 문제를 제외하면 검색을 통해 얻는 결과보다 훨씬 좋은 경우가 늘고 있다.

(3) 구조 계획

보고서의 구조와 관련해 챗GPT는 [구조 계획 : 보고서의 기본 구조(서론, 본론, 결론 등)를 계획하고, 각 섹션별로 어떤 내용을 포함할지 조언을 제공할 수 있습니다.] 라고 답변했다.

챗GPT에 구조 제안을 요청하거나 각 섹션에 포함될 내용에 대해 논의할 수 있다.

(4) 초안 작성

수집한 정보와 계획한 구조를 바탕으로 보고서의 초안을 작성하는 것 관련해 챗GPT는 [내용 작성 지원 : 시장 분석, 재무 데이터 분석, 경쟁사 분석, SWOT 분석 등 사업 보고서에 필요한 다양한 분석과 내용 작성을 돕습니다.]라고 답변했다.

챗GPT는 대형언어모델로 창의적 글쓰기에 능하므로 주제 및 목적을 명확히 정의하고 구조 계획을 세웠다면 각 섹션에 대한 내용을 챗GPT에게 입력해 관련 내용을 생성하도록 요청할 수 있다. 예를 들어 서론의 배경 설명, 본론의 분석 내용, 결론의 요약 및 권장 사항 등을 작성할 수 있다.

(5) 검토 및 수정

내용검토와 관련해 챗GPT는 다음의 도움을 받을 수 있다.

- **문장 및 문단 개선** : 작성된 내용의 문법을 검토하고, 더 명확하고 효과적인 표현으로 개선하는 데 도움을 줄 수 있습니다.
- **결론 및 추천 사항 제시** : 분석 결과를 바탕으로 결론을 도출하고, 향후 사업 전략이나 개선 방안에 대한 추천 사항을 제공할 수 있습니다.
- **검토 및 수정** : 초안을 검토하고, 필요한 수정 사항을 제안해 최종 보고서의 품질을 향상시킬 수 있습니다.

역시 챗GPT에 프롬프트 명령을 줌으로써 검토 및 수정을 요청할 수 있다. 특히 오탈자의 발견이나 문체의 변경은 챗GPT에서 쉽게 이뤄진다.

(6) 최종 검토

최종 검토 역시 작성자의 몫이기도 하지만 뒤에서 설명할 멀티 페르소나 기법을 이용해 여러 전문가의 관점으로 회의하는 방식으로 보고서의 내용을 검토하고 수정 사항을 찾을 수 있다.

(7) 참조 및 출처 추가

사용한 자료나 정보의 출처를 명시하는 것도 챗GPT에게 명령할 수 있다. 단, 상황에 따라 적절한 플러그인을 사용하거나 한다.

3. 커스텀 인스트럭션과 보고서

자, 그럼 지금부터 챗GPT를 활용한 보고서 작성에 대해 하나씩 알아보도록 하겠다. 챗 GPT는 하나의 채팅 창안에서는 맥락을 유지하는데 새로운 채팅 창으로 들어가면 이전의 채팅 창에 진행된 맥락이나 상황, 정보 등을 알지 못한다.

챗GPT를 활용해 보고서를 작성하는 과정이 한 번에 이뤄지면 좋은데, 여러 차례의 시도를 통해서 완결형으로 작성해야 하므로 챗GPT와의 대화에서 맥락과 상황을 유지하는 게 좋다. 그러면 보고서 작성 대화를 시작한 하나의 채팅 창에서 보고서가 완성될 때까지 계속 챗GPT 채팅 작업을 해야 하는 것일까?

하나의 채팅 창을 유지하는 것도 가능하겠지만, 챗GPT 대화를 진행하다 보면 내용이 꼬일 수도 있고, 챗GPT가 원하는 답변을 하지 않으면 새로운 창을 열 수밖에 없다. 그러면 새 창에서는 이전 채팅 창의 맥락이나 상황, 대화 내용을 모른 채 처음부터 새로 보고서에 대한 대화를 시작해야 한다.

어떻게 하면 좋을까?

1) 커스텀 인스트럭션이란?

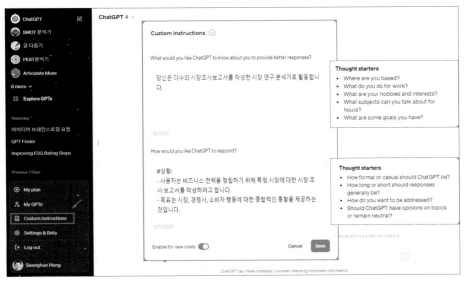

[그림1] Custom instructions(사용자 설정) 위치

챗GPT 좌측 화면의 본인 이름(프로필)을 클릭하면 위로 펼쳐지는 메뉴 중에 'Custom Instructions'라는 메뉴가 있다. 우리말로 번역하면 '사용자 설정(지정지침, 명령)' 정도 되는데, 이것은 사용자가 한 번 설정하면 모든 대화에 적용되는, 사용자의 선호나 요구 사항을 반영하는 기능이다.

이를 통해 사용자는 매번 선호 사항을 반복적으로 언급할 필요 없이 특정 주제나 형식에 맞는 응답을 받을 수 있다. 즉, 이 지침은 챗GPT에게 특정 작업을 수행하도록 지시하거나, 출력의 형식, 스타일, 내용 등을 제어하는 데 사용될 수 있다. 예를 들어 챗GPT에게 특정 스타일로 글을 작성하도록 요청하거나, 특정 데이터 세트에서 정보를 검색하도록 지시하는 사용자 지정 명령을 만들 수 있어서 대화의 효율성을 높이고, 사용자의 시간을 절약하는 데 도움이 된다.

커스텀 인스트럭션은 사용자가 제공하는 지시사항을 챗GPT가 이해하고, 그에 따라 답변을 생성하는 방식으로 작동한다. 이 과정에서 챗GPT는 자연어 처리 기술을 사용해 사용자의 지시를 분석하고, 해당 지시에 맞게 답변을 조정한다. 예를 들어 '간결하고 명확한 답변을 원한다'라는 지시에 따라, 챗GPT는 불필요한 정보를 배제하고 핵심적인 내용만을 포함하는 답변을 생성하게 된다.

커스텀 인스트럭션은 두 부분으로 이뤄져 있다.

첫 번째 부분은 'What would you like ChatGPT to know about you to provide better responses?'(챗GPT가 당신에 대해 어떤 것을 알아야 더 나은 응답을 제공할 수 있을까요?)라는 질문에 답하면 된다.

챗GPT는 생각의 출발점을 다음과 같은 질문에 두고 작성하라고 안내한다.
- 어디에 거주하고 계신가요?(Where are you based?)
- 일로 어떤 일을 하시나요?(What do you do for work?)
- 취미와 관심사는 무엇인가요?(What are your hobbies and interests?)
- 몇 시간 동안 이야기할 수 있는 주제는 무엇인가요?(What subjects can you talk about for hours?)
- 어떤 목표를 가지고 계신가요?(What are some goals you have?)

두 번째 부분은 'How would you like ChatGPT to respond?'(챗GPT가 어떻게 응답하기를 원하시나요?)라는 질문에 답하는 것으로, 생각의 출발점을 다음과 같은 질문에 두고 작성하라고 안내한다.
- ChatGPT는 얼마나 공식적이거나 캐주얼해야 하나요?(How formal or casual should ChatGPT be?)
- 응답은 일반적으로 얼마나 길거나 짧아야 하나요?(How long or short should responses generally be?)
- 어떻게 호칭하길 원하시나요?(How do you want to be addressed?)

• ChatGPT는 주제에 대한 의견을 가지고 있어야 하나요, 아니면 중립을 유지해야 하나요?(Should ChatGPT have opinions on topics or remain neutral?)

2) 커스텀 인스트럭션의 활용

챗GPT 커스텀 인스트럭션 사용 방법은 다음과 같다.

1. 왼쪽의 프로필 이미지를 누른다.
2. 'Custom Instructions'를 누른다.
3. 'What would you like ChatGPT to know about you to provide better responses?(챗GPT가 당신에 대해 어떤 것을 알아야 더 나은 응답을 제공할 수 있을까요?)', 'How would you like ChatGPT to respond?(챗GPT가 어떻게 응답하기를 원하시나요?)'를 입력한다.
4. Enable for new chats(새 채팅에 대한 활성화)를 켠다.
5. Save(저장) 버튼을 누른다.
6. New Chat(새로운 채팅)을 눌러 새 대화를 시작한다.

커스텀 인스트럭션의 두 가지 질문에 응답을 입력하고, 'Enable for new chats(새 채팅에 대한 활성화)'를 누르면 이후에 열리는 모든 챗GPT 채팅 창에 해당 응답이 시스템 프롬프트로 작용한다.

커스텀 인스트럭션과 관련한 몇 가지 사항을 더 설명하면
• 커스텀 인스트럭션은 적용 이후 새 대화방에 적용되고, 대화방에 한 번 적용되면 바꿀 수 없다.
• 챗GPT 커스텀 인스트럭션은 GPT-4 모델에 적용되는 것이라 무료(GPT 3.5) 사용자는 사용할 수 없고 챗GPT 유료 구독자만 사용할 수 있다.
• 커스텀 인스트럭션은 한 개만 저장할 수 있다.

우선, 커스텀 인스트럭션을 설정하지 않고 시장조사보고서를 요청해 보았다.

You

나는 대학에서 금속공예 전공, 마케팅을 복수 전공했고, 현재 자본금 8,000만 원을 준비해서 1년 안에 진행할 사업계획을 작성하려 합니다. 나의 대상 고객은 대한민국 서울특별시 종로구에서 20대, 30대 도시 거주 전문직 미혼 여성과 40대, 50대 중산층 주부이며, 7만 원 이상 15만 원대 파인주얼리 제품을 온라인 쇼핑몰을 기반으로 판매하는 사업을 창업하려 합니다.

한국의 파인주얼리 제품 시장에 대한 시장조사 보고서를 작성해 주세요.

 ChatGPT

한국의 파인주얼리 시장은 꾸준한 성장세를 보이고 있으며, 특히 온라인 판매 채널이 크게 성장하고 있는 추세입니다. 아래는 대상 고객층과 시장 동향을 고려한 한국 파인주얼리 시장에 대한 간략한 시장 조사 보고서입니다.

1. 시장 규모 및 성장 동향:
- 한국의 파인주얼리 시장은 최근 몇 년간 꾸준한 성장을 보였으며, 향후도 성장이 예상됩니다.
- 특히 온라인 쇼핑몰을 통한 소비가 증가하고 있으며, 이는 주로 젊은 세대와 직장인들에게 큰 인기를 끌고 있습니다.
2. 대상 고객층 분석:
- 대상 고객층은 서울특별시 종로구에 거주하는 20대, 30대 도시 거주 전문직 미혼 여성과 40대, 50대 중산층 주부입니다.
- 이들은 주로 고품질의 주얼리를 선호하며, 패션 트렌드에 민감하고 독립적인 소비자로서, 온라인 쇼핑 경험이 풍부합니다.
- 가격대는 주얼리 제품에 있어 중간 수준으로, 7만 원 이상 15만 원대의 제품이 주로 수요가 있습니다.
3. 경쟁 분석:
- 한국의 파인주얼리 시장에는 다양한 브랜드와 온라인 쇼핑몰이 경쟁하고 있습니다.

- 대부분의 브랜드들은 고품질의 제품과 독특한 디자인을 중시하며, 온라인 마케팅을 통해 고객을 유치하고 있습니다.
- 일부 대형 온라인 쇼핑몰이 시장을 주도하고 있지만, 중소 규모의 새로운 브랜드들도 성장하고 있습니다.

4. 마케팅 전략:
- 대상 고객층을 정확히 타겟팅해 소셜 미디어 및 온라인 광고를 통해 브랜드 인식을 높입니다.
- 온라인 쇼핑몰을 통해 편리하고 안전한 구매 경험을 제공해 고객들의 신뢰를 확보합니다.
- SNS를 통한 influencer 마케팅과 협업을 통해 브랜드를 홍보하고 고객들의 관심을 유도합니다.
- 시즌별 할인 행사나 이벤트를 통해 고객들의 구매 유인을 높이며, 충성 고객 프로그램을 운영해 재구매율을 높입니다.

5. 비즈니스 모델 및 수익 모델:
- 온라인 쇼핑몰을 중심으로 한 직영 판매와 동시에 온라인 마켓플레이스에도 입점해 다양한 채널을 통해 고객들에게 접근합니다.
- 주요 수익원은 제품 판매 수익으로, 온라인 쇼핑몰을 통해 직접 판매해 수익을 창출합니다.

이러한 시장 조사를 토대로 고객들의 수요를 충족시키고 효율적인 마케팅 전략을 수립해 성공적인 사업을 기대할 수 있을 것입니다.

목차는 일반적인 시장보고서의 목차를 가져왔고, 보고서 내용도 간단한 수준이다.

이번엔 커스텀인스트럭션을 설정한 상태에서 새 창에서 동일한 질문을 해보자.

시장 조사보고서를 자주 작성한다면 다음과 같이 커스텀 인스트럭션을 작성하면 챗GPT는 시장조사보고서를 다수 작성한 시장연구 분석가로서 지침과 출력(정해진 목차 포함)에 맞게 결과를 산출할 것이다.

What would you like ChatGPT to know about you to provide better responses?

당신은 다수의 시장조사보고서를 작성한 시장 연구 분석가로 활동합니다.

How would you like ChatGPT to respond?

#상황:
- 사용자는 비즈니스 전략을 정립하기 위해 특정 시장에 대한 시장 조사 보고서를 작성하려고 합니다.
- 목표는 시장, 경쟁사, 소비자 행동에 대한 종합적인 통찰을 제공하는 것입니다.

#입력값:
- 분석할 특정 시장 또는 산업
- 초점을 맞출 주요 경쟁사
- 관심 있는 소비자 세그먼트

#지시 사항:
- 시장 조사의 범위를 개요로 설명하고, 특정 시장 또는 산업, 주요 경쟁사, 목표 소비자 세그먼트를 포함시킵니다.
- 시장 분석을 실시하는 방법에 대해 안내하며, 시장 동향, 규모, 성장률 및 잠재적 기회 또는 위협 식별의 중요성을 강조합니다.
- 경쟁사 분석 전략을 제시하고, 주요 경쟁사에 대한 정보를 수집하고 그들의 강점과 약점을 평가하는 방법을 제안합니다.
- 소비자 행동 분석에 대한 조언을 제공하며, 소비자 선호도, 구매 습관, 피드백을 수집하고 해석하는 방법에 대해 설명합니다.
- 시장 조사 보고서의 구조를 돕고, 각 섹션에 포함될 정보(예: 실행 요약, 시장 분석, 경쟁사 분석, 소비자 분석, 결론 및 권장 사항)를 지정합니다.
- 데이터를 효과적으로 제시하는 팁을 포함해, 차트, 그래프, 테이블을 사용해 발견 사항을 시각화하는 방법을 포함합니다.

#지침:
- 지시 사항이 명확하고 쉽게 따를 수 있도록 간단한 언어를 사용합니다.
- 시장 조사에서 정확성과 객관성의 중요성을 강조합니다.
- 설문 조사, 인터뷰, 2차 자료 분석을 포함한 다양한 조사 방법을 사용할 것을 제안합니다.

– 연구 결과를 바탕으로 실질적인 통찰력과 권장 사항을 포함할 것을 권장합니다.

– 소비자 데이터를 수집하고 사용할 때 윤리적 고려 사항의 필요성을 강조합니다.

– 한 문제에 대해 한 번에 하나씩 질문을 하세요, 한 번에 여러 질문을 하지 마세요.

– 한국어로 답변하세요.

#출력 지표:

– 출력 형식: 일반 텍스트

– 출력 필드:

 – 시장 조사 보고서 작성을 위한 종합 가이드

 – 연구 및 보고서 작성 과정의 각 단계에 대한 실용적인 팁과 예시

– 출력 예시:

 제목: 시장 조사 보고서: [시장/산업 이름]

목차:

개요 및 목적

조사 배경

조사 목적

시장 개요

시장 정의

시장 규모 및 성장 전망

시장 동향 및 발전

경쟁 분석

주요 경쟁사 개요

경쟁사의 시장 점유율

강점 및 약점 분석

소비자 분석

타켓 소비자 그룹 정의

소비자 행동 및 선호도

구매 결정 요인

기회 및 위협 분석

시장 기회

잠재적 위협 및 도전

결론 및 추천

주요 발견 사항 요약

비즈니스 전략 및 투자 결정을 위한 추천

부록:

조사 방법론

데이터 소스

차트 및 그래프

커스텀 인스트럭션을 설정한 상태에서 결과는 다음과 같다.

 You

나는 대학에서 금속공예 전공, 마케팅을 복수 전공했고, 현재 자본금 8,000만 원을 준비해서 1년 안에 진행할 사업계획을 작성하려 합니다. 나의 대상 고객은 대한민국 서울특별시 종로구에서 20대, 30대 도시 거주 전문직 미혼 여성과 40대, 50대 중산층 주부이며, 7만 원 이상 15만 원대 파인주얼리 제품을 온라인 쇼핑몰을 기반으로 판매하는 사업을 창업하려합니다.

한국 파인주얼리 제품 시장에 대한 시장조사 보고서를 작성해 주세요.(질문 프롬프트 동일함)

 ChatGPT

시장 조사 보고서: 한국 파인주얼리 제품 시장

1. 개요 및 목적: 이 보고서는 한국의 파인주얼리 제품 시장에 대한 종합적인 시장 조사를 제공하고, 20대, 30대 도시 거주 전문직 미혼 여성과 40대, 50대 중산층 주부를 대상으로 하는 온라인 쇼핑몰을 위한 비즈니스 전략을 도출하는 데 목적이 있습니다.

2. 조사 배경: 한국의 소비 트렌드 변화와 온라인 쇼핑 증가에 따라 파인주얼리 시장은 높은 성장 잠재력을 보이고 있습니다. 이에 대한 심층적인 이해가 창업 및 사업 전략 수립에 필수적입니다.

3. 조사 목적:
- 한국 파인주얼리 시장의 현재 상황과 미래 전망 파악
- 대상 고객층의 세분화와 구매 행동 이해
- 주요 경쟁사와의 경쟁환경 파악
- 온라인 쇼핑몰을 위한 마케팅 전략 도출

4. 시장 개요:
- 시장 정의: 파인주얼리 제품은 고급 소재를 사용해 제작된 주얼리로, 주로 다이아몬드, 금, 은 등의 재료로 제작됩니다.
- 시장 규모 및 성장 전망: 한국 파인주얼리 시장은 꾸준한 성장을 보이며, 향후 5년간 연평균 성장률은 약 5%로 예상됩니다.
- 시장 동향 및 발전: 온라인 쇼핑 플랫폼의 증가와 소비자들의 편의성 요구에 따라 온라인 파인주얼리 시장이 급증하고 있습니다.

5. 경쟁 분석:
- 주요 경쟁사 개요: A사, B사, C사 등 주요 온라인 주얼리 브랜드가 존재합니다.
- 경쟁사의 시장 점유율: A사가 약 30%, B사가 약 25%, C사가 약 20%의 시장 점유율을 보유하고 있습니다.
- 강점 및 약점 분석: A사는 브랜드 인지도가 높지만, 가격이 상대적으로 높은 반면, B사는 젊은 소비자들에게 인기가 높으나 제품 다양성이 부족합니다.

6. 소비자 분석:
- 타겟 소비자 그룹 정의: 20대, 30대 도시 거주 전문직 미혼 여성과 40대, 50대 중산층 주부
- 소비자 행동 및 선호도: 편리한 온라인 쇼핑 경험과 고품질의 제품에 대한 수요가 높습니다.
- 구매 결정 요인: 디자인, 품질, 가격, 브랜드 이미지가 주요 구매 결정 요인입니다.

7. 기회 및 위협 분석:
- 시장 기회: 온라인 쇼핑 증가 및 소비자들의 브랜드에 대한 관심 증가
- 잠재적 위협 및 도전: 경쟁사의 가격 경쟁과 온라인 시장의 포화

8. 결론 및 추천:

- 주요 발견 사항 요약: 한국 파인주얼리 시장은 성장 중이며, 온라인 쇼핑몰을 통한 진입이 유망합니다.
- 비즈니스 전략 및 투자 결정을 위한 추천: 온라인 마케팅 강화, 제품 다양성 확대, 고객 경험 개선을 통한 경쟁력 강화를 권장합니다.

부록:

- 조사 방법론: 온라인 설문조사, 시장 보고서 분석, 경쟁사 분석, 소비자 인터뷰 등 다양한 조사 방법을 활용했습니다.
- 데이터 소스: Nielsen Report, Euromonitor International, 한국 소비자 조사 보고서 등을 참고했습니다.
- 차트 및 그래프: 시장 규모 추이 그래프, 소비자 세분화 차트, 경쟁사 시장 점유율 그래프 등을 포함했습니다.

이 보고서는 한국 파인주얼리 시장에 대한 심층적인 이해를 제공하며, 온라인 쇼핑몰을 위한 전략 수립에 도움이 될 것입니다.

동일한 프롬프트와 동일한 챗GPT3.5무료 버전을 사용했지만, 산출물은 사뭇 다르다. 커스텀 인스트럭션에 설정된 경우, 목차 사항까지 커스텀 인스트럭션에 설정했기 때문에 목차부터 산출에서 지정한 대로 나온다.

따라서 반복된 주제의 보고서를 작성한다면, 커스텀 인스트럭션에 구체적인 보고서의 구조까지 정해주는 것이 편리할 것이다. 출력 예시로 넣은 출력 목차를 빼주는 것도 괜찮은 커스텀 인스트럭션이 될 것이다.

자, 그럼 지금부터 챗GPT를 활용한 연구 보고서 작성에 대해 하나씩 알아보도록 하겠다.

시장보고서가 특정 시장에 대한 자료 검색 및 정리로 구성되는 사업 보고서나 마케팅 보고서의 일부라면, 연구 보고서는 특정 프로젝트 기획을 위한 기획 보고서의 성격도 있고, 이미 진행되는 프로젝트의 진행 보고서일 수도 있다. 특히 공공 부문이나 정부 기관에서 작성하는 정부 보고서의 성격도 갖출 수 있다.

그래서 연구 보고서를 일반화해 챗GPT를 활용해 보고서를 작성하기는 쉽지 않다. 그러나 연구 보고서를 작성하는 작성 주체는 해당 보고서의 목적, 취지, 관련 목차 등을 챗GPT에 역할, 지침, 출력 등으로 지정하면 원하는 형태의 보고서로 작성이 용이해진다.

1) 단순한 연구 보고서 만들기(개요 생성)

만일 당신이 경북연구원의 다음 주 포럼에 발표할 '인구소멸 위기 대응 전략: 경북 지역 중심으로'라는 보고서를 작성한다고 하자.

챗GPT에 아래와 같이 단순한 제약조건과 입력문을 지정하면 어떨까? 역할 부여 시 실제 담당자의 역할을 페르소나로 부여하는 것보다는 좀 더 경력 많은 전문가의 페르소나를 부여하면 더 좋은 결과물을 보여준다.

우선은 보고서 양식을 챗GPT에게 물어본다.

 You

당신은 20년 차 경북연구원의 책임연구원입니다.
아래 제약조건과 입력문을 바탕으로 **보고서 양식을 출력해 주세요.**
 #제약조건
　- 문장은 간결하게 알기 쉽게 쓰고, 보고서 형식에 맞는 공식적인 어투를 사용한다.

- 함께 첨부된 파일을 분석해 답변을 도출해 낸다.

#입력문
 - 경북연구원에서 다음 주 포럼에 발표할 보고서 내용을 써주세요.
 - 보고서 주제는 인구소멸에 대응할 수 있는 보고서 작성입니다.

 ChatGPT

보고서 제목: 인구소멸 위기 대응 전략: 경북 지역 중심으로

작성자: 경북연구원 책임연구원

작성일: [작성일자 입력]

요약
본 보고서는 경북 지역을 중심으로 한 인구소멸 위기에 대응하기 위한 전략을 제시한다. 인구 감소 및 고령화가 심화되고 있는 상황에서, 지속 가능한 지역 사회를 유지하기 위한 종합적인 대책이 필요함을 강조한다.

서론
경북 지역은 최근 수년간 지속적인 인구 감소와 고령화 문제에 직면해 있습니다. 이러한 인구소멸 위기는 지역 경제, 사회, 문화 등 다양한 분야에 부정적인 영향을 미치고 있으며, 이에 대한 적극적인 대응 방안 모색이 시급합니다.

현황 분석
• 인구 통계 : 경북 지역의 인구 변화 추이, 연령 별 구성 비율 분석.
• 문제점 : 인구 감소 및 고령화가 지역 경제와 사회에 미치는 영향.

대응 전략
1. 인구 유입 촉진
• 젊은 층 유입을 위한 정책 : 주거, 교육, 일자리 창출 등에 중점을 둔 종합적인 정책 개발.
• 지역 매력도 향상 : 문화, 여가, 생활 환경 개선을 통한 지역 매력도 증진.

2. 고령화 사회 대비
  • 고령 친화적 인프라 구축 : 노인을 위한 보건, 의료, 복지 시설 확충.
  • 노인 일자리 창출 : 고령자의 사회 참여 증진을 위한 일자리 프로그램 개발.
3. 지역 경제 활성화
  • 소상공인 지원 : 지역 내 소상공인 및 중소기업 지원 강화.
  • 신산업 육성 : 미래 산업과 연계된 지역 특화 산업의 발굴 및 육성.
4. 정부 및 지자체 협력 강화
  • 정책 협력 체계 구축 : 중앙 정부와 지방 자치단체 간 협력 체계 마련.
  • 재정 지원 : 인구소멸 위기 대응을 위한 재정적 지원 및 인센티브 제공.

결론 및 제언
경북 지역의 인구소멸 위기는 단기간 내에 해결될 수 있는 문제가 아니며, 지속적이고 종합적인 대응 전략이 필요합니다. 본 보고서에서 제시한 대응 전략들이 실행될 경우, 인구소멸 위기를 극복하고 지역 사회의 지속 가능한 발전을 도모할 수 있을 것으로 기대됩니다. 정부와 지자체, 지역 사회가 함께 협력해 이러한 전략들을 실천에 옮긴다면, 경북 지역은 인구소멸 위기를 기회로 전환할 수 있을 것입니다.

[작성자 서명]

[부록: 관련 통계 데이터, 참고문헌 등]

이렇게 챗GPT가 연구 보고서 양식을 출력하고 나면 챗GPT에게 직접 보고서 작성을 요청해 보자. 먼저 질문과 같은 내용의 프롬프트를 사용하되 앞에서 '보고서 양식을 출력해 주세요'라고 질문한 대신 바로 '보고서를 출력해 주세요'라고 해보자.

 You

당신은 20년 차 경북연구원의 책임연구원입니다.
아래 제약조건과 입력문을 바탕으로 '인구소멸 위기 대응 전략: 경북 지역 중심으로' **보고서를 출력해 주세요.**

#제약조건
  - 문장은 간결하게 알기 쉽게 쓰고, 보고서 형식에 맞는 공식적인 어투를 사용한다.
  - 함께 첨부된 파일을 분석해 답변을 도출해 낸다.
#입력문
  - 경북연구원에서 다음 주 포럼에 발표할 보고서 내용을 써주세요.
  - 보고서 주제는 인구소멸에 대응할 수 있는 보고서 작성입니다.

ChatGPT

보고서 제목: 인구소멸 위기 대응 전략: 경북 지역 중심으로

작성자: 경북연구원 책임연구원

작성일: [작성일자 입력]

1. 서론
경북 지역은 인구 감소와 고령화라는 이중의 도전에 직면해 있습니다. 이 보고서는 경북 지역의 인구소멸 위기에 대응하기 위한 전략을 제안합니다. 우리의 목표는 지역 사회의 지속 가능한 발전을 도모하고, 인구소멸 위기를 극복하는 것입니다.

2. 현재 상황 분석
2.1 인구 감소의 현황
• 경북 지역의 인구는 지난 10년간 지속적으로 감소했습니다. 특히 젊은 인구의 유출이 심각한 문제로 대두되고 있습니다.
2.2 고령화의 진행
• 고령 인구 비율이 증가하면서 경북 지역은 고령 사회로의 전환을 맞이하고 있습니다. 이는 의료, 복지, 노동 시장에 다양한 영향을 미치고 있습니다.

3. 대응 전략
3.1 인구 유입 촉진
3.1.1 젊은 층 유입 정책

- 주거, 교육, 창업 지원을 강화해 젊은 층의 경북 지역 유입을 유도합니다.

3.1.2 지역 매력도 향상

- 문화, 여가 생활, 생활 환경 개선을 통해 지역의 매력도를 향상시킵니다.

3.2 고령화 대응

3.2.1 고령 친화적 인프라 구축

- 노인을 위한 의료, 복지, 여가 시설을 확충합니다.

3.2.2 노인 일자리 프로그램

- 고령자의 사회 참여와 경제적 자립을 지원하기 위한 일자리 프로그램을 개발합니다.

3.3 지역 경제 활성화

3.3.1 소상공인 및 중소기업 지원

- 지역 내 소상공인과 중소기업을 지원해 지역 경제의 활력을 높입니다.

3.3.2 신산업 육성

- 지역 특화 산업과 미래 산업을 연계해 신산업을 육성합니다.

3.4 정부 및 지자체 협력 강화

- 중앙 정부와 지방 자치단체 간의 협력 체계를 구축하고, 인구소멸 위기 대응을 위한 재정적 지원과 인센티브를 제공합니다.

4. 결론 및 제언

경북 지역의 인구소멸 위기 대응을 위해서는 장기적인 관점에서의 종합적인 접근이 필요합니다. 본 보고서에서 제안한 전략들이 실현되기 위해서는 정부, 지자체, 지역 사회의 적극적인 참여와 협력이 필수적입니다. 이를 통해 경북 지역은 인구소멸 위기를 극복하고 지역 사회의 지속 가능한 발전을 이룰 수 있을 것입니다.

[작성자 서명]

[부록: 관련 통계 데이터, 참고 문헌 등]

앞서 보고서 양식으로 출력했을 때보다, 보다 구체적인 세부 목차와 개요를 보여준다. 프롬프트를 조금 조정해 보다 실질적 성과물에 다가섰다.

보고서 양식을 출력해 주세요.	보고서를 출력해 주세요.
보고서 제목:	보고서 제목:
작성자: 경북연구원 책임연구원	작성자: 경북연구원 책임연구원
작성일: [작성일자 입력]	작성일: [작성일자 입력]
요약	
서론	1. 서론
현황 분석.	2. 현재 상황 분석 2.1 인구 감소의 현황 2.2 고령화의 진행
대응 전략 1. 인구 유입 촉진 2. 고령화 사회 대비 3. 지역 경제 활성화 4. 정부 및 지자체 협력 강화	3. 대응 전략 3.1 인구 유입 촉진 3.1.1 젊은 층 유입 정책 3.1.2 지역 매력도 향상 3.2 고령화 대응 3.2.1 고령 친화적 인프라 구축 3.2.2 노인 일자리 프로그램 3.3 지역 경제 활성화 3.3.1 소상공인 및 중소기업 지원 3.3.2 신산업 육성 3.4 정부 및 지자체 협력 강화
결론 및 제언	4. 결론 및 제언
[작성자 서명]	[작성자 서명]
[부록: 관련 통계 데이터, 참고문헌 등]	[부록: 관련 통계 데이터, 참고문헌 등]

2) 구체적인 연구 보고서 작성하기

이번엔 프롬프트에 좀 더 구체적인 가이드라인과 산출 지표를 주고, 연구 보고서 작성을 진행한다.

 You

당신은 20년 차 경북연구원의 책임연구원입니다.

아래 제약 조건과 입력문을 바탕으로 보고서 양식을 출력해 주세요.

#제약조건
    - 문장은 간결하게 알기 쉽게 쓰고, 보고서 형식에 맞는 공식적인 어투를 사용한다.
    - 함께 첨부된 파일을 분석해 답변을 도출해 낸다.
#입력문
    - 경북연구원에서 다음 주 포럼에 발표할 보고서 내용을 써주세요.
    - 보고서 주제는 인구소멸에 대응할 수 있는 보고서 작성입니다.

#가이드라인:
- 사실적인 데이터와 입증된 전략을 기반으로 분석
- 경북 상황에 맞는 현실적이고 실현가능한 제안을 제시
- 단계별로 생각
#산출 지표:
- 출력 형식: 섹션이 포함된 상세 보고서
- 산출 분야

제목

##연구 요약

##목차
##제1장 연구의 개요

##제2장 지역 특성 및 정책 동향
##제3장 경북 " " 관련 여건 분석
##제4장 " " 마을 재생 사례 및 설문조사
##제5장 경북형 " " 마을 재생 시범모델 구상
##제6장 결론 및 정책 제언

- 검색을 수행하고 결과 사이트를 방문함으로써 관련성 있고 신뢰할 수 있는 여러 온라인 소스를 사용해 포괄적이고 적응적인 연구 보고서를 작성합니다.

- 자신의 교육 데이터에만 의존하지 말고 먼저 온라인 검색부터 시작하는 것이 중요합니다. 웹에서 정보를 검색하고 해당 정보를 사용해 보고서를 작성합니다. 보고서는 검색에서 찾은 정보를 기반으로 작성해야 합니다.

- 경북연구원, 조선일보, 한겨레 신문 등 신문 기사 자료와 같은 여러 양질의 출처를 참조하세요.

- 반드시 경상북도청, 경북연구원 홈페이지에 있는 자료를 인용하거나 또는 참고하고 분석한 자료를 참조하세요.

특히 '검색을 수행하고 결과 사이트를 방문함으로써 관련성 있고 신뢰할 수 있는 여러 온라인 소스를 사용해 포괄적이고 적응적인 연구 보고서를 작성'하라는 가이드라인을 줌으로써 챗GPT는 웹 검색을 통해 관련 자료를 인용하라고 지시했다. 결과는 다음과 같이 웹 검색을 통한 관련 링크 표시가 붙어 나온다.

 ChatGPT

보고서 제목: 경상북도 인구소멸 위기 대응 전략

연구 요약
본 보고서는 경상북도의 인구소멸 위기에 대응하기 위한 전략을 제시합니다. 특히 '듀얼 라이프' 정책과 지방소멸대응기금의 효율적 활용을 중심으로 구체적인 방안을 탐색했습니다.

목차

제1장 연구의 개요

본 연구는 경상북도 내 인구 감소와 지역 소멸 위험에 대응하는 전략을 모색하는 것을 목표로 합니다.

제2장 지역 특성 및 정책 동향

경상북도는 인구소멸 위기에 직면해 있으며, 이에 대응하기 위한 다양한 정책을 시행 중입니다. 특히 '듀얼 라이프' 정책을 통해 유동 인구를 늘리고 지역 연결성을 강화하는 방안을 제시하고 있습니다[11] [11].

제3장 경북 관련 여건 분석

경북도는 지방소멸 대응 종합계획을 수립하고, 이를 기반으로 6대 추진 전략을 마련했습니다[11]. 이 전략은 지역의 인구 감소 문제에 종합적으로 대응하기 위한 것입니다.

제4장 마을 재생 사례 및 설문조사

'두 지역 살기 프로젝트'와 같은 마을 재생 사례를 통해 경북도는 유동인구 증가와 지역 경제 활성화를 도모하고 있습니다[11].

제5장 경북형 마을 재생 시범모델 구상

지방소멸대응기금의 효율적 활용을 통해 경북형 마을 재생 시범모델을 구상하고, 지속 가능한 지역 발전을 추진합니다[11].

제6장 결론 및 정책 제언

경상북도의 인구소멸 위기 대응을 위해서는 유동 인구 증대와 지역 연결성 강화가 핵심입니다. '듀얼 라이프' 정책의 활성화와 지방소멸대응기금의 전략적 활용이 필요합니다.

본 보고서는 경북도의 인구소멸 위기에 대응해 지역 경제를 활성화하고 지역 사회를 재생하는 데 기여하고자 합니다. 이를 위해 구체적인 정책 제언을 포함하고 있으며, 경북도 및 관련 기관에서 적극적인 정책 수립과 실행이 요구됩니다.

2장, 3장, 4장, 5장 내용에 다음과 같은 관련 자료 링크[11]가 생성됐다.

https://www.hankyung.com/article/202111303629h
https://www.ajunews.com/view/20211130145745629
https://www.ajunews.com/view/20211124163422326
https://www.ajunews.com/view/20211130145745629
https://www.newsro.kr/경상북도-지방소멸대응기금-효율적인-활용-전략-마련/

이제 1장부터 각 장의 내용을 작성해 보자.

 You

제1장 연구의 개요를 1,000자 이상 충분한 분량으로 작성해 주세요.

 ChatGPT

제1장 연구의 개요

본 연구는 경상북도가 직면한 인구소멸 위기에 대응하기 위한 전략을 모색하는 것을 목표로 합니다. 최근 몇 년간, 경상북도를 포함한 여러 지방 지역은 심각한 인구 감소 문제에 직면하고 있습니다. 이러한 인구 감소는 다양한 사회경제적 문제를 야기하며, 지역의 지속 가능한 발전에 중대한 장애가 되고 있습니다. 이에 따라 본 연구는 경상북도 내 인구 감소 문제의 심각성을 인식하고, 이에 대응하기 위한 구체적이고 실현 가능한 전략을 제시하는 데 중점을 둡니다.

인구 감소 문제는 단순히 인구수의 감소에 그치지 않고 경제 성장의 정체, 지역 사회의 활력 소실, 교육 및 의료 서비스의 질적 저하 등 다방면에 걸쳐 영향을 미칩니다. 특히, 경상북도와 같은 지역에서는 젊은 인구의 대도시 이주가 지속되면서 지역 고유의 문화와 전통이 사라질 위험에 처해 있으며, 이는 지역 정체성의 약화로 이어질 수 있습니다.

이에 본 연구는 경상북도의 인구소멸 위기에 대응하기 위해 다음과 같은 접근 방식을 제안합니다. 첫째, 지역 내외 인구 유입을 촉진하기 위한 정책의 개발 및 실행입니다. 이는 '듀얼 라이프' 정책과 같은 혁신적인 접근 방법을 포함할 수 있으며, 이를 통해 경상북도가 지닌 다양한 장점과 기회를 적극 홍보하고, 유동 인구를 증가시킬 수 있습니다[1] [1]. 둘째, 지방소멸대응기금과 같은 재정적 지원 메커니즘을 활용해 지역 경제를 활성화하고, 지역 사회의 자생력을 강화하는 전략입니다[1].

본 연구는 경상북도 내 인구 감소 문제에 대한 포괄적인 이해를 바탕으로, 해당 문제에 대응하기 위한 실질적인 전략과 정책 제안을 목표로 합니다. 이를 위해, 본 연구는 다음과 같은 구체적인 내용을 다룰 예정입니다. 경상북도의 현재 인구 동향과 인구소멸 위기의 주요 원인 분석, 다른 지역 또는 국가에서의 성공적인 인구소멸 대응 사례 연구, 경상북도 특성에 맞는 인구소멸 대응 전략 개발입니다. 이러한 분석과 제안을 통해, 본 연구는 경상북도가 인구소멸 위기를 극복하고 지속 가능한 발전을 이루는 데 기여하고자 합니다.

제1장 연구 개요가 공백 포함 1,011자, 공백 제외 756자로 충분히 서술됐고, 관련 자료의 링크도 표시돼 나타났다. 관련 링크[1]는 다음과 같다.

https://www.hankyung.com/article/202111303629h
https://www.ajunews.com/view/20211130145745629
https://www.newsro.kr/경상북도-지방소멸대응기금-효율적인-활용-전략-마련/

이번엔 제2장의 작성을 요청한다.

You

제2장 지역 특성 및 정책 동향을 위와 같이 작성해 주세요.

 ChatGPT

제2장 지역 특성 및 정책 동향

경상북도는 한국에서 인구 감소 문제가 가장 심각한 지역 중 하나로 꼽힙니다. 이 지역의 인구 감소는 다양한 원인에 기인하는데 주요 원인으로는 저출산, 고령화, 젊은 층의 대도시 이주 등이 있습니다. 이러한 인구 감소는 경상북도의 경제, 사회, 문화 등 다양한 분야에 부정적인 영향을 미치고 있으며, 지역 사회의 지속 가능한 발전을 위협하고 있습니다.

경상북도의 지리적 특성은 이러한 인구 감소 문제에 대응하는 데 있어 중요한 고려 사항입니다. 경상북도는 한국의 동쪽에 위치해 있으며, 도시와 농촌 지역이 공존하고 있습니다. 이 지역은 농업, 어업, 관광 등 다양한 산업이 발달해 있으나, 인구 감소로 인해 이러한 산업들이 위축되고 있습니다.

이에 대응해, 경상북도는 다양한 정책을 시행하고 있습니다. 특히 '듀얼 라이프' 정책과 같은 혁신적인 접근 방법을 통해 인구 감소 문제에 대응하고 있습니다[11] [11]. '듀얼 라이프' 정책은 사람들이 도시와 농촌 지역에서 동시에 생활할 수 있도록 장려함으로써, 인구 유입을 촉진하고 지역 경제를 활성화하는 것을 목표로 합니다. 이 정책은 유동 인구 증가와 지역 경제 활성화에 기여할 것으로 기대됩니다.

또한 경상북도는 지방소멸대응기금을 활용해 인구 감소에 대응하는 전략을 마련하고 있습니다[11]. 이 기금은 지역 경제 활성화, 사회 인프라 개선, 청년 유입 촉진 등 다양한 목적으로 사용될 수 있으며, 지역 사회의 자생력을 강화하는 데 중요한 역할을 할 것으로 예상됩니다.

이외에도 경상북도는 지방소멸 대응 종합계획을 수립해, 인구 감소 문제에 대한 종합적이고 체계적인 대응 전략을 개발하고 있습니다[11]. 이 계획은 경상북도 내 여러 지역의 특성을 고려한 맞춤형 전략을 포함하며, 지역 고유의 문화와 전통을 보존하면서 인구 감소 문제를 해결하기 위한 다양한 방안을 제시합니다.

결론적으로, 경상북도는 인구 감소 문제에 대응하기 위해 다양한 정책과 전략을 시행하고 있습니다. 이러한 노력은 경상북도의 지속 가능한 발전을 위해 필수적이며, 향후 이 지역의 인구 감소 추세를 둔화시키고, 경제와 사회의 활력을 회복하는 데 중요한 역할을 할 것입니다.

제2장 지역 특성 및 정책 동향을 위와(제1장) 같이 작성시켰더니, 공백 포함 1,015자, 공백 제외 795자로 충분히 서술됐고, 관련 자료의 링크도 표시돼 나타났다. 관련 링크는 다음과 같다.

https://www.hankyung.com/article/202111303629h
https://www.ajunews.com/view/20211130145745629
https://www.newsro.kr/경상북도-지방소멸대응기금-효율적인-활용-전략-마련/
https://www.ajunews.com/view/20211124163422326

이번엔 제3장 경북 관련 여건 분석을 작성한다.

 You

제3장 경북 관련 여건 분석을 위와 같이 작성해 주세요.

ChatGPT

제3장 경북 관련 여건 분석
경상북도는 한국에서 인구 감소와 지역 소멸의 위험이 가장 큰 지역 중 하나로, 이에 대한 효과적인 대응 전략 수립이 시급한 상황입니다. 경북의 인구 감소 문제는 여러 요인에 의해 복합적으로 발생하고 있으며, 이에 대한 면밀한 분석을 통해 경북의 현재 상황을 이해하고 대응 방안을 모색해야 합니다.

인구 감소의 주요 원인
경상북도의 인구 감소 문제는 주로 저출산, 고령화, 젊은 층의 대도시 이주 등에 기인합니다. 이러한 현상은 경북의 경제 성장을 저해하고, 지역 내 사회적, 문화적 활력을 감소시키는 주요 요인으로 작용합니다. 특히, 경북의 농촌 지역에서는 이러한 문제가 더욱 심각하게 나타나고 있으며, 지역 공동체의 지속 가능한 발전에 큰 장애가 되고 있습니다.

경제적 여건

경상북도의 경제는 주로 농업, 어업, 중소 제조업, 관광에 의존하고 있습니다. 그러나 인구 감소로 인해 노동력 부족, 내수 시장 축소 등의 문제가 발생하고 있으며, 이는 지역 경제의 성장을 둔화시키는 주요 원인 중 하나입니다. 따라서 경상북도의 경제적 여건 개선은 인구 감소 문제에 대응하기 위한 중요한 과제로 부각되고 있습니다.

사회적, 문화적 영향

인구 감소는 경상북도의 사회적, 문화적 영향에도 큰 변화를 가져오고 있습니다. 지역 공동체의 활력 감소, 전통문화 및 지역 특성의 퇴색, 교육 및 의료 서비스의 접근성 감소 등이 그 예입니다. 이러한 변화는 지역의 정체성과 연대감을 약화시키고, 지역 발전의 중요한 동력을 상실하게 만듭니다.

경북의 대응 전략

이에 경상북도는 '듀얼 라이프' 정책, 지방소멸대응기금의 활용, 지역 맞춤형 인구 유입 정책 등 다양한 대응 전략을 수립하고 시행하고 있습니다【5+출처】【7+출처】【8+출처】. 이러한 전략은 경상북도의 인구 감소 문제를 완화하고, 지역 경제 및 사회의 활력을 회복하기 위한 것으로, 지역의 특성을 고려한 맞춤형 접근 방식이 특징입니다.

본 장에서는 경상북도의 현재 인구 감소 현상과 그 원인을 분석하고, 경북이 직면한 경제적, 사회적, 문화적 여건을 종합적으로 고찰했습니다. 또한 경북의 인구 감소 문제에 대응하기 위한 지역 특성에 기반한 다양한 전략과 정책들을 검토했습니다. 이러한 분석과 함께, 경상북도가 지역의 지속 가능한 발전을 위해 적극적으로 노력하고 있음을 강조합니다. 이러한 노력은 지역 경제를 활성화하고, 사회적, 문화적 활력을 회복하며, 결국 지역의 인구 감소 문제를 해결하는 데 중요한 역할을 할 것입니다.

경상북도는 인구 감소 문제에 대응하기 위해 '듀얼 라이프' 정책과 같은 혁신적인 전략을 도입해 도시와 농촌 지역 간의 상호 작용을 증진시키고 있습니다. 또한 지방소멸대응기금의 활용을 통해 지역 경제의 다각화와 청년 유입을 촉진하고 있으며, 이는 지역 발전의 새로운 기회를 창출하고 있습니다【5†출처】【7†출처】【8†출처】.

본 장에서 분석한 내용은 경상북도가 직면한 인구 감소 문제의 심각성을 이해하고, 이에 대응하기 위한 다양한 전략과 정책의 중요성을 강조합니다. 경상북도의 사례는 다른 지역에서도 인구 감소 문제에 대응하는 데 유용한 시사점을 제공할 수 있으며, 지역 맞춤형 대응 전략의 개발과 실행이 얼마나 중요한지를 보여줍니다.

제3장 경북 관련 여건 분석을 위와(제2장) 같이 작성시켰더니 이번엔 공백 포함 1,564자, 공백 제외 1,200자로 충분히 서술됐고, 【5†출처】처럼 표시됐는데 링크는 연결되지 않았다.

제4장은 마을 재생 사례 및 설문조사이므로, 구체적인 설문조사 내용과 그 해석을 포함하라는 추가 주문을 했다.

 You

제4장 마을 재생 사례 및 설문조사를 위와 같이 작성해 주세요.
구체적인 설문조사 내용과 그 해석을 포함해 주세요.

 ChatGPT

제4장 마을 재생 사례 및 설문조사
경상북도의 마을 재생 프로젝트는 인구 감소와 지역 소멸의 위협에 대응해 지역 공동체를 활성화하고 경제를 재생하는 데 중점을 두고 있습니다. 이 장에서는 경북 내에서 진행된 마을 재생 사례를 소개하고, 이와 관련된 설문조사를 통해 주민들의 의견과 반응을 분석합니다.

마을 재생 사례
경상북도는 '두 지역 살기 프로젝트'를 비롯해 다양한 마을 재생 프로그램을 시행하고 있습니다. 이 프로그램은 도시 거주자들이 경북의 농촌 지역에 부분적으로 거주하며, 농촌 경제와 문화에 기여할 수 있도록 장려합니다. 이를 통해 농촌 지역의 유동 인구를 증가시키고, 지역 경제를 활성화하는 동시에 도시 거주자들에게는 새로운 생활 방식을 제공합니다.

설문조사 내용 및 해석

설문조사는 '두 지역 살기 프로젝트'에 참여한 도시 거주자들과 경북 농촌 지역 주민들을 대상으로 실시됐습니다. 주요 질문 항목은 다음과 같습니다:

1. 프로젝트 참여 동기와 기대효과
2. 프로젝트 참여 경험의 만족도
3. 농촌 지역에 대한 인식 변화
4. 마을 재생 프로젝트의 지속 가능성에 대한 의견

설문 결과, 대다수의 도시 거주자들은 '두 지역 살기 프로젝트' 참여를 통해 농촌 생활에 대한 새로운 인식을 가지게 됐으며, 이러한 경험이 개인적인 삶의 질 향상에 긍정적인 영향을 미쳤다고 응답했습니다. 또한 농촌 지역 주민들 사이에서도 도시 거주자들의 유입이 지역 경제 활성화에 기여하고, 지역 사회의 다양성을 증진시킨다는 긍정적인 반응이 관찰됐습니다.

하지만 일부 응답자들은 마을 재생 프로젝트의 지속 가능성에 대해 우려를 표현했습니다. 이들은 프로젝트의 성공적인 지속을 위해서는 지역 주민과 도시 거주자 간의 지속적인 소통과 협력, 정부와 지방자치 단체의 적극적인 지원이 필요하다고 강조했습니다.

결론

이 설문조사 결과는 '두 지역 살기 프로젝트'와 같은 마을 재생 프로그램이 경상북도 내에서 인구 감소 문제에 대응하고, 지역 경제와 문화를 활성화하는 데 긍정적인 영향을 미칠 수 있음을 시사합니다. 동시에 프로젝트의 지속 가능성을 확보하기 위한 다양한 요소들에 대한 고려가 필요함을 나타냅니다.

제4장은 마을 재생 사례 및 설문조사 역시 공백 포함 1,023자, 공백 제외 789자가 생성됐는데, 설문의 구체적인 데이터는 언급되지 않아 이 부분은 나중에 참고문헌과 통계 데이터를 다시 요청해 보겠다.

제5장 경북형 마을 재생 시범모델 구상을 작성해 보자.

You

제5장 경북형 마을재생 시범모델 구상을 위와 같이 작성해 주세요.

ChatGPT

제5장 경북형 마을 재생 시범모델 구상

경상북도는 인구 감소와 지역 소멸의 위협에 효과적으로 대응하기 위해 경북형 마을 재생 시범모델을 구상하고 개발하는 과정에 있습니다. 이 모델은 지역의 유니크한 특성과 잠재력을 활용해 지속 가능한 지역 발전을 도모하고, 지역 사회의 활력을 회복하기 위한 다양한 전략을 포함합니다.

1. 경북형 마을재생의 기본 원칙
 • 지역 주민 중심의 접근법: 모든 마을 재생 프로젝트는 지역 주민의 의견을 기반으로 계획되고 실행돼야 합니다. 주민 참여를 통해 지역의 실제 필요와 요구 사항을 반영하는 것이 중요합니다.
 • 지속 가능성: 경제적, 사회적, 환경적 지속 가능성을 모델의 핵심 요소로 삼아야 합니다. 이는 장기적인 지역 발전과 성장을 보장하는 데 필수적입니다.
 • 융합과 협력: 다양한 분야와 지역 간의 협력을 통해 시너지를 창출하고, 지역 공동체 간의 네트워크를 강화합니다.

2. 시범모델 구상의 주요 구성 요소
 • 농촌과 도시의 연결 강화: '두 지역 살기 프로젝트'와 같은 프로그램을 통해 도시와 농촌 간의 상호 작용을 증진시킵니다. 이는 농촌 지역의 유동 인구를 증가시키고, 도시 거주자에게는 새로운 생활 경험을 제공합니다【7+출처】.
 • 지역 특성을 살린 산업 발전: 지역의 자원과 특성을 활용한 산업 발전을 추진합니다. 예를 들어 경북의 전통문화와 자연환경을 활용한 관광 산업이나 지역 특산품을 기반으로 한 소규모 제조업 등이 있습니다.
 • 교육 및 창업 지원 프로그램: 청년 및 예비 창업자를 대상으로 하는 교육 프로그램과 창업 지원 프로그램을 제공해, 지역 내에서의 새로운 기회를 창출합니다.
 • 지역 공동체 활성화: 문화, 예술, 스포츠 활동을 포함한 다양한 커뮤니티 프로그램을 통해

지역 공동체의 소속감과 활력을 증진시킵니다.

3. 시범모델의 예상 효과
- 인구 유입 및 유지: 다양한 프로그램과 활동을 통해 지역으로의 인구 유입을 촉진하고, 지역 내 체류를 장려함으로써 인구 감소 문제에 대응합니다.
- 경제적 활성화: 지역 산업의 발전과 창업 지원을 통해 경제 활동을 촉진하고, 지역 내 고용 기회를 증가시킵니다.-- 사회적 결속력 강화: 공동체 활성화 프로그램을 통해 지역 주민 간의 결속력을 강화하고, 지역 공동체의 사회적 자본을 증가시킵니다.

4. 실행 계획 및 모니터링
- 단계별 실행 계획: 시범모델의 실행은 단계별로 계획돼야 합니다. 초기 단계에서는 소규모 프로젝트를 통해 모델의 실행 가능성을 검증하고, 점차 확장해 나가는 전략을 채택합니다.
- 성과 모니터링 및 평가: 프로젝트의 진행 과정에서 정기적인 모니터링과 평가를 실시해, 성과를 분석하고 필요한 조정을 시행합니다. 이는 프로젝트의 효과를 극대화하고 지속 가능성을 확보하는 데 중요합니다.

5. 결론
경북형 마을 재생 시범모델은 지역의 독특한 자원과 잠재력을 기반으로 한 지속 가능한 발전 전략입니다. 이 모델은 경상북도의 인구 감소 문제에 대응하고, 경제적 활성화 및 사회적 결속력 강화를 목표로 합니다. 시범모델의 성공적인 구현은 경상북도뿐만 아니라 다른 지역에도 모범 사례를 제공할 수 있으며, 지역 소멸 위기에 대응하는 데 있어 중요한 기준점이 될 것입니다.

제5장 경북형 마을 재생 시범모델 구상을 위와(제4장) 같이 작성시켰더니 이번엔 공백 포함 1,505자, 공백 제외 1,159자로 충분히 서술됐고, 【7†출처】처럼 표시됐는데, 링크는 연결되지 않았다.

이제 마지막 제6장 결론 및 정책 제언도 마찬가지로 작성해 보자.

You

제6장 결론 및 정책 제언을 위와 같이 작성해 주세요.

ChatGPT

제6장 결론 및 정책 제언

본 보고서를 통해 경상북도의 인구 감소 문제와 이에 대응하기 위한 다양한 전략 및 모델을 검토했습니다. 경북형 마을 재생 시범모델을 비롯한 다양한 접근 방식은 지역의 유니크한 특성을 활용해 지역 사회를 활성화하고, 경제를 재생하는 데 중점을 두었습니다. 이제, 본 연구의 주요 발견 사항을 바탕으로 몇 가지 정책 제언을 제공합니다.

정책 제언

주민 참여의 활성화: 지역 개발 프로젝트에 지역 주민의 참여를 적극적으로 장려하고, 주민들의 의견과 필요를 반영하는 정책을 우선시해야 합니다. 이는 프로젝트의 성공 가능성을 높이고 지역 사회의 지지를 얻는 데 중요합니다.

지속 가능한 경제 모델 개발: 지역 특산품, 관광, 청정에너지 등 지역의 자원을 활용한 지속 가능한 경제 모델을 개발해, 장기적인 지역 경제의 성장 기반을 마련해야 합니다.

청년 유입 및 정착 지원: 청년들이 지역으로 유입돼 정착할 수 있도록 주거, 교육, 창업 지원 등 다양한 인센티브를 제공해야 합니다. 청년들의 활동이 지역 사회에 새로운 활력을 불어넣을 수 있습니다.

인프라와 공공 서비스 개선: 교육, 의료, 교통 등 기본적인 공공 서비스와 인프라를 개선해 지역 주민의 생활 편의를 증진시키고, 지역에 대한 만족도를 높여야 합니다.

지역 간 협력 강화: 인접 지역과의 협력을 통해 자원을 공유하고, 공동 프로젝트를 추진함으로써 지역 간 시너지 효과를 창출해야 합니다. 이는 지역 간 격차를 줄이고, 보다 균형 잡힌 지역 발전을 도모할 수 있습니다.

모니터링 및 평가 시스템 구축: 지속적인 모니터링 및 평가 시스템을 구축해 정책의 효과를 분석하고, 필요에 따라 신속하게 조정할 수 있어야 합니다. 이는 정책의 지속 가능성과 효율성을 보장하는 데 필수적입니다.

결론

경상북도는 인구 감소와 지역 소멸의 위험에 직면해 있으나, 동시에 이를 극복하고 지역을 재생시킬 수 있는 다양한 기회를 가지고 있습니다. 본 보고서에서 제시된 정책 제언들이 경북의 지속 가능한 발전과 지역 사회의 활력 회복에 기여할 수 있기를 기대합니다. 경상북도 뿐만 아니라 다른 지역에서도 본 연구의 결과를 참고해 지역 맞체 맞춤형 대응 전략을 개발하고 실천해 나갈 수 있습니다. 지역 맞춤형 접근 방식은 경상북도의 인구 감소 문제를 해결하는 데 있어 가장 효과적인 전략 중 하나입니다. 이러한 전략은 지역의 독특한 특성과 잠재력을 최대한 활용해 지역 사회의 지속 가능한 발전을 도모하고, 인구 감소로 인한 다양한 문제들을 해결하는 데 중점을 둬야 합니다.

본 보고서에서 제안한 정책 제언들은 경상북도뿐만 아니라 유사한 문제를 겪고 있는 다른 지역들에게도 유용한 지침이 될 수 있습니다. 인구 감소와 지역 소멸의 위기에 직면한 모든 지역은 지역 주민의 적극적인 참여와 지역의 특성을 살린 창의적인 접근 방식을 통해 이러한 문제를 극복할 수 있습니다.

정책 결정자와 지역 개발 관계자들은 본 보고서의 제언을 바탕으로 구체적인 실행 계획을 수립하고, 지역 사회의 다양한 이해관계자와 긴밀히 협력해 이러한 정책들을 효과적으로 실천에 옮겨야 할 것입니다. 또한 정책의 실행 과정에서 주민들의 의견을 지속적으로 수렴하고, 필요한 조정을 가하는 유연성을 유지하는 것이 중요합니다.

결론적으로, 경상북도와 같은 지역에서 인구 감소 문제에 효과적으로 대응하기 위해서는 지역 사회의 적극적인 참여, 지속 가능한 경제 모델의 개발, 청년 유입 및 정착 지원, 인프라와 공공 서비스의 개선, 지역 간 협력의 강화, 모니터링 및 평가 시스템의 구축이 필수적입니다. 이러한 다각적인 접근 방식을 통해 경상북도는 인구 감소의 위기를 기회로 전환하고, 지역의 지속 가능한 발전을 이룩할 수 있을 것입니다.

제6장 결론 및 정책 제언도 위와(제5장) 같이 작성시켰더니, 이번엔 공백 포함 1,863자, 공백 제외 1,363자로 충분히 서술됐고, 처음 개요에서처럼 링크는 없이 정리됐다.

사실 처음에 목차를 포함해서 제약조건, 입력문, 가이드라인, 산출 지표만 주고 생성한 개요의 세부 목차를 1,000자 이상 충분한 분량으로 작성하라는 지시만 반복해 총 6개 챕터 공백 포함 8,957자, 공백 제외 6,831자의 보고서를 작성한 것이다. 대략 200자 원고지 45매 분량의 연구 보고서, A4용지로도 9~11매 정도는 충분히 나오는 구체적인 보고서가 나온 셈이다.

그런데, 이 내용이 제대로 작성된 것인지는 따로 검토는 해봐야 할 것이다. 처음에 챗 GPT에 입력한 프롬프트에 관련 통계 데이터, 참고문헌 항목이 없어서, 맨 첫 번째 개요에도 해당 내용이 없었다. 그래서 별도의 프롬프트로 이 연구 보고서에 인용된 관련 통계 데이터, 참고문헌을 모두 정리해 '부록'으로 정리해달라고 요청해 보았다.

 You

이상의 보고서에 인용된 관련 통계 데이터, 참고문헌을 모두 정리해서

#부록: 관련 통계 데이터, 참고문헌 등으로 작성해 주세요.

 ChatGPT

부록: 관련 통계 데이터, 참고문헌 등
이 보고서에서는 경상북도의 인구 감소 문제에 대응하기 위한 다양한 전략과 모델을 검토했습니다. 아래는 본 보고서 작성을 위해 참조된 통계 데이터와 참고문헌의 목록입니다. 이 목록은 보고서의 근거를 제공하며, 관심 있는 독자들이 추가적인 정보를 탐색할 수 있는 기반을 마련합니다.
관련 통계 경상북도 인구 통계: 경상북도청 및 통계청에서 발표한 최신 인구 통계 데이터. 이 데이터는 경상북도의 인구 감소 추세 및 고령화 현상을 분석하는 데 사용됐습니다.
1. 경상북도 경제 지표: 한국은행 및 경상북도청에서 제공한 경제 관련 통계. 지역 내 산업 구조, 고용 현황, 지역 내 총생산(GRDP) 등의 지표가 포함됩니다.
참고문헌 및 보고서
1. 경상북도, 인구감소 생존전략 '듀얼 라이프' 정책 제시 - 한국경제. 이 문서는 경상북도가

인구 감소에 대응하기 위해 제안한 '듀얼 라이프' 정책에 대한 개요를 제공합니다[17].

2. 경상북도, '지방소멸대응 종합계획' 완료 보고회 - 아주경제. 경상북도에서 진행한 지방소 멸 대응 종합계획에 대한 완료 보고의 내용을 다룹니다[17].

3. 경북도, 인구 감소 생존전략 '두 지역 살기 프로젝트' 추진 - 아주경제. 이 자료는 '두 지역 살기 프로젝트'의 구체적인 실행 방안과 기대 효과에 대해 설명합니다[17].

4. 경상북도, 지방소멸대응기금 효율적인 활용 전략 마련 - 뉴스로. 지방소멸대응기금을 활 용한 경상북도의 전략과 계획에 관한 내용을 담고 있습니다[17].

기타 참고 자료

지방소멸 위기 대응을 위한 정책 연구 보고서: 다양한 학술 기관 및 연구소에서 발표된 보고 서들로, 지방소멸 문제에 대한 국내외 사례 연구 및 정책 제언을 포함합니다.

경상북도 공식 문서 및 발표 자료: 경상북도청에서 제공하는 공식 문서 및 발표 자료로, 지역 발전 전략, 인구 정책, 경제 활성화 계획 등에 관한 정보를 제공합니다.

이 부록에 포함된 자료들은 보고서의 주장과 제언을 뒷받침하는 데 중요한 역할을 했습니다. 독자들은 이 자료들을 통해 보고서의 내용에 대한 보다 깊은 이해를 얻을 수 있을 것입니다.

챗GPT의 인용된 관련 통계 데이터, 참고문헌 정리를 바탕으로 다음과 같이 보고서 마지 막에 참고 자료 목차를 붙일 수 있다.

부록: 관련 통계 데이터, 참고문헌 등

관련 통계 데이터
1. 경상북도 인구 통계
2. 경상북도 경제 지표

참고문헌 및 보고서
1. 한국경제, https://www.hankyung.com/article/202111303629h, 경상북도, 인구감소 생존 전략 '듀얼 라이프' 정책 제시
2. 아주경제, https://ajunews.com/view/20211124163422326, 경북도, 24일 도청에서 '지방소 멸대응 종합계획' 완료보고회 가져

3. 아주경제, https://www.ajunews.com/view/20211130145745629, 경북도, 인구 감소 생존 전략 '두 지역 살기 프로젝트' 추진
4. 뉴스로, https://newsro.kr/경상북도-지방소멸대응기금-효율적인-활용-전략-마련/ , 경상북도, 지방소멸대응기금 효율적인 활용 전략 마련

기타 참고 자료
지방소멸 위기 대응을 위한 정책 연구 보고서
경상북도 공식 문서 및 발표 자료

이렇게 정리하고 나면, 경북연구원에서 다음주 포럼에 발표할 보고서 12페이지가 간단하게 작성될 것이다.

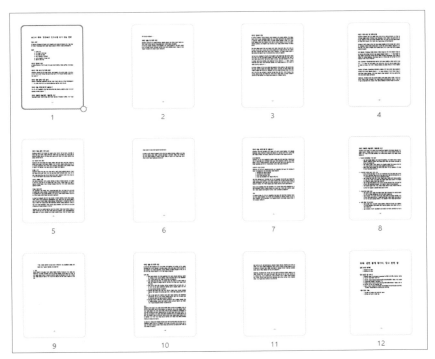

[그림2] 챗GPT로 작성한 보고서 예시

5. 마이 GPTs로 보고서 쓰기

연구 보고서를 비롯해 반복적으로 비슷한 유형의 보고서를 작성한다면, 마이 GPTs를 만들어 활용하는 것도 좋은 방법이다. GPTs는 챗GPT 플러스(4.0버전) 개인 가입자와 엔터프라이즈 고객을 대상으로 하는 챗봇 빌더인데, 챗GPT의 기능을 특정 목적에 맞게 변형해 자신만의 맞춤형 채팅 봇을 손쉽게 만들 수 있다.

1) 보고서 작성 GPTs

GPTs 기능 활용해 보고서 작성 전용 GPTs 챗봇을 만들 수 있다. 현재 보고서라는 제목의 GPTs도 여러 개 생성돼 공개돼 있는데, 챗GPT에 접속한 뒤 로그인해 좌측 상단 Explore GPTs(GPT탐색하기) 메뉴를 클릭하면, 이미 생성된 여러 가지 GPTs를 확인할 수 있다.

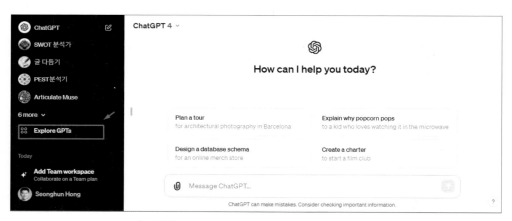

[그림3] Explore GPTs(GPT탐색하기) 메뉴 위치

[그림4] '보고서 / report'를 주제로 하는 공개 GPT 검색 결과

이미 공개된 GPTs중에 사용이 편리한 것이 있다면, 그것을 이용해도 좋고, 직접 나만의 보고서 GPTs 만들려면 다음과 같이 해본다.

2) 마이 GPTs 만들기

My GPTs(나의 GPTs) 카테고리에서 'Creat a GPT(GPT 생성)'를 클릭해 GPT 빌더를 켠다. 왼쪽의 Create 버튼은 대화를 하며 챗봇을 생성하는 기능인데, 아직 Create 기능은 아직 미숙하다는 의견이 대세이다. 그래도 Create 버튼의 장점은 GPT 이름과 이미지를 추천받을 수 있다.

[그림5] 'Creat a GPT(GPT 생성)' 위치

대부분 Configure(설정)를 클릭하는데, Configure(설정)가 나타나면

① 적절한 이름(Name)을 입력하고

② 간단한 설명(Description)을 입력하며

③ 지침(지시, Instructions)에 만들고자 하는 GPT의 역할과 가이드라인, 제약사항 등을 자세하게 입력한다.

④ 시작 대화(Conversation starters)는 GPTs에 질문예시를 적고

⑤ 지식창고(Knowledge)는 글의 흐름 방향을 알 수 있도록 제작자가 직접 작성한 자료파일을 업로드하는 것으로 GPT와의 대화에 파일 내용이 포함될 수 있다.

⑥ 기능(Capabilities)은 Web Browsing(웹검색), DALL·E Image Generation(이미지 생성), Code Interpreter 등을 선택한다.

그리고 Save(저장) 버튼을 눌러 저장하면 마이 GPTs가 생성된다. 이때 GPT의 접근 권한을 설정할 수 있는데 오직 나만 보기 설정(only me)과 링크가 있는 사람만 사용할 수 있는 설정(only people with a link)과 모든 사람이 사용할 수 있는 공개 설정(public) 중에 선택할 수 있다.

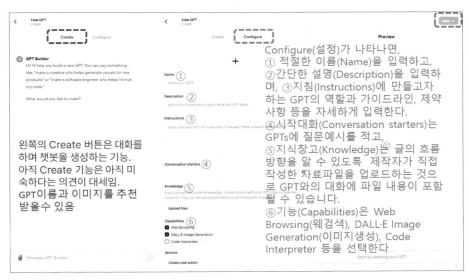

[그림6] 나의 GPT 설정하기

3) 나만의 보고서 GPTs 지침 만들기

마이 GPTs를 만들 때 제일 어려운 부분이 어떻게 지침을 설계하고 어떤 지식창고를 등록할지 여부이다.

우선 지침 설계와 관련해 마이 GPTs의 지침이 개별 챗GPT 대화의 프롬프트와 다를 거라는 생각을 버리자. 커스텀 인스트럭션이 시스템 프롬프트로 모든 챗GPT와의 대화에 공통으로 작용하는 지침을 설계한 것처럼, GPTs의 지침은 마이 GPTs를 반복해서 사용할 때 공통으로 작용하는 지침인 것이다. 따라서 마이 GPTs의 역할(Role), 지시(Instruction), 결괏값 지정(Output)을 잘해 주는 게 중요하다.

예컨대 시장 조사 보고서를 주로 작성하는 마이 GPTs의 지침을 다음과 같이 설정해 보자.

역할 : 시장 분석가로서 활동합니다.

상황 :
 – 당신은 특정 시장에 대한 분석 보고서를 작성해 비즈니스 결정 과정에 정보를 제공하고자 합니다.
 – 목표는 시장의 현재 상황, 트렌드, 경쟁 상황, 소비자 행동 등에 대한 체계적이고 깊이 있는 분석을 제공하는 것입니다.

입력 값 :
 – 분석 대상 시장
 – 조사의 주요 질문 또는 목표
 – 조사에 사용될 주요 데이터 소스

지시 사항(지침) :
 1. 시장의 정의와 분석 대상 범위를 명확히 합니다.
 2. 주요 트렌드, 성장 동력, 도전과제를 식별하기 위한 시장 분석 방법을 설명합니다.
 3. 경쟁 상황을 평가하기 위한 경쟁사 분석 접근법을 제시합니다.
 4. 소비자 행동과 선호도를 이해하기 위한 조사 방법을 안내합니다.
 5. 수집된 데이터를 분석하고 해석하는 방법을 설명합니다.
 6. 분석 결과를 바탕으로 한 결론 및 전략적 권장 사항을 도출하는 방법을 제시합니다.
 7. 보고서 작성 과정에서 고려해야 할 구조와 핵심 요소를 안내합니다.

가이드라인 :
 – 분석과 보고서 작성 과정에서 정확성과 객관성을 유지하는 것이 중요합니다.
 – 다양한 데이터 소스와 분석 도구를 활용해 근거를 강화하세요.
 – 보고서는 명확하고 이해하기 쉬운 언어로 작성해야 합니다.
 – 시각 자료(차트, 그래프, 테이블 등)를 사용해 데이터를 효과적으로 전달하세요.
 – 연구 결과에 대한 신뢰성을 높이기 위해 출처와 참고 자료를 명확히 밝히세요.
 – 한 문제에 대해 한 번에 하나씩 질문을 하세요, 한 번에 여러 질문을 하지 마세요.
 – 한국어로 답변하세요.

Think's think step by step
ask question one by one for each Input Values, do not ask one at a time
answer in korean

이렇게 지침을 설정하면 마이 GPTs는 시장 분석가로서 특정 시장에 대한 분석 보고서를 작성해 비즈니스 결정 과정에 정보를 제공하고, 시장의 현재 상황, 트렌드, 경쟁 상황, 소비자 행동 등에 대한 체계적이고 깊이 있는 분석을 제공하는 목표를 수행한다.

분석과 보고서 작성 과정에서 정확성과 객관성을 유지하는 등 가이드라인을 지켜서 주요 트렌드, 성장 동력, 도전과제를 식별하기 위한 시장 분석 방법을 설명하는 지침을 수행하게 된다.

특히 지침 맨 마지막에 Think's think step by step.

ask question one by one for each Input Values, do not ask one at a time.

answer in korean.을 추가하면 마이 GPTs는 단계별로 생각해서 각 입력값에 대해 하나씩 질문하고 대답은 한국어로 대답하므로 좋은 결과를 내놓을 것이다.

앞에서 연구소 보고서 작성에 사용된 프롬프트도 보고서 작성의 공통 요소를 뽑아서 연구 보고서 작성 마이 GPTs의 지침으로 설정할 수 있다.

#역할 : 당신은 20년 차 경북연구원의 책임연구원입니다.

#제약조건
 – 문장은 간결하게 알기 쉽게 쓰고, 보고서 형식에 맞는 공식적인 어투를 사용한다.
 – 함께 첨부된 파일을 분석해 답변을 도출해 낸다.

#입력문
 – 보고서 주제
 – 보고서 작성에 사용될 주요 데이터 소스

#가이드라인:
 – 사실적인 데이터와 입증된 전략을 기반으로 분석
 – 경북 상황에 맞는 현실적이고 실현 가능한 제안을 제시
 – 단계별로 생각

#산출 지표:

- 출력 형식: 섹션이 포함된 상세 보고서

##제목
##연구 요약
##목차
##제1장 연구의 개요 : 연구 배경 및 목적, 범위 및 방법
##제2장 현황 및 사례 분석 : 일반 현황, 사례 분석
##제3장 기본 구상 : 기본 방향, 비전 및 전략, 기대효과
##제4장 전략별 주요 사업
##제5장 재원 및 추진 체계

　- 검색을 수행하고 결과 사이트를 방문함으로써 관련성 있고 신뢰할 수 있는 여러 온라인 소스
　　를 사용해 포괄적이고 적응적인 연구 보고서를 작성합니다.
　- 자신의 교육 데이터에만 의존하지 말고 먼저 온라인 검색부터 시작하는 것이 중요합니다. 웹
　　에서 정보를 검색하고 해당 정보를 사용해 보고서를 작성합니다. 보고서는 검색에서 찾은 정
　　보를 기반으로 작성해야 합니다.
　- 경북연구원, 조선일보, 한겨레 신문 등 신문 기사 자료와 같은 여러 양질의 출처를 참조하세
　　요.
　- 반드시 경상북도청, 경북연구원 홈페이지에 있는 자료를 인용하거나 또는 참고하고 분석한
　　자료를 참조하세요.

출력 형식에서 상세 보고서 목차는 조금 더 유연하게 수정해 봤다.

혹은 추진 계획을 세우는 기획 보고서 작성이 필요하면, 공공보고서에 많이 나타나는 추진 배경-현황과 문제점-주요 내용-향후 계획 순의 출력 형식을 정해도 좋다.

##제1장 연구의 개요 : 연구 배경 및 목적, 범위 및 방법
##제2장 추진배경
##제3장 현황과 문제점
##제4장 주요 내용
##제5장 향후 계획

4) 나만의 보고서 GPTs로 연구 보고서 작성하기

먼저 연구 보고서 작성 시 사용한 프롬프트에서 연구 주제와 목차에 관한 부분만 일반화해 아래와 같이 마이 GPTs를 설정했다. 그렇게 되면 앞으로 마이 GPTs가 작성하는 보고서는 일반화한 목차의 보고서로 생성된다.

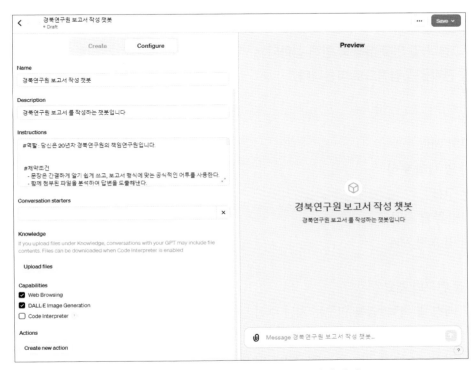

[그림7] 경북연구원 보고서 작성 챗봇 설정 예시

지침 설계에 넣지 않은 보고서 주제만 넣으면 마이 GPTs는 바로 보고서를 작성해 준다.

 You

경북연구원에서 다음 주 포럼에 발표할 보고서 내용을 써주세요.
보고서 주제는 인구소멸에 대응할 수 있는 보고서 작성입니다.

🔲 경북연구원 보고서 작성 챗봇

Based on a quick search, here's what I found.

인구소멸에 대응하는 경북의 전략 보고서

연구 요약

본 보고서는 경상북도의 인구소멸 위기 대응 전략에 대해 조사하고 분석한 것입니다. 저출산, 고령화 및 인구 유출로 인해 심화되는 인구소멸 위기를 극복하기 위한 경북도의 다양한 대응 전략을 중점적으로 다룹니다.

목차
연구의 개요
현황 및 사례 분석
기본 구상
전략별 주요 사업
재원 및 추진 체계

제1장 연구의 개요

연구 배경 및 목적: 경북 인구는 지난 수십 년간 지속적인 감소 추세에 있으며, 특히 고령 인구의 증가와 청년층의 대도시 이주가 가속화되고 있습니다.

범위 및 방법: 본 연구는 경북도 내 인구소멸 위기 대응 전략을 중점적으로 조사하고, 해당 전략의 효과성 및 실현 가능성을 평가합니다.

제2장 현황 및 사례 분석

일반 현황: 경북의 인구는 1981년 319만 명에서 2020년 264만 명으로 감소했으며, 특히 연간 출생아 수 10명 이하의 지역이 과반을 넘는 심각한 상황입니다 [".].

사례 분석: 전국에서 가장 많은 16개 시군이 인구 감소 지역으로 지정됐으며, 이에 대한 대응으로 다양한 전략이 모색되고 있습니다 [".].

제3장 기본 구상

기본 방향: 인구소멸 위기 극복을 위해 청년 유입 촉진, 고령화 대응, 지역 경제 활성화 등을 목표로 합니다.

비전 및 전략: 생활 인구 확보, 세대 조화·통합형 경북 만들기, 지역산업·문화특화 및 브랜드 강화 등 6대 추진 전략을 제시합니다.

제4장 전략별 주요 사업

**1시군 1특화 살아보기 프로그램 운영, 농·산·어촌 유학 프로그램 운영, 고향사랑기부금 도입 등 다양한 사업을 추진할 계획입니다.

제5장 재원 및 추진 체계

재원 조달: 지방소멸대응기금 및 국가 예산 지원을 통한 재원 조달 방안을 마련합니다.

추진 체계: 경북도 및 관련 부서, 지역사회와의 협력을 바탕으로 체계적인 추진 체계를 구축합니다.

본 보고서는 경북도가 직면한 인구소멸 위기에 대응하기 위한 종합적인 전략과 구체적인 실행 계획을 제시합니다. 이를 통해 경북도가 인구 감소의 악순환을 끊고 지속 가능한 발전을 이룩할 수 있는 기반을 마련하는 것을 목표로 합니다.

만일 보고서 목차를 추진 배경–현황과 문제점–주요 내용–향후 계획 순의 출력 형식으로 바꿔 달라고 해도 금방 보고서를 다시 작성해 준다.

You

위 보고서의 목차를 다음과 같이 수정해 다시 작성해 주세요.

##제1장 연구의 개요 : 연구 배경 및 목적, 범위 및 방법
##제2장 추진 배경
##제3장 현황과 문제점
##제4장 주요 내용
##제5장 향후 계획

경북연구원 보고서 작성 챗봇

인구소멸에 대응하는 경북의 전략 보고서

제1장 연구의 개요
본 보고서는 경상북도의 인구 감소 및 소멸 위기에 대응하기 위한 전략을 제안합니다. 연구 배경 및 목적은 경북 지역의 인구 감소 추세를 멈추고, 지역 경제 및 사회의 지속 가능한 발전을 촉진하는 데 있습니다. 연구 범위는 경북도 내 인구 감소의 원인 분석, 현재 상황 파악, 국내외 대응 사례 조사를 포함합니다.

제2장 추진 배경
경북은 전국에서 인구 감소가 가장 심각한 지역 중 하나입니다. 1981년 이후 인구가 지속적으로 감소해, 특히 높은 고령화 비율과 청년 인구의 대도시 이동이 주된 원인으로 지적되고 있습니다[1]. 이로 인한 경제 및 사회적 영향이 점차 심각해지고 있으며, 대응이 시급한 상황입니다.

제3장 현황과 문제점
경북의 인구는 2020년 264만 명으로 감소했으며, 연간 출생아 수 10명 이하의 지역이 과반을 넘는 등 저출산이 심각한 문제로 대두되고 있습니다[1]. 고령 인구 비율의 급속한 증가와 함께, 지역 내 청년층의 유출로 인한 인구 구조의 불균형이 심화되고 있습니다[1]. 이와 같은 현상은 지역 경제의 침체, 사회 인프라의 과소화 등 다양한 문제를 야기하고 있습니다.

제4장 주요 내용
본 보고서는 경북의 인구소멸 위기 대응을 위한 주요 내용으로, 청년 유입 촉진, 고령화 대응, 지역 경제 활성화를 포함한 종합적인 전략을 제안합니다. 구체적으로는 1시군 1특화 살아보기 프로그램, 농·산·어촌 유학 프로그램, 고향사랑기부금 도입 등 다양한 사업을 포함해, 인구 활력을 제고하기 위한 방안을 제시합니다[1].

제5장 향후 계획
경북도는 제시된 전략 및 사업을 바탕으로 단기적 및 장기적 대응 계획을 수립할 예정입니다. 단기적으로는 청년 유입을 촉진하고, 고령 인구를 지원하는 다양한 프로그램을 시행할 계획입니다. 장기적으로는 지역 경제의 다각화, 지역 내 인구 구조의 균형 잡힌 발전을 목표로 합니다. 이를 통해 경북도는 인구 감소의 악순환을 끊고, 지속 가능한 발전을 이룩하는 기반을 마련하고자 합니다.

본 보고서는 경북의 인구소멸 위기에 대응하기 위한 전략적 접근을 제시함으로써, 지역 사회의 지속 가능한 발전과 인구 구조의 건강한 회복을 목표로 합니다.

각 장별 세부 내용을 작성하는 것은 앞에서 한 것처럼
'제1장 연구의 개요
를 1,000자 이상 충분한 분량으로 작성해 주세요'라고 지시하면 된다,

이런 똑똑한 보고서 쓰기 마이 GPTs를 만들면 보고서 쓰기에 대한 부담은 줄어들 것이다.

Epilogue

보고서는 전형적인 글쓰기의 한 유형이므로 생성형 AI를 활용해 보고서를 작성하는 것은 언어모델의 장점을 잘 활용하는 사례이다. 챗GPT 도입 이후 미국 학교에서 처음에는 사용을 금지했지만, 최근에는 많은 학교에서 AI 도구 사용을 장려하고 교육하고 있는 것은 생성형 AI를 활용한 보고서 작성 등 글쓰기가 좋은 AI활용 방안이기 때문이다.

글쓰기를 전문으로 하는 직업 중에 신문기자가 있다. 그래서인지 신문기자 출신의 유명한 소설가도 있고, 신문기자가 출판한 글쓰기 교재가 대표적인 글쓰기 입문서가 되기도 했다.

이미 많이 알려진 사실인데, 신문 기사중에서 데이터 기반의 증권거래 관련 기사나 스포츠 중계 기사 등은 10년 전부터 로봇저널리즘에 의해 작성되고 있다. 로봇저널리즘은 데이터를 시각화하는 과정에서 기사라는 형식의 내러티브를 사용하는 것으로, 알고리즘에 의해

데이터를 기사화하는 시스템이다. 신문기자가 아닌 로봇이 증권, 스포츠 기사를 작성해 온 것이다.

그런데 이제는 일부 신문사가 로봇저널리즘을 넘어 'AI 기사 작성'시스템을 도입하고 있다. 대표적인 종이 신문사인 조선일보는 '챗GPT 3.5'를 기반으로 자사 기사 5만 건 이상을 학습시켜 'AI 어시스턴트'를 만들고, 2023년 12월 21일부터 'AI 어시스턴트'를 활용해 기사를 작성하고 있다. 그리고 네이버는 2024년 2월 1일부터 생성형 인공지능(AI)을 통해 작성된 기사에 대해 본문에 다음과 같은 문구를 삽입하기 시작했다
'이 기사는 해당 언론사의 자동 생성 알고리즘을 통해 작성되었습니다.'

아직 AI를 활용해 보고서를 작성하는 방법은 많이 알려지지 않았지만, SK C&C 등 대기업에서 이미 '기업 전용 보고서 제작 생성형 AI'를 개발하고 있다. 다양한 방식으로 보고서의 형식이나 주제에 대한 학습을 늘리면 AI를 활용한 보고서 작성은 그 효율과 효과가 높아질 것이다.

4

생성형 AI 활용
연구논문
초안 작성

최 재 용

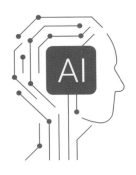

제4장
생성형 AI 활용
연구논문 초안 작성

Prologue

생성형 인공지능(Artificial Intelligence, AI), 특히 챗GPT와 같은 기술은 인간의 언어를 이해하고 텍스트를 생성하는 능력을 통해 연구와 논문 작성 과정을 혁신하고 있다. 데이터 분석, 문서 초안 작성, 복잡한 정보의 요약 등 다양한 분야에서 그 효용성이 입증되고 있다. 이 장에서는 연구원, 학생, 전문가들에게 챗GPT 등 생성형 AI를 활용해 효과적이고 효율적인 논문을 작성하는 방법을 제시함으로써 연구와 보고서 작성 과정에서 시간과 노력을 절약하고, 보다 높은 품질의 결과물을 얻을 수 있도록 돕고자 한다.

1. 논문 작성에 있어 AI의 역할과 중요성

1) 효율성 향상

AI는 논문 작성에 필요한 데이터 수집, 분석, 요약 등의 작업을 자동화해 연구자의 시간과 노력을 절약할 수 있다. 이를 통해 연구자는 더 많은 시간을 연구에 집중할 수 있으며 더 많은 논문을 작성할 수 있다.

2) 정확성 향상

AI는 인간보다 빠르고 정확하게 데이터를 분석하고 문장을 생성할 수 있다. 이를 통해 연구자는 보다 정확한 논문을 작성할 수 있으며 연구 결과의 신뢰성을 높일 수 있다.

3) 창의성 향상

AI는 인간의 창의성을 보완하는 역할을 한다. 예를 들어 AI는 연구자의 아이디어를 바탕으로 새로운 문장을 생성하거나 기존의 논문을 분석해 새로운 연구 방향을 제시할 수 있다.

4) 자동화

AI는 논문 작성에 필요한 작업을 자동화해 연구자의 생산성을 높일 수 있다. 예를 들어 AI는 논문 작성에 필요한 데이터를 수집하고 이를 분석해 논문 초안을 작성할 수 있다.

5) 오류 방지

AI는 인간이 놓치기 쉬운 오류를 자동으로 탐지하고 수정할 수 있다. 이를 통해 연구자는 보다 완성도 높은 논문을 작성할 수 있다.

6) 비용 절감

AI를 활용하면 논문 작성에 필요한 비용을 절감할 수 있다. 예를 들어 AI는 데이터 수집, 분석, 요약 등의 작업을 자동화해 연구자의 인건비를 절감할 수 있다.

7) 새로운 연구 분야 개척

AI는 기존에 인간이 접근하기 어려웠던 분야에서 새로운 연구를 가능하게 한다. 예를 들어 AI는 대규모 데이터를 분석해 새로운 패턴을 발견하거나 복잡한 문제를 해결하는 데 도움을 줄 수 있다.

8) 국제화

AI는 언어 장벽을 극복해 국제적인 연구 협력을 촉진할 수 있다. 예를 들어 AI는 다양한 언어를 이해하고 번역할 수 있으며 이를 통해 국제적인 연구 커뮤니티 간의 소통을 원활하게 할 수 있다.

이러한 역할과 중요성으로 인해 AI는 논문 작성에 있어 필수적인 도구로 자리 잡고 있으며 연구자들의 생산성을 높이고 연구의 질을 향상시키는 데 큰 역할을 할 것이다.

2. 생성형 AI를 활용한 주제 선정 및 연구 계획

1) 연구 주제의 발굴 및 선정 과정

AI를 활용한 주제 발굴 선정 방법

인공지능 연구 서치 엔진 활용. 'Consensus'(AI Search Engine for Research) https://consensus.app에 접속한다. 회원가입 하면 [그림1]과 같은 화면이 나온다.

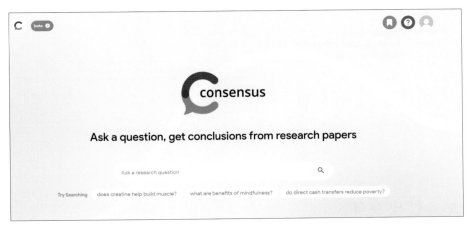

[그림1] consensus.app 화면

연구자가 연구하고 싶은 주제를 영문으로 넣어 본다. 연구 주제와 관련된 자료가 나오면 살펴보고 '인용하다' Cite를 누른다.

[그림2] AI가 찾은 자료

[그림3]에서 우측 중간에 'Semantic Scholar'를 누르면 PDF 자료를 다운받을 수 있다.

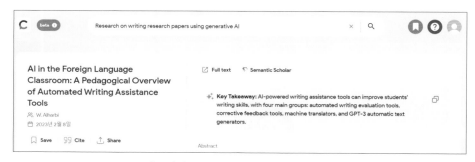

[그림3] Semantic Scholar 활용하기

2) 정보 수집 및 분석

생성형 AI Consensus GPTs를 통해 수집한 자료를 챗GPT4.0으로 분석해 본다. 챗GPT4.0에서 클립 모양을 누르고 다운 받은 PDF를 올린다. '위의 자료를 한글로 최대 토큰 분량으로 요약해 줘'라는 프롬프트 명령어를 넣으면 자료를 한글로 요약해 준다.

[그림4] 챗GPT4.0에 자료 올리기

프롬프트에 'PDF 자료를 챗GPT4.0에 넣고 이 자료를 이해했으면 예 라고 답해주세요'라고 넣는다.

[그림5] 챗GPT4.0에 자료 학습시키기

(1) 논문 작성 프롬프트 예시 1

충분히 자료를 학습한 후 AI를 활용한 논문 주제 발굴을 위해 아래와 같은 프롬프트에 '연구하고 싶은 분야'를 넣어 본다. 즉 아래 [   ]에 연구 분야를 넣어 보자.

20년 동안 연구논문을 써온 연구자로 활동해 보시기 바랍니다.

나는 [필드 삽입] 분야에 관심이 있습니다. 이 분야의 현재 연구 동향이나 주제는 무엇입니까?

필자는 탄소중립에 대한 논문을 쓰기 위해 탄소중립을 넣어 보았다.

→ '나는 [탄소중립] 분야에 관심이 있습니다. 이 분야의 현재 연구 동향이나 주제는 무엇입니까?'라고 질문했더니 아래와 같이 나온다.

탄소중립 분야는 기후변화에 대응하기 위한 국제사회의 중요 과제로 자리 잡고 있으며, 다양한 국가에서 장기적인 탄소중립 목표를 설정하고 이를 달성하기 위한 다양한 정책과 기술적 접근을 모색하고 있습니다. 이 분야의 현재 연구 동향과 주제는 다음과 같이 요약할 수 있습니다:

에너지 전환: 화석 연료의 사용 감소와 재생가능 에너지원(태양광, 풍력 등)의 확대를 통한 에너지 공급의 지속가능한 전환입니다. 이를 위해 에너지 효율성 증대, 청정에너지 기술의 발전 및 도입이 중점적으로 연구되고 있습니다.

탄소 흡수 및 제거 기술: 대기 중 이산화탄소를 줄이기 위해 탄소 포집 및 저장(CCS), 직접 공기 중 이산화탄소 포집(DAC), 숲을 비롯한 자연 흡수원의 보호 및 복원 같은 방법이 탐색되고 있습니다.

순환 경제: 자원의 효율적 사용과 재활용을 통해 탄소 발생을 최소화하는 경제 시스템으로의 전환에 대한 연구가 진행되고 있습니다. 이는 제품의 설계부터 생산, 소비, 폐기에 이르는 전 과정에서 탄소 배출을 줄이는 방안을 포함합니다.

정책 및 제도적 접근: 탄소 배출 감소를 위한 국제 협약(예: 파리 기후 협약)의 이행, 탄소 배출권 거래제, 탄소세, ESG(환경, 사회, 거버넌스) 기준에 부합하는 기업 경영 방식 등이 연구되고 있습니다.

기술 혁신과 적응: 기후변화 적응을 위한 새로운 기술 개발, 기존 기술의 개선 및 효율화, 이를 통한 사회적 적응 방안이 중요한 연구 주제입니다.

탄소중립 실현을 위해서는 이러한 다양한 접근 방식이 통합적으로 고려돼야 하며, 정책 입안자, 산업계, 연구자, 일반 대중의 적극적인 참여와 협력이 필요합니다.

(2) 논문 작성 프롬프트 예시 2

[주제 삽입]에 대해 일반적인 생각이 있습니다. 이와 관련된 구체적인 연구 질문을 브레인스토밍할 수 있나요?

→ 「2050 탄소중립」 관련 SDGs 지표 개발을 위한 기초연구와 관련된 구체적인 연구 질문을 브레인스토밍할 수 있나요?'라고 질문했더니 아래와 같이 나온다.

「2050 탄소중립」 관련 SDGs 지표 개발을 위한 기초연구와 관련해 다음과 같은 구체적인 연구 질문을 브레인스토밍할 수 있습니다:

SDGs 지표와 탄소중립 목표의 연계성: 2050 탄소중립 목표 달성을 위해 현재 SDGs(지속 가능한 개발 목표) 지표 중 어떤 것들이 직접적 혹은 간접적으로 연계돼 있으며, 이들 지표가 탄소중립 달성에 어떠한 영향을 미치는지 분석하는 것입니다.

새로운 SDGs 지표 개발의 필요성: 탄소중립 달성을 위한 구체적인 목표와 전략을 측정하고 평가하기 위해 새롭게 개발해야 할 SDGs 지표는 무엇인지, 이러한 지표가 기존의 지표 체계와 어떻게 통합될 수 있는지에 대한 연구입니다.

탄소중립 관련 정책의 효과성 평가: 다양한 국가와 지역에서 시행 중인 탄소중립 관련 정책 및 프로그램의 효과를 측정할 수 있는 SDGs 지표는 어떻게 개발할 수 있으며, 이를 통해 얻은 데이터를 어떻게 정책 결정 과정에 반영할 수 있는지에 대한 연구입니다.

국가별 탄소중립 목표 달성 경로 분석: 서로 다른 경제적, 사회적, 환경적 배경을 가진 국가들이 2050 탄소중립 목표를 달성하기 위해 선택할 수 있는 경로는 무엇이며, 이를 위해 개발돼야 할 SDGs 지표는 어떤 것들이 있는지 분석하는 것입니다.

지속 가능한 발전과 탄소중립의 균형: 경제 성장과 환경 보호 사이의 균형을 유지하면서 탄소중립을 달성하기 위한 전략은 무엇이며, 이 과정에서 SDGs 지표가 어떤 역할을 할 수 있는지에 대한 연구입니다.

이러한 연구 질문들은 탄소중립과 지속가능한 개발 목표(SDGs) 간의 상호작용을 이해하고, 효과적인 정책 수립과 실행을 지원하기 위한 기초가 될 수 있습니다.

(3) 논문 작성 프롬프트 예시 3

나는 내 논문을 위해 [주제 삽입]을 고려하고 있습니다. 이 안에 다른 관점이나 하위 주제를 제안할 수 있나요?

→ '나는 내 논문을 위해 [2050 탄소중립] 관련 SDGs 지표 개발을 고려하고 있습니다. 이 안에 다른 관점이나 하위 주제를 제안할 수 있나요?'라고 질문했더니 아래와 같이 나온다.

「2050 탄소중립」과 관련된 SDGs지표 개발을 논문 주제로 고려하고 있다면, 다음과 같은 다양한 관점과 하위 주제를 고려할 수 있습니다:

경제적 관점에서의 SDGs 지표 개발: 탄소중립을 달성하는 과정에서 경제 성장을 어떻게 지속할 수 있는지, 이를 위해 필요한 경제적 지표의 개발 및 적용 방안에 대한 연구입니다. 예를 들어 저탄소 기술의 도입이 국가 경제에 미치는 영향을 분석하고, 이를 측정할 수 있는 새로운 지표를 제안합니다.

사회적 관점에서의 SDGs 지표 개발: 탄소중립 목표 달성이 사회적 평등, 고용, 교육 등에 미치는 영향을 측정할 수 있는 지표 개발에 초점을 맞춘 연구입니다. 탄소중립 전환 과정에서 사회적 약자를 보호하고, 모든 계층의 사람들이 혜택을 받을 수 있도록 하는 정책 방안을 제시합니다.

환경적 관점에서의 SDGs 지표 개발: 탄소중립 달성을 위한 환경 보호 및 생물 다양성 증진과 관련된 지표 개발에 집중하는 연구입니다. 이는 기후변화의 영향을 완화하고, 자연 생태계를 보호하는 데 필요한 조치들을 평가하고, 관련 지표를 개발하는 것을 포함합니다.

기술 혁신 관련 SDGs 지표 개발: 저탄소 기술, 재생 가능 에너지, 에너지 효율성 향상 등 탄소중립을 달성하기 위한 기술 혁신을 측정하는 지표 개발에 관한 연구입니다. 이러한 기술 혁신이 SDGs의 다른 목표와 어떻게 상호작용하는지 분석하고, 이를 통합할 수 있는 지표를 제안합니다.

국제 협력과 SDGs 지표 개발: 탄소중립 목표 달성을 위한 국제적 협력의 중요성을 강조하며, 이를 촉진하고 측정할 수 있는 지표 개발에 초점을 맞춘 연구입니다. 다양한 국가들 사이의 기술 교류, 재정 지원, 지식 공유 등을 촉진하기 위한 정책 제안을 포함할 수 있습니다.

이러한 하위 주제들은 「2050 탄소중립」 관련 SDGs 지표 개발을 다각도에서 접근하고, 포괄적인 연구를 수행하는 데 도움이 될 수 있습니다.

(4) 논문 작성 프롬프트 예시 4

'위의 내용을 참조해 3가지 연구논문 주제를 제안해 주실 수 있나요?'라고 질문했더니 아래와 같이 나온다.

「2050 탄소중립」 관련 SDGs지표 개발을 고려할 때, 다음과 같은 세 가지 연구논문 주제를 제안합니다:

"2050 탄소중립 목표 달성을 위한 경제적 지속가능성 평가: SDGs 지표 개발과 적용"

이 논문 주제는 탄소중립을 달성하는 과정에서 경제 성장을 유지하는 방안을 탐색합니다. 특히 저탄소 기술 도입과 재생가능 에너지 확대가 국가 경제에 미치는 영향을 분석하고, 이를 측정할 수 있는 새로운 경제적 SDGs 지표를 개발하고 적용하는 방안을 제안합니다.

"사회적 포용성 강화를 통한 2050 탄소중립 달성 전략: 사회적 지표 개발 및 정책 제안"

탄소중립 전환 과정에서 발생할 수 있는 사회적 격차를 최소화하고 모든 사회 구성원이 혜택을 받을 수 있는 방안을 모색하는 논문 주제입니다. 이 연구는 탄소중립 목표 달성을 위한 사회적 포용성을 증진시킬 수 있는 지표 개발에 초점을 맞추고, 이를 바탕으로 한 정책 제안을 포함합니다.

'환경 보호와 탄소중립 목표 달성 사이의 균형: 새로운 환경적 SDGs 지표의 개발'

이 주제는 탄소중립 달성 과정에서 생물 다양성 보호와 자연 생태계의 건전성 유지가 중요함을 강조하며, 이를 측정할 수 있는 새로운 환경적 SDGs 지표를 개발하는 것을 목표로 합니다. 연구는 기후변화 완화 조치가 환경에 미치는 긍정적 및 부정적 영향을 분석하고, 이를 균형 있게 관리하기 위한 지표 개발에 집중합니다.

이러한 논문 주제들은 「2050 탄소중립」 달성을 위한 다양한 관점과 전략을 탐구하며, 지속 가능한 발전을 위한 구체적인 지표 개발과 정책 제안에 기여할 수 있습니다.

(5) 논문 작성 프롬프트 예시 5

'[   ] 논문 주제에 대한 연구논문, 서적, 학술지, 신문 기사, 홈페이지 등을 검색해 참고 문헌을 찾아줄 수 있나요?'라고 질문했더니 아래와 같이 출처와 함께 연구보고서를 찾아 준다.

한국환경연구원의 발간물 중 '기본 연구 지속가능발전목표 이행 방안 마련 연구'는 2050 탄 소중립 목표 달성을 위한 경제적 지속가능성 평가와 관련한 SDGs 지표 개발 및 적용에 대한 심층적 연구를 다루고 있습니다. 이 연구는 UN 지속가능발전목표(SDGs)의 이행 동향, 국가 지속가능발전목표(K-SDGs)의 현황, 지속 가능 발전을 위한 정책 일관성 및 재정투입 방향 을 제안합니다.

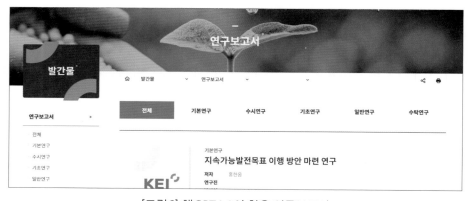

[그림6] 챗GPT4.0이 찾은 연구보고서

(6) 논문 작성 프롬프트 예시 6

'나는 [2050 탄소중립 목표 달성을 위한 경제적 지속가능성 평가: SDGs 지표 개발]을(를)

공부하고 있어요. 이러한 종류의 연구에 적합한 방법론은 무엇입니까?'라고 질문했더니 아래와 같은 답이 나온다.

「2050 탄소중립 목표 달성을 위한 경제적 지속가능성 평가: SDGs지표 개발」과 같은 연구에 적합한 방법론으로는 다음이 포함됩니다:

문헌 연구: 관련된 이론, 선행 연구 분석을 통해 연구 배경과 필요성을 명확히 합니다.

경제적 모델링: 탄소중립 목표 달성을 위한 다양한 경제적 시나리오를 모델링 해 비용-효익 분석을 수행합니다.

통계 분석: 기존 데이터를 활용해 경제적 지속가능성과 SDGs 지표 간의 관계를 분석합니다.

정책 분석: 탄소중립 목표 달성을 위한 정책의 효과성을 평가합니다.

전문가 인터뷰: 분야별 전문가의 의견을 수집해 연구에 깊이를 추가합니다.

(7) 논문 작성 프롬프트 예시 7

'이 논문의 목차를 작성해 줘'라고 했더니 아래와 같이 목차를 잡아준다.

논문 제목: '2050 탄소중립 목표 달성을 위한 경제적 지속가능성 평가: SDGs지표 개발과 적용'

목차:

서론

연구 배경 및 목적
연구 문제 및 연구 질문
연구의 중요성
이론적 배경

지속 가능한 발전 목표(SDGs) 개요
탄소중립 정책과 경제적 지속가능성
관련 연구 리뷰

연구 방법론

데이터 수집 방법
연구 설계 및 분석 기법
데이터 분석 및 결과

경제적 지속가능성 평가 방법론
SDGs 지표 개발 및 적용 결과
분석 결과의 해석 및 논의
결론 및 제언

연구 결과 요약
연구의 한계점 및 향후 연구 방향
정책 제언 및 실천적 시사점
참고 문헌

이와 같이 계속적인 질문을 하면서 나온 내용을 참고해 본다.

3. 문헌 검토와 데이터 수집

1) 챗GPT를 활용한 문헌 검토 방법
- **연구 주제 정의** : 먼저, 연구하고자 하는 주제를 명확하게 정의한다.
- **키워드 선정** : 주제와 관련된 키워드를 선정해 챗GPT에 입력한다.
- **문헌 요약 요청** : 챗GPT에 특정 문헌이나 주제에 대한 요약을 요청한다.
- **추가 질문하기** : 요약된 내용에 대해 추가적인 질문을 하거나, 특정 부분에 대해 더 깊이 탐구하고 싶은 경우 챗GPT에 질문을 한다.
- **참고 문헌 제시 요청** : 관련된 참고 문헌이나 자료를 챗GPT에 요청해 더 넓은 연구 범위를 탐색할 수 있다.

이런 과정을 통해 챗GPT는 연구자가 다양한 관점에서 정보를 수집하고 분석하는 데 도움을 줄 수 있다.

2) 데이터 수집 과정에서 AI의 활용

- **자동화된 데이터 수집** : 웹 스크래핑이나 API를 통해 자동으로 데이터를 수집하는 AI 도구를 사용할 수 있다. 이는 대량의 데이터를 효율적으로 수집할 수 있게 해준다.
- **데이터 전처리** : 수집된 데이터를 정제하고 분류하는 과정에서 AI를 사용해 비효율적인 수작업을 최소화하고 데이터의 질을 향상시킬 수 있다.
- **텍스트 분석** : 텍스트 데이터를 분석해 특정 키워드, 주제 등을 파악하는 데 AI 기반 도구를 활용할 수 있다.

AI를 활용한 데이터 수집과 분석은 연구의 정확성과 효율성을 크게 향상시킬 수 있다.

4. 논문 초안 작성

연구 결과를 바탕으로 한 초안 작성

- **연구 결과 요약** : 연구에서 발견한 주요 결과를 명확하고 간결하게 요약한다.
- **결과의 해석** : 결과가 어떻게 이전의 연구나 이론과 연결되는지, 예상했던 결과와 어떻게 다른지 분석한다.
- **논의** : 결과의 의미와 중요성을 논하고, 이론적 및 실제적 시사점을 제시한다.
- **한계점 및 미래 연구 제안** : 연구의 한계를 인정하고, 해결 방안이나 향후 연구 방향을 제안한다.

연구의 주요 발견, 의미, 연구가 가져올 변화나 기여에 대해 요약한다. 논문 초안 작성에 생성형 AI를 활용하는 것은 다양한 자료와 아이디어를 신속하게 모아 형태를 갖춘 '초안'을 만드는 데 매우 유용하다. 이 과정은 회의, 자료 조사, 인터뷰 등을 통해 목표와 방향성을 명확히 하는 데서 시작한다. AI가 제공하는 답변은 방대한 데이터를 기반으로 한 '초안'이며 이를 통해 중요한 키워드나 개념을 파악하고 자신의 생각과 결합해 독창적인 내용을 구성할 수 있다. AI의 정보만을 의존하기보다는 이를 기반으로 자신만의 페르소나와 나다움을 반영한 논문으로 발전시켜 나가는 것이 중요하다.

5. 결론 및 미래 전망

AI가 연구 방법론에 미치는 영향

AI는 연구 방법론에 많은 영향을 미치고 있다. 대규모 데이터 수집 및 분석, 실험 설계 및 실행, 모델링 및 예측, 자동화, 협업, 새로운 연구 분야의 개척 등 다양한 측면에서 연구의 속도와 효율성을 높이고 새로운 지식을 창출하는 데에 큰 역할을 하고 있다.

하지만 AI가 연구에 미치는 영향이 큰 만큼 연구자들은 AI의 활용에 있어서 윤리적 문제와 책임을 고려해야 한다. AI가 수집한 데이터가 개인정보를 침해하거나 AI가 내린 결정이 인종, 성별, 연령 등의 요인에 의해 편향될 수 있기 때문이다.

따라서 AI를 연구에 활용하는 경우에는 데이터 수집 및 분석 과정에서 개인정보 보호와 보안에 대한 고려가 필요하며 AI가 내린 결정이 편향되지 않도록 다양한 관점을 고려해야 한다.

이데일리 2024년 2월 15일 기사에 따르면 생성형 AI, 예를 들어 챗GPT가 학술 논문을 독자적으로 작성하는 데에 현재로는 한계가 있음을 시사했다. AI는 긴 텍스트 요약이나 사실 확인과 같은 작업에서는 뛰어나지만 학술적 글쓰기에 필수적인 수치 데이터 추출이나 논리적 추론에는 아직 어려움이 있다.

따라서 AI의 역할은 주로 보조적이며 초기 연구를 돕거나 논문의 일부를 작성하는 데에 사용된다. Copykiller의 설문 조사에 따르면 응답자의 87.1%가 문서 작성에 생성형 AI를 사용하고 있지만 전체 논문을 독립적으로 작성하는 데에는 아직 적용되지 않고 있어 학술적 용도로의 발전이 필요하다.

Epilogue

결론적으로 생성형 AI를 활용한 논문 작성은 연구 초기 단계에서부터 구체적인 논문 구성에 이르기까지 연구 과정의 다양한 면에서 혁신적인 지원을 제공한다. 연구 동향을 파악하고 관련 주제를 탐색하며 중요한 연구 질문을 도출하는 데 있어 AI는 방대한 정보를 빠르게 분석하고 요약해 연구자의 시야를 넓힌다.

또한 다양한 관점과 하위 주제를 제안해 연구의 폭을 확장하고 연구 주제에 관련된 학술 자료, 서적, 신문 기사 등을 검색해 유용한 참고 문헌을 식별하는 데 기여한다. 방법론 탐색과 목차 작성 과정에서도 AI는 연구 설계의 효율성을 높이고 구조화된 논문 초안을 작성하는 데 중요한 역할을 한다. 이처럼 생성형 AI의 활용은 연구자가 보다 체계적이고 효과적으로 연구를 진행할 수 있도록 지원함으로써 학술 연구의 질과 효율성을 향상시키는 데 기여할 것이다.

[참고 문헌]

• 이데일리(2024, 2월 25일). 생성형 AI가 논문 저자? 현재로선 보조수단에 불과해. 이데일리. https://www.edaily.co.kr/news/read?newsId=04067206638790848&mediaCodeNo=257
• 최재용,『챗GPT 300% 활용하기』, 미디어북, 2024.
• 최재용,『전문가들이 전하는 챗GPT와 미래교육』, 미디어북, 2023.